海右名宿

——山东建筑大学建筑城规学院老教授口述史

Interviews with Senior Professors of the
School of Architecture and Urban Planning, Shandong Jianzhu University

仝 晖 于 涓 编著

U0198268

中国建筑工业出版社

图书在版编目（CIP）数据

海右名宿：山东建筑大学建筑城规学院老教授口述史 = interviews with senior professors of the school of architecture and urban planning, shandong jianzhu university / 仝晖，于涓编著. —北京：中国建筑工业出版社，2020.11

ISBN 978-7-112-25389-0

Ⅰ. ①海… Ⅱ. ①仝… ②于… Ⅲ. ①山东建筑大学建筑城规学院－校史 Ⅳ. ①TU-40

中国版本图书馆CIP数据核字（2020）第158057号

责任编辑：易　娜　徐　冉
版式设计：锋尚设计
责任校对：赵　菲

海右名宿——山东建筑大学建筑城规学院老教授口述史
Interviews with Senior Professors of the
School of Architecture and Urban Planning,
Shandong Jianzhu University
仝　晖　于　涓　编著

*

中国建筑工业出版社出版、发行（北京海淀三里河路9号）
各地新华书店、建筑书店经销
北京锋尚制版有限公司制版
北京中科印刷有限公司印刷

*

开本：787毫米×1092毫米　1/12　印张：17⅓　插页：1　字数：492千字
2020年12月第一版　　2020年12月第一次印刷
定价：**78.00元**
ISBN 978-7-112-25389-0
（36376）

序：记忆的修复

　　《海右名宿——山东建筑大学建筑城规学院老教授口述史》用口述历史的方式，收集为地方建筑教育和工程实践作出贡献的建筑学人的口碑史料。本书对山东建筑大学建筑城规学院14位老教授进行口碑史料的收集与整理，记录他们在大时代里默默耕耘过的小故事，捡拾那些被历史洪流冲击过后遗落在河床上的微小的金粒。

　　本书的工作始于山东建筑大学建校60周年的"寻找子昂"活动。这就使我不仅作为一名建筑史研究者对此类工作始终关注，更有了一份寻找祖父工作足迹的激动和身在其中的亲近感。其实我对山建大的历史并没有太多了解，只是从我的祖父那里听到一星半点，还有偶尔听蔡景彤老师、张润武老师说过一些。得益于"寻找子昂"口述团队锲而不舍地搜寻挖掘，我才终于对我祖父早年的工作经历有了那么多的了解；而本书的出版更使我原先对于山东建大发展历史模模糊糊的印象逐渐变得清晰、饱满起来。

　　作为历史研究重要和必须的内容，口述史越来越受到当代史学研究者的重视。这不仅可以使历史研究的成果格外鲜活，更可对历史文献挖掘和实物考证中无法触及的那些正在消失的重要历史细节得以重现。"史料为史之组织细胞，史料不具或不确，则无复史之可言"[①]，口述史料是当代历史研究者编纂历史和研究历史所不可忽略的重要内容。

　　由于时代的历史缘故，亦有长时期以来建筑界对自身历史记录忽视的惯习，中国现当代建筑史特别是中国各地方现当代建筑史缺乏系统研究，更缺乏史料的保存和积累。中国近代建筑史的研究多集中在建筑史观、建筑实体、建筑风格等方面，建筑教育方面的内容零星分散，对于建筑教育发展史的研究尤为匮乏。一段刚刚过去的历史显得格外模糊，仅过去几十年的人和事却变得难以考证。而已往的60年左右的最近历史恰恰在口述可及的取材时限之内。这就使得及时梳理和记录这段历史亲历者的直接记忆成为极为重要和极为迫切的一项工作。

　　这本访谈录采用平实易懂、流畅亲切的语言，打捞被时间湮没的细节，记录了山东建筑大学60年发展的丰富历史。它让我们看到：从旧中国到新中国，历史的齿轮在新旧啮合时，往往要承受更多的载荷。大时代的尘埃落在普通的知识分子个体身上，就是一生的坎坷。身份认同断裂带来的挣扎、痛感并未消解其对自身角色现代性转型的不懈追求，这成为这一代知识分子的宿命与信念：对现代建筑思想的践行和对现代建筑教育的坚守。

　　本书通过从半结构式到结构式的提问，采用生命史述的方式收集其本人、家人、朋友、同事、学生的口碑史料；在城市及单位的档案馆、资料室收集历史资料档案、人事档案、报刊、图片、图纸、照片、会议记录、政府证明、私人日记等档案史料；并在不同来源的口碑史料之间、口碑史料与相关有限文献史料、档案史料、实物史料之间进行多重互证，尝试激活个体鲜活的记忆，勾勒出地方建筑专业教育的全貌。这些带有生命体温的口述史料，将为近现代建筑史提供更多的研究素材；同时，口述史方法的运用，也将为拓展近现代建筑史研究疆域进行一次有意义的尝试。

同济大学常务副校长　法国建筑科学院院士

---

①　梁启超. 中国历史研究法［M］. 北京：中华书局，2009：45.

目 录
Contents

原山东建筑工程学院南校门

原山东建筑工程学院老图书馆

图为1980年代初，建工系时期部分老教师合影。前排左起为刘天慈、吴延、罗家椿、陈希远、戴仁宗，后排左起为王守海、蒋泽洽、蔡景彤、亓育岱、缪启姗、张新华。1979年城市规划专业创建之初的"七条好汉"均在此照片中

1987年，建筑系教师合影。后排左起为周鲁潍、张震、闫整、李端杰、岳勇、王崇杰、周兆驹、吕学昌、张书明、刘甄、赵学义；中排左起为王守海、周今立、张润武、吕光明、刘健、李爱华、亓育岱、谢刚；前排左起为闫济、张大可、耿明、陶世虎、牟桑、戴仁宗、缪启珊、孙希华、庞启光、柳寄川

海右名宿——题字

筑基海右
——伍子昂先生建筑教育思想口述史料的收集

伍子昂先生（图1）

伍子昂（1908—1987），爱国知识分子，中国第一代接受西方正规建筑学教育的建筑师，中国建筑教育的先驱者之一。1908年，先生出生于广东台山一个华侨世家。1927年以优异成绩考入美国哥伦比亚大学，1933年毕业于建筑学专业并获得学校颁发的优秀学生"金钥匙奖"。毕业后怀抱着"技术救国"的理想，只身回到上海，从事建筑设计和教学工作，曾在多家国内知名建筑师事务所任职；抗战期间先后在之江、沪江等多所大学任教并担任沪江大学建筑系主任。1947年，先生在青岛创办"伍子昂建筑师事务所"，1949年后先后担任青岛市建筑总公司和山东省城建局（建委）暨建筑设计院总工程师，主持并审核了多项省内重点建设项目，被国务院评定为国家二级工程师。曾担任中国建筑学会第一至第五届理事、山东建筑学会副理事长，被推选为第五、六、七届山东省政协常委。

访谈背景：2016年山东建筑大学60年校庆，建筑城规学院为缅怀先生对学校乃至山东建设事业作出的贡献，为其塑像。在因时代原因造成一手文献史料、实物史料匮乏的情况下，学院组织老师及校友，沿着先生生前的足迹，在哥伦比亚大学、广州、上海、济南、青岛、北京等先生曾经学习、生活、工作过的城市中，遍访先生的家人、朋友、同事、学生，通过口述历史的方式，复原、再现先生的一生。

伍子昂先生作为中国第一代接受西方现代建筑学教育的建筑师、中国建筑教育的先驱者之一，为山东省建筑设计行业培养了大批人才，是山东建筑大学建筑学教育的开创者和奠基人。先生注重建筑人才的培养，在1959年山东建筑学院（山东建筑大学前身）创建之初，就主导和开创了建筑学专业。他为59级第一届建筑学专业制定教学计划，言传身教地培养年轻老师，在年近半百之时为学生全程授课，以"勤奋、求真、务实"的理念培养出山东省第一批优秀的建筑人才。"务实"的精神成为几代建大人的精神气质，并传承至今。

本文尝试用口述历史的方式，为已经过世、因时代原因缺少建筑作品和手稿等一手的文献资料、但实际为中国各地区的建筑教育和工程实践作出贡献的建筑学人立传，挖掘他们在大时代里默默耕耘过的小故事，捡拾那些被历史洪流冲击过后遗落在河床上的微小的金粒。细节的测绘，记忆的修复，为那些没有大师光环、但在中国近现代建筑史上不可或缺、不容遗忘的"小人物"争取一席之地。这些带有生命体温的口述史料，将为近现代建筑史提供更多的研究素材；同时，口述史方法的运用，也将为拓展近现代建筑史研究疆域进行一次有意义的尝试。

本次系列访谈涉及受访者20余人，访谈录音长达50小时，形成逐字实录稿约10万字，并与伍子昂的人事档案、历史资料档案以及实物进行了互证。现刊出部分，以飨读者。

访谈时间：2016年9月、2016年10月
补充访谈：2016年11月
整理时间：2017年5月整理，2018年9月初稿
审阅情况：经伍介夫、伍江审阅，2019年9月定稿
访 谈 人：于　涓、慕启鹏

一、"他觉得能为国家做事情，这是最大的荣耀"

受访者简介：伍介夫（以下简称"伍"）

伍介夫，伍子昂次子，1940年12月出生。1963年大学本科毕业，就职于山东省农机研究所。历任技术员、工程师、省农机检测站站长。所研制的"4ZL-2联合收割机"，填补了山东农机领域的空白，获得了1979年度山东省科学技术研究成果三等奖。1984年调入山东省标准计量（技术监督）局，任山东省质量技术监督局质量处处长。曾兼任山东质量检验协会副会长，山东机械工业理化检测协会副理事长，《质量纵横》杂志社社长，全国统计方法应用标准化技术委员会委员、全国质量监督岗位培训山东总辅导员等职务，获聘山东工业大学兼职教授。

受访时间：2016年9月、2016年10月、2016年11月
受访地点：伍子昂学生王文栋先生府上、伍子昂次孙女伍洲府上
访　谈　人：于　涓（以下简称"于"）

1. 手握"金钥匙"，怀揣救国梦

于：伍先生，您好，感谢您百忙之中接受访谈，让我们有机会了解伍子昂老先生的一生。在您的眼中，父亲是一个什么样的人呢？

伍：我对父亲总体评价，他是一个爱国的知识分子。

于：从伍先生的个人档案资料获知，他是1933年从美国哥伦比亚大学学成归来，在20世纪30年代，出国留学尚属少数。伍先生出生、成长在一个怎样的家庭环境中？他是在香港完成的中小学教育吗？

伍：他出生在广东台山冲蒌镇。我大前年带着孩子回去探亲，寻访老屋。台山是一个人口负增长的城市，80%的人都在海外。我家是华侨世家。我爷爷是个商人，当时经营米行，卖粮食，后来改行做建筑公司。我父亲兄弟姐妹9人，其中8人在海外读书，接受西方高等教育，现在在世的就剩一个叔叔了，他退休之前是杜威公司的研究员。父亲在老家读了两年小学，后在香港完成了中小学学业。

于：伍先生出生在华侨世家，档案显示，1925年他在岭南大学读了两年预科后，1927年以优异的成绩考入哥伦比亚大学土木工程系。这个专业选择是不是跟他父亲当时开办建筑公司有关系呢？

伍：应该有一点影响，但关系不大（笑），后面我再讲。他开始是在广州岭南大学就读，读了两年，正赶上省港大罢工[1]，学习环境不好，他觉得没法学习，自己跑到美国去了。读了一年的土木工程专业，因为数学和美术绘画成绩优异，在校长推荐下转到建筑学专业，学制是6年。

于：学费是家里资助，还是半工半读呢？

伍：这部分我父亲谈得不多。他说他在美国条件比较艰苦，是穷学生一个。但我猜测我爷爷还是提供了部分资助。

1952年"三反"运动伍子昂在思想总结中对这段经历的叙述（图2）

1952年"三反"运动伍子昂在思想总结中对这段经历的叙述（图3）

1925年，伍子昂在广州岭南大学读预科（图4）

伍子昂以优异的成绩考入哥伦比亚大学（图5）

哥大读书期间与朋友们在一起，右二为伍子昂（图6）

于：从照片上看，1930年代哥伦比亚大学时期的伍子昂先生是位风度翩翩、很洋派的年轻人。

伍：我父亲于1933年从哥伦比亚大学毕业，当时他是这一届学生中唯一一名"金钥匙奖"获得者，（哥大）发给他一把金钥匙，全届学生就这么一个。只可惜，"文化大革命"时被抄走了。"文革"以后，组织上让他提一些补偿要求，他就想要回这把金钥匙，别的什么要求都没有。但是已经无从找寻，遗失了。这是件很遗憾的事情。当时他非常自豪，因为这是华人、同时也是全届毕业生里面唯一获此奖项的人。他们那辈人在国外受到歧视，所以他经常讲要科学救国，对此满腔热情。

于：是不是这股科学救国的热情，促使他在1933年哥大毕业后作出回国的决定呢？

伍：我爷爷有9个子女，当时8个都在国外。父亲毕业的时候，爷爷给了他三个选择，一是留在美国，他那时候在美国不愁找工作，因为他是优秀毕业生嘛；第二是回香港，因为爷爷在香港，可以提供给他许多条件；第三，如果实在不想回香港，爷爷在广州给他找了个工程活儿。这个建筑现在还在广州，就是爱群大厦[2]，当时是爷爷承包下来的，他想让父亲去帮忙。但这三个选项，父亲都不予考虑，他当时年轻，满腔热情想着科学救国，就想回来踏踏实实做一点建筑师的工作。所以，毕业以后，他虽在美国拿到了公司的聘书，但还是执意回国，只身一人到了上海。

1933年，伍子昂获得哥伦比亚大学优秀学生"金钥匙奖"，前排左二为伍子昂先生（图7）

2. 孤岛上的"黄金时代"

于：25岁的伍子昂放弃了父亲给的三条道路，来到上海的范文照[3]建筑师事务所[4]，可以看出，他对未来的职业生涯，是有自己的想法和规划的。

伍：他回到上海后，在当时非常有名的范文照建筑师事务所工作。没几年就崭露头角，毕竟他是从名牌大学出来的洋派建筑师，和当

中国建筑师学会三月二十六日年会会议记录记载，1934年3月26日，中国建筑师学会在新亚酒楼召开了1933年度会议，到会会员有董大酉、童寯、陆谦受、奚福泉、赵琛、李锦沛、巫振英、张克斌、吴景奇、哈雄文、罗邦杰、陈植、庄俊、杨锡镠、浦海以及新会员伍子昂，董大酉担任大会席，后排左四为伍子昂先生（图8）

时国内建筑师的理念不尽相同。当然，这都是我听说的，没有亲身经历。那时候，还没有我呢（笑）。关于父亲的学者身份和工程师身份，我可能提供不了太多的信息，因为他在家里从来不谈工作。我只能谈一些生活琐事。

于：好的。回国一年后，经范文照、李扬安介绍，伍先生加入了中国建筑师学会[5]。也是这一年，您父亲与您母亲相爱结婚。我推测，这个时期应该是年轻的伍子昂先生的黄金时代。

伍：是的，应该是非常幸福的。父亲和母亲是自由恋爱，母亲叫欧阳爱容，也是来自一个大家族，兄弟姐妹18个，她也是广东人，住在上海的广东人。所以他们有很多共同点。我姥爷欧阳星南是广东商会上海分会会长，去世较早，和孙中山同日去世，1925年3月12日，导致在办丧事的仪式问题上还有了冲突，后来是家族和政府协商的这事该怎么办。可见，我姥爷在当时社会地位也是很高的。

父亲当时还是一个穷海归。听母亲说，当年他们恋爱的时候，父亲

1934年，伍子昂与欧阳爱容结婚（图9）

20世纪30年代上海时期与友人合影（图10）

1935年12月，伍介仁出生，1940年12月次子伍介夫出生（图11）

的家族曾坚决反对。我爷爷虽然是个商人，但是个小商人，觉得门不当户不对。母亲毕业于贵族教会学校，就是专门培养上流社会淑女的学校，她从小弹钢琴，弹得很好，外语也说得好，大学有三个毕业证书，钢琴、英语和家政，是个才女。

后来，他们克服了很多困难，走到一起。我们当时住在巴黎公寓45号，父亲和翻译家傅雷是邻居，也是朋友[6]。母亲是傅聪（傅雷之子）的钢琴启蒙老师。

于：*您母亲当时从事什么工作？*

伍：她一直在联合国救济总署，先是在上海的联合国救济总署，后来调到了青岛的联合国救济总署工作。解放以后，由于各种原因，父亲不让她出去工作了。当时，有四、五所音乐学院，想请母亲去上课。包括天津音乐学院、也就是现在的中央音乐学院，还有四川音乐学院，但父亲都不让她去。

他们的感情非常好，父亲每次出差，一定会给母亲写信，每天一封，这是众所周知的，拿现在来说就是"妻管严"（笑），但那时候没这个概念。父亲去世后，母亲常年保持着每天下午2点44分，也就是父亲去世的时间，站在遗像前跟他讲讲话的习惯。所以，你说1934年是他的黄金时代，这个推断，我是认同的。崭新的事业，甜

蜜的爱情。

3. 动荡时代里无法动摇的信念

于：*1937年上海沦为"孤岛"，由于战乱，经济很不景气，整个建筑行业也是萧条的。这期间，伍子昂先生又到了公利工程师行，同时还在沪江大学和之江大学作兼职老师。1945年，日本投降后，混乱的时局有所改观，上海的情况在好转，为什么伍先生选择在这一年举家搬到青岛呢？*

伍：他的一个朋友，叫王华彬[7]，1945年，被选调到青岛做敌伪财产的接收大员。他当时正好有其他的事情去不了，因为跟父亲是好朋友，就说："子昂，能否劳你去趟青岛，帮我把这件事办了？"就这样，父亲坐着一条非常破的船，到了青岛。我跟母亲和哥哥是后去的，坐的那艘船叫"来兴号"，我记得很清楚，几百吨的船，又碰上大风浪，路上非常辛苦。

于：*您是1940年出生，离开上海去青岛时，应该是5岁。*

伍：1945年，我只有5岁。到了青岛以后，他不喜欢当官，但作为政府接收大员，总是要做官场上的事，但他又不愿意干。他特别喜欢青岛的环境，竟不愿意回上海了，就在青岛设计并建造了一座房

1945年，日本投降，经王华彬（后任建设部总工程师）举荐，伍子昂赴青岛就任中央信托局伪产验收专员，负责对日伪敌产的房屋评估和验收工作（图12）

中央信托局青岛分局证明书（图13）

1947年，伍子昂在青岛创办"伍子昂建筑师事务所"，事务所是他自己盖的一处平房，办公兼居住（图14）

伍子昂夫妇非常喜欢青岛这处院落（图15）

1958年11月整风学习个人检查、总结（图16）

子，是平房，还带一个大院子，地址在莱阳路59号。这栋房子的主体建筑现在还在。在父亲离开青岛后，童第周等知名人士都曾在那间房子里住过。

于：您父亲创办的青岛市第一家建筑师事务所——"伍子昂建筑师事务所"的办公地点就是在这所房子里吧？

伍：是的，就是在这里。但是时间不长，很快就停办了。1949年刚解放，当时我们对共产党根本不了解，就看着解放军进城，在那里散发传单。父亲当时已经不在政府机关做事了，自己开了家建筑师事务所，属于自由职业者。青岛解放前，我爷爷从香港来了电报说共产党快来了，叫他回香港。父亲说："我就不相信共产党比国民党坏，我不走，我要报效祖国。"1948年，父亲曾带我们回去省亲，但很快就回来了。解放后爷爷又打来一个电报，说他快死了，叫赶快回去奔丧。父亲不信，他说，我不回去，在这儿挺好的。他觉得共产党不错，他就要留下。他就是这么个人，认准的这个理儿，谁说也不能动摇他。

1949年11月，山东建筑工程公司（青岛）给了他一个副经理的职位，还是做总工程师的事，他觉得跟专业技术相关，想了想就去了。父亲很不愿意从政，之前让他做人大代表啊、政协委员啊，帽子一大摞，他都（摆手）不去。开会也是从不发言，他就是一个学者，在家从来不谈政治。所以对他在外头的工作状况，家里人也基本不了解。

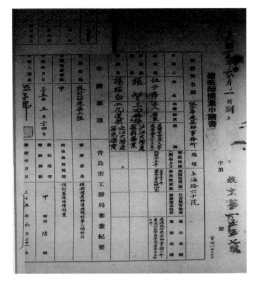

1946年5月24日，伍子昂建筑师开业申请书（图17）

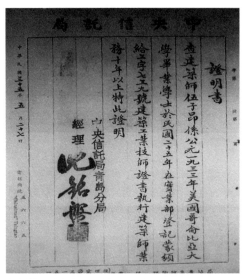

中央信托局青岛分局证明书（图18）

建筑事务所档案资料（图19）

1949年4月25日《大民报》刊登新闻《建筑师伍子昂成立事务所》，这是青岛市第一家建筑师事务所（图20）

伍子昂在"文化大革命"期间的个人检查（图21）

4. 疯狂时代与沉默的人

于：*1955年举家来到了济南？*

伍：对，1955年，肃反，又下来一纸调令，调他来省府济南，他还是不服从分配。后来用了一些手段，说他是"特务嫌疑"，整了他一下。他没办法，才来到济南。先是在重工业厅，很快到了建设口，进了建筑设计院，一待就是30年，一直任总工程师。

父亲是个沉默寡言的人，"反右"时差一点被打成"右派"。幸亏当时的副省长李予超说："你们把伍子昂打成'右派'，对山东有什么好处？"这样他才没被打成"右派"。但是"帽子"是拿在群众手中的，一有运动，"资产阶级知识分子"就得被折腾一下。他在山东的这一段，我现在的评价是比较压抑，尤其在"文化大革命"期间，受了那么多的罪，光抄家就抄了六次，家是越搬越小，最小的时候是一个8平方米旱厕改造的房子，但是他没有过怨言。"文化大革命"以后，很多人都在那里清算、诉苦，他还是不发言。有人问起他，他说这是时代的问题，是形势造成的，与具体哪个人没有关系。

"文化大革命"后，流行"伤痕文学"，有的人想从他的嘴巴撬出来一些对国家、对党的不满言论，但他从来只字不提。原来他的工资在省内是相当高的，他从五几年月薪就有254块钱，一直到他去世，都是254块。那时候254块是很让人吃惊的数额了，普通工人32块5毛就能养活一大家子人。但"文化大革命"期间，每月只给他28块，其他的全部都没收了。虽然他是华侨子弟，又留过洋，吃过洋面包。但他照样也能过，没有怨言，28块钱就28块钱。他是对生活要求非常简单的人。他爱吃，济南原来有个市交际处餐厅，不是一般人能去的，"文革"前他经常去；"文革"期间，工资待遇很低，日子艰难，他也照样过。他对生活的要求就是这样，什么样的境遇都能适应，都能随遇而安。

于：您刚才几次提到，您父亲在家里面从不谈工作和政治，那他是一个沉默寡言的人吗？

伍：对，非常沉默。在家里的日常交流中，他也很少讲话，回家就是坐在沙发上看书，这是给我留下最深的印象。他不大说话，母亲则是说个不停，他是以不变应万变（笑）。他从年轻的时候就不怎么爱说话。

5. 从未破灭的理想

于：这期间他在单位的情况，您母亲有说过吗？

伍：对他的学术、工作上的事情，我们一点也不知道。他在家绝对不谈工作，不谈政治，这是他的信条。我听母亲说，一开始在济南参加工作的时候，有个领导问他，你是干什么的。他说，我是建筑师。领导问，建筑师是干什么的。我父亲就简单地说了下，对房子的设计啊，外观啊，环境啊等这些综合因素的考虑。领导说要这个干什么，在我们农村，找几个小工，商量一下子，也不要什么图纸，砌吧砌吧，就盖起来了，要什么建筑师啊。这是当时的政治气候。和他同时代的，有留学经历的同行大部分都在北京、上海，说实在话，他留在山东，是没有多少用武之地的。有些观念和他的不符，他也很难受。这一辈子，他就做了些默默无闻的工作。

虽然父亲从来不说，但我能感受到他非常压抑。他后来跟长孙伍江说，将来有条件你去学建筑，建筑是个层次比较高的艺术，中国现在还很少。我侄子算是继承他的理想了。

他经常对我们说，他在国外生活得不舒适。他说"不舒适"，不是指物质条件，他要的不是物质生活，他要的实际上就是现在讲的"中国梦"，是他年轻时热血沸腾的科学救国的梦想。

伍子昂参加山东省职工宿舍设计竞赛评选，前排左三为伍子昂先生（图22）

1966年2月13日摄于上海文化会堂，右一为伍子昂（图23）

于：他这种很激昂的救国情怀，是到什么时间破灭掉的呢？

伍：他科学救国的信念从来没有动摇过，那一代人的理念就这样。我曾看过关于钱学森归国的报道，很理解他归国的意愿，因为我父亲也是这样想的，所以才能不顾一切阻挠，毅然回国。现在一些很现实的人，对此是不能理解的，所以他真是有理想、有信念的人。

于：即使在当时很压抑的政治环境中也没有破灭吗？

伍：从来没有。改革开放以后，有出国潮。我也想出国，结果父亲坚决反对，他说你出去干什么，英文知道一点，也不精通，又没有相应的专业，出去最多是个二等公民，会被洋人所欺负；咱们这里虽然穷、落后，但咱们是中国人，要为中国办事。这句话，对我影响很大。从那以后我再也没提出国发展的想法。其实当时我是很有条件出去的，国外有那么多亲戚，找谁都行。

在父亲眼里，为国家做事是最大的荣耀。北京"十大建筑"[8]开始建造之前，万里是北京市副市长，在全国请了几十名建筑师，到北京去讨论"十大建筑"的相关问题。我父亲去了，他觉得能为国家做事情是最大的荣耀[9]。在政治环境严峻的那几年，他对于为咱们省建筑院校培养学生非常上心，经常备课到很晚。家里人只知道他是在备课，没想到老王[10]他们说，他一直教了他们4年。他经常是一回到家，就把自己关在书房里，因为他干什么事都非常认真。对任何事情，只要他答应的，就一定会做到，而且一定会做好。他在家里对我们要求也是这样，干事要么就不干，干就要像个样。我想他之所以对这些学生全心付出，恐怕也是一种寄托。

序号	人名	职务	单位	序号	人名	职务	单位
1	伍子昂	总工程师	山东省设计院	26	鲍鼎	副主任	
2	苏邦俊	技术员		27	邹一心	工程师	
3	王治平	技术员	河北省设计院	28	邹天柱	总工程师	
4	郑炳文	总工程师	吉林省建设厅	29	王守业	工程师	武汉市建委
5	张芳远	技术员		30	徐显棠	技术员	
6	任世英	技术员	中南工业设计院	31	殷海云	工程师	
7	赵深	院长	华东工业设计院	32	陈希贤	工程师	
8	蔡镇钰	技术员		33	黎卓健	技术员	
9	徐中	教授		34	黄康宇	总工程师	
10	林兆龙	讲师	天津大学	35	兰玉柱	技术员	武汉设计院
11	汪玉麟	副教授		36	郑一呖	技术员	
12	胡德君	讲师		37	刘政洪	工程师	
13	唐璞	总工程师		38	陈伯齐	教授	华南工学院
14	张嘉榕	工程师	西南工业设计院	39	郑鹏	讲师	
15	江道元	技术员		40	林克明	局长	广州市建设局
16	吴善扬	副总工程师	江苏省设计院	41	陈植	院长	上海市规划设计院
17	姚宇澄	主任工程师		42	钱学中	技术员	
18	汪沛原	院长	四川省设计院	43	吴景祥	教授	同济大学
19	张汉杰	技术员		44	陈亦清	工程师	
20	李永芳	技术员		45	尹淮	工程师	重庆市建委
21	方山寿	副总工程师	西北工业设计院				
22	杨廷宝	副院长					
23	潘谷西	讲师	南京工学院	备注：红色为指名邀请人员。			
24	鲍家声	助教					
25	钟训正	助教					

1964年4月11日至18日，北京市人民委员会邀请外省市18家单位共45人到京参加长安街规划方案审核讨论会议，山东省设计院总工程师伍子昂、技术员苏邦俊作为山东省代表参会（图24）

中国建筑学会第一次代表大会是于一九五三年十月二十三日至二十七日在北京召开，伍子昂作为青岛地区的代表参加，大会通过了会章并进行了选举，选出第一届理事会。理事共二十七人，他们是：王明之、任震英、朱兆雪、伍子昂、汪季琦、汪定曾、沈勃、周荣鑫、林克明、林徽因、吴良镛、吴华庆、哈雄文、梁思成、徐中、陈植、贾震、张博、杨廷宝、董大酉、杨锡镠、杨宽麟、赵深、郑炳文、叶仲现、鲍鼎、阎子亨（图25）

二、最好的告慰

受访者简介：伍江（以下简称"伍"）

伍江，伍子昂之长孙。男，1960年10月生于南京。教授、博士生导师，同济大学常务副校长。国家一级注册建筑师，法国建筑科学院院士，上海市领军人才，上海市政府决策咨询特聘专家，享受国务院特殊津贴。1983年毕业于同济大学建筑系建筑学专业，1986年同济大学建筑理论与历史专业研究生毕业，获硕士学位，同年留校任教。1987年攻读同济大学建筑历史与理论专业在职博士研究生，1993年毕业获博士学位。1996年至1997年赴美国哈佛大学做高级访问学者。

受访时间：2016年10月
受访地点：伍江办公室
访 谈 人：慕启鹏（以下简称"慕"）

1. 传统建筑文化的精髓与现代主义风格

慕：伍校长，您好，感谢您百忙之中接受我们的访谈。通过您的叔父介绍，19世纪30年代，您祖父是怀着科学救国的理想从哥伦比亚大学毕业后回到上海的。

伍：是的，他从美国学成归来以后，有很大的理想追求。他在1933年回到了中国，当时国内的形势不是很好。香港、广州倒是有很多机会，他的父亲是一个开发商，本来他有机会通过参与家族企业来实现他自己的理想。但他没有，他曾经说过，"建筑师要有一定的独立性才能体现你的追求。如果完全跟开发商混为一体，你是很难体现你的建筑追求的。"

因为这个原因，他甚至跟他的父亲闹到几乎要决裂的地步。他父亲正在开发广州当时最高的楼，叫"爱群大厦"，这栋建筑物即使放在现在也算是很高的楼。他希望儿子回去参与设计，可他没有，而是选择了上海。上海是当时中国建筑业最发达的地区，那个时代留学归国的建筑师绝大部分都在上海留了下来。

慕：昨天，我们去了市民公寓[11]，这是伍子昂先生回国后在范文照[12]事务所参与设计的作品，遗憾的是，现在只剩下一栋了。我们在现场的时候，还依然能感受到这是一个具有明显现代主义风格的建筑，非常人性化，一楼的小花园，二楼、三楼的大阳台，无论是当时还是现在，都是非常舒适、非常漂亮的住宅。您在自己的专

著《上海百年建筑史》中也提到"伍子昂的加入，使范文照事务所更加坚定了设计现代风格建筑的决心"[13]。作为伍先生的长孙，在您的记忆中，伍老生前阐释过他对现代主义建筑风格的理解吗？

伍：从当时我跟祖父在一起的很多细节当中，都能体会出来。比如说我学习建筑学以后，参加过很多的讨论，当时的一些专业期刊，专业交流，老师授课，也会提到当时世界建筑发展的潮流。特别是到了高年级以后，西方刚开始流行后现代建筑，出现了很多对建筑形式上的思考，我当时并不理解。对建筑形式的现代主义反思，与对历史、文化的关系到底有多深，我不理解。寒暑假的时候，有机会到济南跟我祖父交谈，他很期待我在建筑学中多研究建筑的本质问题，不要被这些外表的热闹模糊了双眼。他跟我在马路上散步时，举了这样一个例子，他说，你看这个房子，为什么外面要有一个窗台，你看这个新房子，建了没有多久，就像淌鼻涕一样，非常难看，但如果有个沟呢，水就不会滴下去，房子就会很干净。他说，这类细节才是建筑里最重要的东西。

再比如，他经常提醒我说，回家上楼的时候，数一数这楼梯有多少台阶，两跑楼梯，有多少步，为什么会这样设计呢，为什么不是一跑到底呢，为什么是要分两次走，你看，人走到八步到十步，很舒服。他提醒我，建筑背后，有很多更人性、更本质的东西，跟那些建筑风格、建筑师，尤其是这些纷争不已的建筑外表的东西，关系不大。只有这些本质的东西搞好了，你才有可能让建筑在文化上上一个台阶。他的这些理念，可能跟他早年在哥大学习的经历有关，

伍子昂在范文照事务所时期设计作品——市民公寓（图26、27）

因为那个时候，纽约的各种现代建筑应该是相当的普及，只有像纽约这样的城市，才可能有机会去探讨建筑的本质问题。

从我对祖父当年这些很点滴的记忆当中，感觉他对于现代建筑的理解跟同代建筑师相比，有更特殊的认识。他尤其反对解放以后在苏联影响下不顾中国发展的实际状况、不顾中国贫穷落后的社会状态、不顾社会实际需求，更多追求形式的趋势，这些他坚决反对。他特别强调，中国经过"文化大革命"，百废待兴。中国的建筑在过去的几十年，特别是1950年代、1960年代，走过一些弯路，到1970年代更不用说，整个中国的经济都垮掉了。那么即便是回到20世纪50、60年代，在面对中国的经济发展需求，面对当时中国经济发展的态势，建筑界给予中国社会的需求并不是很到位，更多地在受到苏联的影响下，去追求建筑形式上的东西。他特别反感简单地把传统的外衣套在现代建筑的外面，他非常反对这种做法。

他告诉我，在西方，出现现代技术革命已经有几十年，快一百年了，建筑经过技术革命，经过思想文化的革命，现代建筑已经是这个世界建筑界（发展的）方向和趋势了。但是在1950、60、70年代，现代建筑在中国几乎没有应该有的地位，也没有获得它应该获得的尊重。大家还在讨论怎么能够在建筑里面体现中国的样子、传统的样子。当然，他自己很热爱中国传统文化，他认为"传统建筑文化里面的精髓在现代中国建筑中体现出来，不应该只是简单地体现在外表上，而应该是在内涵上"。

我到今天才能真正地理解到，所谓现代建筑的本质更多的是要转向建筑的需求、人性、建筑的功能性。建筑的材料、建筑的技术，是直接为人的需要服务的。这些思想，我想大概是当时现代建筑的精髓。这些思想对我后来是很有影响的。其实同济大学总体上而言，也是更加倾向于现代建筑思想，并且有一个很深的根基。同济大学最早的创始者都是受到西方现代建筑思想影响的一批人。解放以后，院系调整，又有机会把五湖四海，所谓的"八国联军"，即各种不同的外国留学背景的人都汇集到同济大学，所以有一种强烈的开放精神。我们学院的老教授总结道，同济的精神就是兼收并蓄、开放。我也经常跟同事和学生说，今天中国的建筑界已经发生了很大的变化，同济大学曾经有过这种主动地、愿意站在时代前列，领先时代的风气，把建筑里面最本质、最精准的东西让我们的学生共同来追求。我觉得这种精神在我身上有一个非常好的历史撞击，或者说是融合。一方面深受祖父潜移默化的影响，另一方面是受学校几十年来形成的大学氛围的影响，我在这里非常融洽地成为同济建筑文化的一个组成部分。

2. 动荡的时局与飘摇的理想

慕：看来，您祖父对您潜移默化的影响很大。我们从档案资料上了解，伍子昂先生在范文照建筑师事务所工作了两年，1936年就加入了公利工程师行[14]、后到基泰工程司[15]。同时，还在沪江大学商学院建筑系[16]、之江大学建筑系[17]做兼职教师。时局动荡，理想是不是也遇到了挫折？对这段兼职教学的经历，他后来有没有跟您交流过？

伍：大家都知道，不久以后，整个中国的形势都发生了变化，日本侵略上海，再加上后来进一步地侵略中国，使得当时的建筑师，还有建筑业，在当时的中国其实都很难得到发展。他走了相当年数的坎坷道路，甚至有一段时间，并未找到工作，自己又没有政治背景，所以，他没有随许多建筑师一起到重庆去。他没有那些政府的背景，也不可能在重庆得到任用，但是他又不愿意与日寇合作。因此他就选择了上海这个孤岛，在一个美国人开办的学校——沪江大学教书，其实沪江大学并没有正规的建筑系，只是夜大，当时战乱

	姓名	职务	专任/兼任	担任科目
二十八年度第一学期	廖慰慈	兼主任	专任	
	王华彬	教授	专任	铅笔画、炭画、建筑图案、建筑理论、建筑史
	陈端柄	教授	专任	静力学、结构原理
	陈裕华	教授	专任	房屋构造、三和土工程学
	罗邦杰	讲师	兼任	房屋设计
	周正	教授	专任	微分学
	杨子成	副教授	专任	普通物理学
	何鸣岐	助教	专任	机械画
二十八年度第二学期	廖慰慈	兼主任	专任	工程材料
	王华彬	教授	专任	木炭画、水彩画、建筑图案、建筑理论、建筑史
	陈端柄	教授	专任	材料力学、桥梁设计
	陈裕华	教授	专任	钢骨混凝土建筑设计、工程估计及规范书
	周正	教授	专任	积分学
	杨子成	副教授	专任	普通物理学
	伍子昂	讲师	兼任	透视画
	张充仁	特约讲师	兼任	炭画学
	何鸣岐	助教	专任	画法几何学
	戴琅华[n]	助教	兼任	透视画
二十九年度第一学期	王华彬	主任	专任	建筑图案、建筑理论、建筑史
	陈端柄	教授	专任	静力学、构造原理
	陈裕华	教授	专任	房屋建筑、钢筋混凝土工程
	陈植	教授	专任	建筑图案、业务实习
	颜文樑	教授	兼任	铅笔画、炭画、水彩画
	罗邦杰	讲师	兼任	阴与影、木工
	许参琴	讲师	兼任	建筑机械设备
	周正	教授	专任	微分学
	杨子成	教授	专任	普通物理学
	何鸣岐	助教	专任	机械画

之江大学建筑工程学系1939年第一学期—1940年第一学期课程安排，伍子昂兼职教授透视画（图28）

生活窘迫，其实就是混口饭吃[18]。当时有较好的专业背景的建筑师，大部分都去重庆了，所以他就接过了沪江大学建筑系系主任这个职务，做了8年的系主任，其实，这期间不可能有任何的作品。招生人数也有限，一年多的时候不过8个学生，少的时候只有两三个学生。所以不可能有太多的思想反映在作品里和教学里，他自己对这段过去的评价并不是很高。后来在沪江大学的历史文献中我也看到，他曾经为了保护他的学生，去跟日本当局抗议过。学生去参加活动被关押，他跑到日本人那里，把学生救了出来，自己却被日本人关到监狱里去了，他并没有什么太激烈的抗日行为，只是作为一个老师，一个系主任，据理力争，把学生抢救出来。当然他自己也就变成了日本人的目标分子，经常被日本人查，也在日本人的监狱里关过，这些他从来没有跟我说过，是后来我在沪江大学学生回忆录里看到的。

慕：这期间，伍先生继王华彬[19]之后担任过8年沪江大学商学院建筑系[20]主任。可是在1945年，抗日战争胜利后，他为什么会离开上海去了青岛？

伍：抗日战争胜利以后，大批建筑师又回到了上海，他作为一个既没有上海地方背景，也没有官方背景的建筑师，在上海也没有太多的机会，后来有机会到青岛去，他就去了。当然，在青岛他也做得不错，有机会参与青岛战后跟日本人的清算工作，开过自己的事务所，也设计过一些小房子，当时的市政当局还是蛮信任他的。但你知道，那时中国依然在战乱之中，不可能有正常的建设，他也不可能有太多的机会从事他的建筑实践。

3. 一代人的困境与突围

慕：真是世事弄人，大时代里的小人物，没有多少可以施展手脚的余地。解放以后，到了济南是什么情况呢？

伍：解放以后一段时间，也不太稳定。后来去了济南，他自己曾跟我提起来，说他真正参与的一个设计项目，就是济南的英雄纪念碑，为此他付出了很多心血。当然，纪念碑最后呈现出来的样子，跟他的设想并不一样。当时他在全国看了很多纪念碑以后，希望济南可以出现一个完全不同于其他地方的、新的、现代派的纪念碑。可惜他的理想没能实现。所以，后来他对自己的建筑创作、建筑设计生涯并不是十分满意，也不愿意多说。

再往后，"文革"之后，整个中国进入了改革开放时期，我感到祖

父是非常兴奋的。那时候他已经70多岁了，还没有退休，每天都骑自行车上下班。当时我家住四楼，他都能自己把自行车扛到四楼去。70多岁的老人，身体很好。那时我已经上大学了，寒假、暑假有机会就到济南去看他。他总是把我带到设计院，当时是山东省建筑设计院。我就看他几乎从早到晚忙着改图，拿根红线笔、蓝线笔，不停地改。其实那个时候，他年纪大了，在总工的位置上，也不可能自己负责哪些具体的项目。但是他觉得自己的机会到了，应该把设计院里所有的项目都看过。我看他跟那些建筑师，一个一个地讨论方案，一张图一张图地改。那时我还是个年轻的学子，印象当中他跟大家谈的问题，绝大部分我是能听懂的，也都是技术问题，比如结构、工程、空间布局构图的细节等问题，都是非常非常具体的。我从来没看到过他与别人谈论什么大构思，从来没有，只看见他在图上用红笔、蓝笔在改。

我觉得他不愿意多说、沉默寡言的性格，是跟他整个一生的经历有关。当然，在我们中国建筑事业最好的时候，他得到了最大的尊重，但是却老去了，他也没有精力再做他理想中的事情。

直到他去世的前一年，他一直在坚持工作。后来因为得了肺炎，身体一下子衰弱下去，不能去上班了，一直住院，直到去世。

祖父的这一生，我觉得可能蛮典型地反映了整个一代知识分子面临的困境，绝不是他一个人，我现在看到的即使在中国比较成功的、也比较出色的老一代建筑师中，仔细想想看，从历史看，他们机会其实也不多，一辈子也没能做几件事，这是整个中国那个时代大的形势使然。

慕：*面对各种强大的压力，您祖父这代人始终没有放弃过对理想的追求。尽管时代没有给他们设计作品和著书立说的机遇，但他们依然不放过任何可能为国家作贡献的机会。伍老先生在省设计院和省建工学院培训了一大批学子，这也许是他为实现自己的理想而选择的另一种方式。*

伍：对，是这样的。他把自己定位为一个职业建筑师，尽管他很少有机会去实现他的人生理想，但是当国家需要的时候，他把青岛事务所关掉，到了济南为政府工作。这个时候，他想到的并不是他自己的机会，自己已经到了中老年，是不是要留下一些传世之作，不是。而是说济南这个地方，山东这个地方，几乎没有建筑学的人才，他应该去帮助他们办学。

他的想法是很简单的。后来我有机会听蔡景彤先生介绍，当年办学时，学校已经开始招生了，发现山东找不到老师。蔡老师说，你祖父一个人把一年级到四年级的课全包了。我到今天也很难想象，从建筑设计到建筑理论到建筑历史，还有建筑结构，这么多课统统都包了，他要花费多少心血。我觉得他是想把自己所有知道的专业知识全部传授给青年人，因为他或许根本没有机会去实现他的建筑梦，这些人将来可能会接替他想实现但没有实现的梦想。

我记得《建筑师》杂志向中国第一批建筑师约稿，让他们对自己的业绩作一些总结，以使今天的读者有机会了解到早期建筑师的情况。当时，我祖父也收到了这份邀请。我见到了那份邀请函，作为小孩子，盼望着他能写出来，我也可以有光彩。结果，他跟我说，

伍老总在指导设计院的年青人（图29）

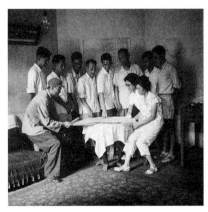

伍子昂给青年职工指导（图30）

少年伍江和爷爷奶奶及父母合影（图31）

我没做过什么东西，也不值得写，当时他就把信扔了。听说后来编辑部还打电话催过他，问过他，他都拒绝了。他当时跟我解释是："建筑师的思想要反映在作品里面，没有什么好说的，喜欢说的建筑师不是好建筑师。我自己没有什么机会，也没有什么作品，这一辈子，不是一个成功的建筑师，所以不愿意去写什么东西。"这是当时，他对自己的一个判断。

20世纪50年代的伍老（图32）

20世纪60年代的伍老（图33）

20世纪70年代初参观延安（图34）

20世纪80年代的伍老（图35）

4. 最好的告慰

慕：您祖父对您走上建筑学专业有影响吗？

伍： "文化大革命"期间，他一直受到各种各样不公平的待遇，在很长的时间里，我都没有机会见到我的祖父。等到我长大了，真正有机会见到他时，应该是1972—1973年，我开始"认识"祖父了（笑），当时经常听他讲一些建筑方面的事情，隐隐约约激发了我对建筑学的兴趣。

我从小就喜欢画画，从他这里我也知道建筑其实也是一种艺术，它是通过空间艺术、通过技术进步把艺术思想体现出来，当然，更多的是要为社会服务。这些认识我是从他那里慢慢地得到一些熏陶。到了考大学的时候，我就会思考，到底什么专业是适合自己学的？我本来有很多兴趣可选，最后还是在假期回家时受祖父影响，选择了建筑学专业。

当时也是很纠结，因为我成绩不错，有选择更好学校的机会。通过祖父了解到，中国最好的建筑学专业在清华、南工[21]、同济，这几所学校比较强，我家在南京，当然首先想到的是南京工学院[22]。我祖父跟杨廷宝先生早就认识，也咨询了他的意见，当然，也综合了其他很多人的意见。最后，他给我选了同济。他说，"据我所知，同济大学是最开放的，也对许多新的世界潮流最敏感。你到那儿去，可能是最有利于接受一种在将来为中国社会所需要的建筑方向。"另一方面，他说，上海比较开放，对于世界、对于西方很多方面别的地方都要开放，你去以后，还可以有更多的机会接触外部世界，了解20世纪后半叶中国建筑应该发展的方向。这个背景下，我就很自然地选择了同济大学（笑）。

当然，我到了同济大学以后，也跟这里的很多老师接触，比如像我的硕士、博士导师罗小未先生，她也是广东人，很早就跟我祖父很熟悉。后来，在学习过程中，我就逐步认识到现代建筑的这样一种传承。从我祖父这一代开始，我的导师罗小未先生，到我自己，一直在追求一种符合中国当代建筑发展、符合世界建筑发展的一种新建筑发展的方向。当时我还年轻，不懂，但随着这几十年职业生涯的历练，在教学、实践中慢慢体会到，当年我祖父对我的期待。他是把自己曾经想要发挥而没有发挥的一种对建筑的贡献，隐隐约约

寄希望于我，期待我将来会继承他曾经想追求的这样一种理想。

我曾经记得在大学一年级、二年级时，暑假要去祖父那里学点什么，他就把我放在设计院，对他那些同事说，你们不要把他当作我的孙子，就是让他参与，具体地做。我也知道，我一个大学生，不可能就真的派上用场。但正是这些实习经历，使得我比较早地认识到，一个建筑绝不仅仅是画出来了就造出来了，很多很多工程上的积累和思考，才能把这个房子很好地造起来。我想这也是他对我很大的影响。以至于后来几十年教学，我一直对学生说，建筑作为一个文化产品，的确在精神层面、在艺术层面非常重要，但你千万不要忘掉它是一个工程实践，不是画画，不是在纸上画出来就是一个房子。"你不能把一个房子很好地造出来的话，你就永远不是一个好的建筑师"，这个思想就是从他那里学来的。

我考上研究生是在1984年，那时祖父还在设计院上班。我选的是建筑理论专业，他开始不太理解，他觉得既然学了建筑学，就要做个建筑师，但得知我在罗先生门下，还是很高兴。他还专门来上海，到罗先生家里来拜访，说就我把孩子交给你了，希望以后能好好培养他。当然，罗先生对我是非常好的。我后来才理解到，学习建筑理论也好，建筑历史也好，建筑设计也好，建筑技术也好，不管学什么，其实建筑是一个很完整的东西，很难说你就是一个建筑师，但不需要进行任何理论思考；或者你是一个理论家，却不知道建筑是怎么建起来的，这根本是不可能的。

我自己也没有断掉建筑设计，只不过是没做那么多，这些设计多半是在我祖父去世以后做成的，他也没有机会看到了。我的祖父，这一生回忆起来，他的谦虚跟他的个人性格有很大关系，更跟他这一生的经历有关。虽然后来我的工作重心主要是中国近代建筑史研究，但却很少有机会看到他的资料。主观上说，作为他的孙子，我有义务去挖掘祖父到底做了什么，但是在这方面，我遇到了很多困难，因为发现他几乎没有留下什么东西。

另外一方面，我自己越来越多地体会到，其实我们研究建筑历史，在中国这样一个大的背景下面，更多地还是为了推动当代中国建筑的发展。我们改变不了历史，但是我们可以改变未来。我觉得从事建筑工作，特别是我从事建筑教育，自己越来越多的精力花在教学上，也许这才是对我祖父最好的告慰。

三、"我是这样改的，你可以参照一下"

受访者简介：杜申（以下简称"杜"）

杜申，伍子昂先生在山东省设计院时期的同事。山东省建筑设计研究院原院长、顾问总建筑师、教授级高级建筑师。

受访时间：2016年9月

受访地点：杜申府上

访 谈 人：于 涓（以下简称"于"）

于涓（以下简称于）：杜老，您好，非常感谢您接受我们的访谈。通过走访我们了解到，伍先生生前和您无论是工作关系还是私交都甚好，工作上可以说是师徒，同时您又是先生在山东省设计院的继任者，应该说对他比较了解。20世纪70年代，您当时二十几岁，作为刚入职的年轻小伙子，有机会让伍先生改图吗？当时的情景还记得吗？

杜：我们都尊称伍子昂先生为"伍老总"。在方案阶段，能和伍老总接触的人，一般都得是专业负责人以上的，一开始，我还没资格跟他接触（笑），而是通过主任建筑师把图纸送给他看，后来我提升到主任建筑师，才有机会直接接触他。这就到了1970年代中后期了。看到我的方案时，他先不说有什么毛病，他就是看，接着问我是怎么考虑的，让我谈一谈。听完我的想法后，他才发表意见，这个地方应该怎么考虑，应该怎么办。接着，他开始徒手画，速度相当快，相当好，边画边说，"我认为你在这个地方这样比较合适，你认为怎么样？"经过他的指导，我一看，大厅、入口等几个关键部位确实有很大改进。有时候伍老总说的话当时心里还没能领会，但看看他画的图，一对比，就非常佩服。

他的办公室是这样，就是这么大（用手比划），这是写字台，书桌的一头全是书籍，大部分书籍都是外文的。书籍的旁边有一卷硫酸纸，一般是这么粗、这么长，滚动的。他一般给指导别人方案的时候，都是先研究方案，口头讲完以后，铺开纸，拿起笔来，这样画。画完以后，"哗"一撕，说"你拿去，我是这样修改的，你可以参照一下"。

他还经常给我们讲国外先进的建筑理念。比如现在提到的环境设计规划，当时谁懂啊，都是把房子建好就完事了，环境意识很淡，但国外很重视。他就给我们讲，第一得注意环境；第二就是要注意（建筑的）性格，就是设计什么，得是个什么。设计个教学楼就得是教学楼，不能设计成个剧院，建筑性格一定要把握；第三就是设计当中注意整体设计效果，局部与整体的关系要控制住。遇到国外的前沿文章，他就给我们讲，这篇文章中主要说的是什么。他不是上课，不是照本宣科"美国怎么着、法国怎么着"。他就是给大家讲有哪些演化原理，研究方向有哪些，我们要注意汲取人家的哪些地方，这些对我们很有启发。那个时代，我们水平的提高跟他的现场教学是分不开的。

伍子昂给山东省设计院的同事评图（图36）

20世纪70年代初山东省设计院全体职工合影（图37）

于：杜老，我们在省设计院资料室几乎没有找到伍先生的设计作品，这是不是跟当时的工作体制有关系呢？

杜：是的，他改图的手稿都被我们拿走了，手稿形成作品后呢，都落实到具体的设计人身上了。我设计的，他修改后，最后只有我的名，没有他的名。伍子昂的作品是找不着的。像他们这一代建筑师，很少有属于个人的建筑作品，当时工作体制就是这样。所以你想找底稿，甚至你想找笔迹，都很难。

济南这些建筑的保留，跟他都分不开。整个设计院的方案怎么出、怎么进、是否成立，这是伍子昂的选择，与伍子昂分不开的，就是"你拿的方案，我得同意"。这些有名的、有保留价值的建筑现在还都在，比如山东师范大学、北洋剧院、人民剧场，这跟伍子昂的决策分不开。伍老总虽说是个洋派，但他不崇洋，他对中国建筑业也很推崇。他早期的作品，是现代主义风格的。济南工业学校有一片教学区，是他搞的，当时算是比较现代的。他指导的建筑很多，但手稿都没有保存。山东体育馆设计的时候，他负责新人指导，设计负责人不是我，是我的好朋友。朋友回来很兴奋地对我说，是伍老总亲自指导他。体育馆设计时应该注意哪些问题，他讲实用、经济、美观的原则，具体到体育馆，实用到哪些地方，功能要满足什么，特别是体育馆内部功能和内在要求，要注意环境和人员疏散，这是个主要问题，什么样的路口才能衔接，他讲得很到位。建筑空间风格，符合当时的潮流。体育馆建成以后，大家评论不错，各部分的处理都很简洁。这和他分不开，他虽然没有具体做方案，但他就在硫酸纸上给你这样改。

于：杜老，您怎么评价伍老总呢？

杜：我总结了三点：一是他生活朴实，不搞特殊；二是他非常容易和群众亲近；三是工作中严格要求，但从不吹毛求疵。对人和蔼可亲。伍老总去世后，我跟他的夫人还有他的儿子伍介夫的关系都很好。欧阳师母，我跟她交往比较多，她很照顾我。伍子昂先生去世以后，我每年都会去看望她。

四、"你们是做馒头的，我是吃馒头的"

受访者简介：伍子昂先生在山东省设计院时期的同事，集体访谈8人。本文取周宏均、张韵声、骈蓉蓉的部分口述实录。

周宏均，1935年生，1951—1993年在山东省建筑设计院工作，曾担任所长职务。

张韵声，1937年生，1957年毕业于天津土木学校（中专）工民建专业，分配在山东省建筑设计院建筑专业工作至退休。

骈蓉蓉，1935年生，1958年同济大学城市建设与经营专业本科毕业，1958—1965年在省城建局规划室工作，1965年调入山东省建筑设计院工作至退休。

受访时间：2016年10月
受访地点：省设计院
访谈方式：集体访谈
访 谈 人：于 涓

这些花甲老人在大学刚毕业分配到山东省设计院时，都得到过伍老总的指导（图38）

伍子昂在"文革"中因对技术重视而受到迫害
（图39、40）

伍老总在"文化大革命"中受迫害，被下放了到技术科。那时我刚毕业，被分配在技术科。我看他平常不怎么爱讲话，除了劳动，就一直坐在那儿看书写字。很厚的书，都是外文的。我当时，小姑娘嘛，很好奇，就上前问他在做什么。他就耐心给我讲，说在翻译有关膜结构的外文资料。他还跟我说这是以后发展的趋势。我们不会英语，大学学的是俄语，那时也还不知道膜结构。到后来看到处都是，就是他那个时候翻译过来的。

"文化大革命"抄家时，我记得在院子里摆着他家的东西，其中有一架钢琴给我留下了很深的印象，因为欧阳师母会弹钢琴。再一个是一大盆白糖，那是师母用来做巧克力的。有一次，我们俩到他家

里去，还吃了师母做的巧克力，那个味道太难忘了。那时候，咱都不懂（巧克力）是啥，记得他家吃的那个巧克力都是一小碟，四个人就摆四堆，一个堆里有两块，都这么分着吃。

伍老总看方案非常仔细。那时我们都刚毕业，有点不知天高地厚，即便伍总讲了图后，还是执意不改，固执己见。伍老总严格一点，我们就各种不满意和找借口，拖拉着不改。年轻嘛，不服人。伍老总用一句名言来规劝大家，他说"你们是做馒头的，我是吃馒头的，而且我经常吃馒头，天天吃馒头，我一尝就知道你们这个馒头做得好还是不好，哪里缺什么哪里多什么。"伍老总是我们的师傅，手把手地改图，我们都是受益于此，可以说，是他成就了我们这一批人。

五、"他一直很鼓励我，推着我往前走"

受访者简介

缪启珊，系1959—1963年伍子昂先生在山东建筑大学兼职教授期间的助教。女，1933年3月生于广州。1937—1952年在澳门和香港生活学习。1959年从南京工学院（东南大学）建筑系毕业后在山东建筑大学任教40年，主授建筑专业课程。1988—1998年兼任山东省第七、第八届省人大常委。1998年退休。

受访时间：2016年11月
受访地点：缪启珊府上
访 谈 人：于 洎

83岁的缪启珊在伍子昂先生塑像前（图41）

1. 伍老总给我第一个下马威

当时我刚大学毕业，听说学校来了个老总，让我去当助教，而且还是广东人，同乡。一对话，亲切得不得了，他就把我领到家里去。他老伴就更喜欢我了，因为他们没有女儿，一见面就拉着我说个没完，生活上交流很多。

我一来就给伍老总当小助教，那时蔡景彤给他提包，我给他拿着杯子。他一讲课，我们就站在后面听。伍老总讲课思路很广，一些老工程技术人员都是这样的，有很多技术方面的经验，讲起来又不像我们年轻教师照本宣科。他思路非常活跃，工程案例信手拈来。他结合当时的工程项目，讲了很多具体的设计方法、手法、技法。他建筑理论的水平也很高，讲到外国建筑的特点时，都是信手拈来。

我讲一下伍老总给我的第一个下马威（笑）。有一天，他正给同学们讲着这个怎么设计，怎么想，怎么画。忽见他拿起个粉笔头，在黑板上点了一个圆点，说，"这是灭点，所有的线都应该往这个灭点上靠。"接着他又说："那这个灭点怎么来的？这个让缪老师下课以后给你们讲！"（大笑）哎呀，你说我当时刚刚毕业，虽然学过透视原理，但缺少授课经验，一下子能讲清楚吗！当时可把我紧张坏了。回到宿舍以后，赶紧找书复习，绞尽脑汁去想怎么讲。

伍老总真是想方设法培养我。省设计院有时不是要评方案吗？我记得有一次评一个电影院的方案，他专门叫我去，说电影院你比较熟，因为我毕业设计是搞剧院的。我去了，很紧张，伍老总一直在背后鼓励，你发言啊，看他们哪里讲得不对，你就说。我居然也就大胆讲了。他一直都很鼓励我，从来不是把我们当做什么也不懂的孩子，都得听他的，而是推着我们往前走。

这些都是很难得的机会，所以我非常感激他。他还很喜欢我画的透视图，专门叫我把他的某一个工程画成图。画完以后，他就挂在办公室里。这些对于一个年轻的助教来讲，是很受鼓舞的。他话不多，就是具体叫你做这些事情。对于年轻的我来说，真的是一种促进。

我一直很感激伍老总，他从没有把我当作外人。蔡景彤是他当年另外一个助教，他对伍老很恭敬，经常帮他拿包、扶他走路。我在他面前表现得倒好像有点"肆无忌惮"，比较随便。他和师母都拿我当女儿，而我也把他当父亲那样地对待。

2. "缪启珊怎么还不来看我？"

我跟伍老总是师徒的关系，更有点像亲人的关系。我跟师母特别亲，话题那就更多了。师母是一个文化知识水平非常高的人，她是音乐专业毕业的，钢琴水平很高，按道理说她的水平应该是艺术学院里教授级的人物。为了服从伍老总的工作，她放弃了工作的机会，一心一意，伍老总到哪里，她就跟到哪里。

她英语非常好，看书看电影全是英文的，她唱英文歌，习惯用英语对话，有时我也能听懂几句。有一件事特别令我难忘。她快80岁

时有一次出国旅游，过海关的时候，发现海关的人对我们中国人很不礼貌、很不尊敬，她就用英语和他们理论了一番，其中两句话，我记得最清楚，"你不尊敬我们中国人，就得不到我们中国人的尊敬"。师母很有正义感，我很尊敬她。

师母也很热情。当时我二十多岁，还没有成家，她对我真得就像对女儿。她说你每个礼拜都到我这里来。所以我周末经常去她家蹭饭。她教我怎么煎荷包蛋，怎么做面包、点心、蛋糕。有好吃的，也给我留着。见我就说，你再不来，这些吃的就长毛啦。伍老总过生日，她买了几支玫瑰花，也给我留了最鲜艳的几朵带回宿舍。伍师母就像我母亲一样。

后来，我有了女儿，再后来，我有了外孙，就经常带着她们去师母家玩，直到她生命的最后几年。因为在2003年我得了腰椎间盘突出，行动不方便，没办法下楼了，所以一直没能去看望她。后来听伍介夫说，师母三天两头问我怎么不来了，是不是把她忘了。到最后，她临终前晚饭的时候还问"缪启珊怎么还不来看我？"当天晚上，她就去世了。后来，伍介夫告诉我这事儿，我眼泪一下子就出来了。

山东建筑大学 建筑学教学计划草案（图42）　伍子昂负责设计原理的教学（图43）

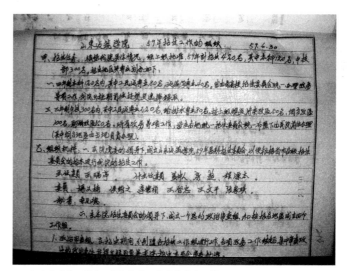

1959年山东建筑工学院开始招收第一批建筑学专业学生（图44）

六、"他成就了我，也成就了我一生美好的姻缘"

受访者简介：
蔡景彤，系1959—1963年伍子昂先生在山东建筑大学任兼职教授期间的助教。教授，1981—1985任城建系主任。

受访时间：2016年11月
受访地点：蔡景彤府上
访 谈 人：于涓、山东建筑大学广州校友王俊东、程建军等

1. "仿宋字一定要超过名校"

伍老总主要带的是几个年级建筑设计课。7个连续的建筑设计，贯穿7个学期，最后一个是毕业设计，都是他来指导。他讲课是不念稿的。他跟我讲，你学建筑的，要有本事站在那个地方，根据具体课题讲上两三个小时，而不是局限在课本上那一点知识性的东西照本宣科。他勉励我说，你要好好深入下去。他上课之前，我观察他都有一个提纲、几条，很清晰，然后就着这几点展开，面很广。

他给59级的学生上了一段时间课。了解了学生的情况后他告诉我，这个班我该怎么教，这个同学某某，那个同学某某，他们的情况是怎么样。对建筑教育事业，他真的是尽心尽力。他会仔细分析63·1班，以及班上的每一位同学的特点，这就是所谓的因材施教吧。

伍老总做事不求任何回报。当时他已经是省设计院的总工，到我们学校来上课却不拿一分钱报酬。学校也只是在过年春节的时候送上一份礼物（一般都是我送去的），略表谢意。而且他来这里教课，都是自己蹬自行车来。我们学校当时有过一辆破烂不堪的吉普车，这车能用的时候，接过他一次，后来这车开动不起来了，他就自己蹬自行车过来。从他当时的行政职务来讲，应该是副厅级的，因为建委主任是正厅级，算下来他该是副厅级的待遇，可以叫车接送，可他从来没有叫过。当时他大概也60岁了吧，从设计院到我们学校距离很远，来一趟不容易，但他就这样自己骑车来。

他每次讲课内容不多，我都一字一句记录了的。但记录现在找不到

了，因为"文化大革命"的时候，工作组让我交出来，后来就再没有交还给我。虽然讲的内容不多，但都是最核心的问题和观念。课下我就跟缪启姗先好好消化，自己理解了，再辅导学生。他说对我们的学生不能够照本宣科。这种教法不可行，因为班里学生大部分都是农村出来的，开门就是院子，什么叫楼梯，什么叫单元，都没有见过，可能连名称都不知道，按这样的教学，这批孩子能培养出什么？他说不能这样，他们出去顶不住的。他就提出要改革教学。这个现在可以讲出来，但在当时并没有通过教务处批准（笑）。他说要先打好基础，让学生先定一个务实的目标，咱们的学生到了建筑设计院，首先是画图，其次是图上的仿宋字，都要过关。那段时间他就要求大家写仿宋字。现在对你们来讲无所谓啦，但这在当时是很重要的。

伍老总说，仿宋字太突出了，仿宋字写不好，一眼就能被看出来。你看那些图纸，名校毕业的有些人设计能力挺强，可是仿宋体就写不好，所以他当时就讲，我们培养这些学生，一定要能够跟名牌学校的学生比肩工作，把别人不重视的基础先打扎实，减少同学们的自卑感。我们毕业生会想，虽然自己的学校没有名气，也没什么名教授，但是你画的图我也能画，你写的仿宋字我也能写，我不比你差啊。

另外他常说要加强学生的信心，他说："你在辅导当中要引导同学知道学建筑学是不容易的，要有很高的审美的水平，但是要先打基础，站稳脚跟以后再不断学习，要在实践当中不断学习。"伍老总要我们在辅导学生的时候，引导他们重视基础的东西。他特别跟我交代，画图咱们跟几所老校来比也差不多，鸭嘴笔没多难，只要你

用功仔细画，多练一下，四年能练得好。但是仿宋字，他说在设计院里面没有见过一个写得好的。他说："这个地方要是攻下来，就能增加同学们的信心。我知道你的仿宋字行，你别的东西不说，就讲这个仿宋字，你一定要讲好。"他当时下了命令，仿宋字一定要超过名校。

2. "不是要你画的多漂亮，而是你盖得多漂亮"

伍老总经常讲一些创新思想，但是好多理念在当时他没办法直接讲，就只能放在设计当中来灌输。比方说他在讲这个平面组合时，同学之间搞这样的组合，盖起来时这个建筑造型不好，他改了以后，仍然用那个平面去组合，但是修改后盖起来，这个美感就正常了，他是通过这样的方式来谈美观的。在当时的环境下，不能够直接提建筑美学，不敢讲。因为这是党的建设方针，这个方针也是从国家经济条件来考虑。但是我们搞建筑，哪能不考虑美观。所以伍老总的好多理念没办法直接讲，就只能放在设计当中来灌输。比方说他在讲这个平面组合时，同学之间搞这样的组合，盖起来时这个建筑造型不好，他改了以后，仍然用那个平面去组合，但是修改后盖起来，这个美感就正常了，他是通过这样的方式来谈美观的。他说我们讲这个美观不是要你画的多漂亮，而是你盖得多漂亮。

"五反"运动[23]的时候搞"大鸣大放"，让他写文章，他写了一篇，大概是对山东的建设提了一些建议，在《大众日报》[24]刊登了。运动中本来准备把伍总打成右派，后来一位副省长出来讲话，说你

1954年9月30日伍子昂在《青岛日报》发表题为《本市五年来市政建设的成就：把青岛建设得更美丽》文章（图45）

们把伍子昂打成右派，对山东省有什么好处？最后虽然没有被打成右派，但是"文革"期间，伍老总是很压抑的。

他是真爱国，真想贡献自己，但是也得先保护自己，所以他才"不爱说话""沉默寡言"。他两个儿子中学成绩都很优秀，小儿子还是山东省实验中学的学生，山东最好的中学，却都没学建筑，一个学水文，一个考到机械学院去学机械了。为什么呢，这是受伍老总政治成分的牵连。有一次他说："你看我两个儿子，我是一心一意要培养人才的，结果连两个儿子都没有办法培养。"那时我还没结婚呢，他就对我说："你将来一定要培养你的儿子。"我说："不行啊，现在反对天才教育，要一视同仁，怎么能光照顾自己儿子。"我那时候多幼稚啊！他继续说："你教儿子啊，要从他生下来就培养他，引导他，而不是压迫他，慢慢引导他对建筑有兴趣。就看你的智慧，怎么引导他，使他对这个感兴趣，然后让他成才。"伍老总这些话，我是多年以后才真正理解了。

3. "你请姑娘吃饭，身上带钱了吗"

有一位朱老师，是山东艺术学校教声乐的，她经常到师母家去练习，遇到过我几次。有一次伍老总来上课，上完课，他说："蔡景彤，你师母叫你哪天去家里一趟。"我是经常去伍老总家的，我说："什么事？""她想让你看看对象。"我说："看对象啊，对方是做什么的？"伍老总说："学音乐的。"我当时就想，这件事办不成，学音乐的能看中我这个又老又丑的样儿？不可能。但师母为我费心，又不好意思拒绝。所以我当时去的时候，也没放在心上，胡子也不刮，头也不梳，也没穿一件像样干净的衣服。心想，我就让对方看完直接摆手不就完了嘛。

当时我也不想花时间在谈恋爱上，我教学很忙，确实没有精力管这些东西（笑）。去了以后，被师母骂得很厉害，"你真的是，我好心好意帮你找对象，你怎么穿成这么邋遢的样子呢？！"

那天伍师母弹钢琴，朱老师唱歌，太动听了。后来，随朱老师来的小姑娘也唱了一首。哎呀，我一听，近距离、没有通过麦克风的真实声音，一下就把我迷住了，但是我也不敢想、真不敢去想这个姑娘会青睐我。朱老师的先生，山东省科学院院长、大专家，当时也是右派。伍师母还有伍老总周日休息的时候经常邀他两口子到家里小聚。他们四个人也总会叫上我和那位姑娘一起参加。

到了快吃饭的时候呢，师母和朱老师说你们都认识了，该一起出去

1959级建筑学专业本科生毕业照。前排左五是伍子昂先生、前排右五是缪启珊先生、右六是蔡景彤先生（图46）

吃饭。伍师母悄悄拉住我问我，"你请姑娘吃饭，身上带钱了吗？"我说这个月的工资都花完了。然后师母就塞钱给我。这样吃了几次饭，还不行，没有进展（笑）。他们夫妻俩，等伍老总一有空，又约我们去看了几次电影，都是他们夫妇两人陪着我们去的，后来陪了好多次了，就问我"喂，你们两个，有没有谈话？你俩能谈话我们就不用当电灯泡了。电灯泡嘛，就是在这儿挡住了不通气了，你们就不好谈你们的事情啊（笑）。"我说行，以后就我自己约她吧（笑）。多亏伍先生夫妇牵线，处了半年，姑娘总算看上我了（笑）。他成就了我，也成就了我一生美好的姻缘。

访谈手记：

从民国到新中国，历史的齿轮在新旧啮合时，往往要承受更多的荷载。大时代的尘埃落在知识分子个体身上，就是一生的坎坷。身份认同断裂带来的挣扎、痛感并未消解其对自身角色现代性转型的不懈追求，这成为那一代知识分子的宿命与信念。从民国时期建筑事务所自由执业人员到新中国事业单位性质的省设计院总工程师，从抗日时期在私立大学建筑系兼职系主任到新中国省属地方院校建筑系的奠基人，是一条清晰的伍子昂人生主线：对现代建筑思想的践行和对现代建筑教育的坚守。

通过与伍子昂先生的亲属、同事、朋友、学生等26人的深度访谈，笔者用收集到的口碑史料较为清晰地还原出他一生的版图：作为爱国知识分子，他在时代的窠臼下虽遭受种种磨难，但从未泯灭过科学救国的热情以及对独立学术人格的追求；作为第一代建筑师，他完整地接受了西方现代建筑教育的熏陶和培养，一生中无论在何种时代境况下都未放弃对现代建筑思想的不懈探索；作为建筑教育家，他不断地把自己对功能与形式、空间与技术、历史与现代等关系中具有现代主义倾向的设计理念的理解，去影响、指导年青的设计人员。他注重建筑人才的培养，主导和开创了山东建筑学院（"山东建筑大学"前身）建筑学专业，为59级第一届建筑学专业制定教学计划，言传身教地培养年轻老师，在年近半百之时全程授课，以"勤奋、求真、务实"的理念培养出山东省第一批优秀的建筑人才。伍子昂先生在山东建筑设计与建筑教育的历史进程中留下了重要的轨迹，对后学们影响至深。

附：伍子昂先生大事年表

1908年，伍子昂出生在广东省台山县（现台山市）冲篓村。

1917年，随母陈氏（1876—1959）移居香港。在香港读完小学和中学。

1925年，考入广州岭南大学预科。

1927年，伍子昂以优异成绩考入美国哥伦比亚大学，攻读土木工程工科学位。

1928年，由于数学和美术绘画基础扎实，在校长推荐下伍子昂转学学制六年的建筑学。

1932年，加入American University Club of Shanghai。

1933年，伍子昂大学毕业，获得哥伦比亚大学优秀学生"金钥匙奖"。（金钥匙在"文革"期间被抄没，至今下落不明）。

1933年，伍子昂回国，没有遵从父命参与广州爱群大厦的营造工作，同年加入上海范文照建筑师事务所。在范文照赴意大利考察期间，伍子昂被授权主持事务所工作。

1934年，经范文照、李扬安介绍加入中国建筑师学会。同年，伍子昂与欧阳爱容结为夫妇。

1935年12月，长子伍介仁出生。

1936年，伍子昂加入由留德建筑师奚福泉主持的公利工程师行。

1937年，伍子昂在上海沪江大学商学院建筑系、上海之江大学建筑系等多所院校任教。

1939—1946年，继王华彬之后担任上海沪江大学商学院建筑系系主任。

1940年12月，次子伍介夫出生。

1945年，日本投降，经王华彬（后任建设部总工程师）举荐，伍子昂赴青岛就任中央信托局伪产验收专员，负责对日伪敌产的房屋评估和验收工作。

1947年，伍子昂在青岛创办"伍子昂建筑师事务所"。

1948年，中央信托局日伪产验收工作结束，机构撤销。由于时局动荡，事务所歇业。同年，伍子昂携妻儿回港省亲。

1950年，中国建筑师学会登记会员。中国建筑学会第一至第五届（1953.10、1957.2、1961.12、1966.3、1980.10）理事。

1948年，中央信托局日伪产验收工作结束，机构撤销。由于时局动荡，事务所歇业。同年，伍子昂携妻儿回港省亲。

1955年，伍子昂离开青岛到济南工作，担任山东省建设厅建筑设计院（后为"山东省建筑设计院"）总建筑师总工程师直至退休。

1957年，"大鸣大放"和反右派斗争中，经政协领导反复动员，伍子昂作过一次发言，因此在其后的政治斗争中，受到牵涉和影响。

1959—1963年，在山东建筑工程学院兼职任教，为山东省建筑设计行业培养了大批人才，是山东省建筑学教育的开创者。

1986年初，伍子昂退休。

1987年1月22日下午2点44分伍子昂去世。骨灰存放在英雄山烈士陵园2室027号。

注释

[1] 省港大罢工，1925年6月19日为了支援上海人民五卅反帝爱国运动，广州和香港爆发了规模宏大的省港大罢工，此次罢工由共产党人邓中夏及苏兆征领导，历时1年零4个月，是20世纪80年代以前世界工运史上时间最长的一次大罢工。

[2] 爱群大厦于1937年落成开业，位于广州市越秀路沿江西路113号，在1937年至1967年作为"广州第一高楼"的地位保持了整整30年。据彭长歆著《现代性-地方性——岭南城市与建筑的近代转型》（上海：同济大学出版社，2012年，P247-248），爱群大厦原名香港爱群人寿保险有限公司广州分行爱群大酒店，由毕业于美国密西根大学的建筑师陈荣枝与合作者李炳垣设计，1934年10月1日开始动工兴建，1937年7月落成使用。另据彭长歆教授告知，爱群大厦的营造商是省港德联建筑公司，桩基工程是惠保公司（The Vibro Piling Co. Ltd.）。伍子昂先生的父亲经营的公司是否为其中之一待考。

[3] 范文照：（Robert Fan, 1893—1979），1921毕业于美国宾夕法尼亚大学，获建筑学学士学位，1927年开设私人事务所，在上海从事建筑设计工作，1927年开设私人事务所，应邀与上海基督教青年会建筑师李锦沛合作设计了八仙桥青年会大楼（今上海锦江青年会宾馆），并结识了建筑师赵深；同年10月，与庄俊、吕彦直、张光圻、巫振英等发起组织中国建筑师学会。

[4] 范文照设计事务所，由范文照于1927年自办，从业人员有丁宝训、赵深、谭垣、吴景奇、铁广涛、徐敬直、李惠伯、萧鼎华、张良皋、黄章斌、陈渊若、杨锦麟、赵璧、厉尊谅、张伯伦、林朋等。1933年，学成归来的伍子昂加入范文照事务所，任帮办建筑师，他提倡现代主义思想、现代建筑的主张，这促使范文照逐渐接受新观点，事务所立场也逐渐趋于现代化。

[5] 中国建筑师学会三月二十六日年会会议记录记载，1934年3月26日，中国建筑师学会在新亚酒楼召开了1933年度会议，到会会员有董大酉、童寯、陆谦受、奚福泉、赵琛、李锦沛、巫振英、张克斌、吴景奇、哈雄文、罗邦杰、陈植、庄俊、杨锡镠、浦海以及新会员伍子昂，董大酉担任大会席。

[6] 傅雷在《傅雷自述》中写道：年冬至45年春，我以沦陷期间精神苦闷，乃组织10余友人每半个月集会一次，但无名义无任何形式；事先指定一人作小型专题讲话，在各人家中（地方较大的）轮流举行。略备茶点参加的有姜椿芳、宋悌芬、周煦良、裘复生、裘韵恒、朱滨生（耳鼻喉科医生，为当时邻居）、雷恒、沈知白、陈西禾、满涛、周梦白、伍子昂等（周为东吴大学历史教授，裘助恒介绍；伍子昂为建筑师，当时为邻居，今在青岛）。曾记得我谈过中国画，宋悌芬谈过英国诗，周煦良谈过红楼梦，裘复生谈过荧光管原理，雷恒谈过相对论入门，沈知白谈过中国音乐，伍子昂谈过近代建筑等。每次谈话后必对国内外时局交换情况及意见，与受访人伍介夫的叙述稳合。

[7] 王华彬：（1907—1988）我国著名建筑学家、第三届全国人大代表、中国建筑学会前副理事长、一级建筑师、中国建筑技术发展中心顾问总建筑师，1927年毕业于清华大学工程系，后留学美国欧

柏林大学和宾夕法尼亚大学建筑学院。1933年回国,先后任上海沪江大学教授、之江大学建筑学系主任。

[8]1958年为了迎接十年大庆,中央决定扩建天安门广场,并在广场两侧修建人民大会堂和中国革命历史博物馆。沿长安街建成了"十大建筑"中的民族文化宫、民族饭店和北京火车站。

[9]1949年以后天安门广场和长安街的历次规划和建设活动,其中1964年的改扩建规划设计规模较1959年规模更大,包括天安门广场的扩建和长安街沿线详细规划两大部分。1964年4月11日至18日,北京市人民委员会邀请外省市18家单位共45人到京参加长安街规划方案审核讨论会议,山东省设计院总工程师伍子昂、技术员苏邦俊作为山东省代表参会。1964年的长安街规划提供了多达9个方案,汇集了全国当时设计力量最强、经验最丰富的人员参与其事,与1954年、1956年和1959年的历次天安门广场规划一脉相承,是新中国规划和建筑思想、艺术的集大成者,这次规划中遵循的"庄严、美丽、现代化"方针,高度概括了建设的目标和精神面貌,至今仍得到各界的普遍认可。

另外,据汪季琦在《中国建筑学会成立大会情况回忆》一文,中国建筑学会第一次代表大会是于1953年10月23日至27日在北京召开,伍子昂作为青岛地区的代表参加,大会通过了会章并进行了选举,选出第一届理事会。理事共二十七人,他们是:王明之、任震英、朱兆雪、伍子昂、汪季琦、汪定曾、沈勃、周荣鑫、林克明、林徽因、吴良镛、吴华庆、哈雄文、梁思成、徐中、陈植、贾震、张镈、杨廷宝、董大酉、杨锡镠、杨宽麟、赵深、郑文文、叶仲现、鲍鼎、阎子亨。这些分散的文献史料与受访人伍介夫的叙述及其对伍子昂这段时期的评价是一致的。

[10]这里指王文栋,伍子昂先在山东建筑工程学院教授的第一届建筑学专业学生。

[11]市民公寓:为伍子昂在1934年加入范文照建筑师事务所后的设计作品,位于上海市延安中路850—876号。

[12]见[3]。

[13]伍江.上海百年建筑史[M].上海:同济大学出版社,2008:151。

[14](上海)公利营业公司,由杨润玉、顾道生于1925年合办。

[15]基泰工程司,由关颂声于1920年创办,之后朱彬加入成为合伙人,于1924年合办(天津、北平、沈阳)基泰工程司,1927年杨廷宝加入,成为第3合伙人,之后杨宽麟、关颂坚相继加入,也成为第4与第5合伙人。代表项目有原(天津)中原百货公司大楼、原(天津)基泰大楼等。

[16]沪江大学商学院建筑科,1933年,由中国建筑师学会与沪江大学城中区商学院合办建筑科(两年制夜大学),这是上海最早的

正规建筑学教育。当时中国建筑师学会庄俊等人与沪江大学商学院商议,创立一个以招生在建筑事务所工作的在职人员为主,以培养能独立工作的建筑师为目的的建筑系。此事交由陈植等策划,并由陈植、黄家骅、哈雄文、王华彬等人制定具体的教学计划与课程安排。1939年起系主任由伍子昂担任,直至1946年停办.先后共有10余届300余毕业。

[17]之江大学是美国基督教会创办的一所教会学校,所开办的建筑系是中国近代较早的建筑系之一。之江大学土木系创办于1929年,1938年开设建筑课目,1952年全国高校院系调整并入同济大学建筑系。陈植、罗邦杰、王华彬、伍子昂、吴景祥、陈从周、汪定增等著名的建筑大师和学者都曾在之江大学建筑系执教。时任沪江大学建筑系系主任的伍子昂曾在1940年兼职教授透视画课。

[18]据中国建筑师学会会议记录:1933年,由中国建筑师学会与沪江大学城中区商学院合办的建筑科,是两年制夜校,主要在从事建筑设计的在职人员中选收学员,教学内容仅限于基本专业知识,以能技能考试及格为目的。1937年起,由王华彬担任系主任,主持教学工作十分认真负责。由于这个夜校并非营利性质的,教师们只有一点交通补贴,实际上是义务教课,王华彬还经常自己掏钱贴补系里。抗战爆发后,沪江大学想停办夜校,而一批学生已临近毕业,王华彬亲自筹集经费,使这些学员完成学业。1939年王华彬离任后,伍子昂接任,到1946年停办。

据当时《上海沪江大学建筑学科课程设置及学科章程》第五条纳费记录:(甲)每一学期每一学生四元、(乙)每一学期每一学生杂费三元。可见在沪江大学商学院建筑科夜校兼职系主任,从收入上来讲应该是微不足道的。这期间,伍子昂先后在公利营业公司、基泰工程司做建筑师,民国时期建筑师在建筑师事务所自由执业所得的收入一般是"薪金+分红制",以基泰为例,刚入职不久的新人月薪即有60银元,后逐渐升高,最高月薪可达150银元,年底还有分红。在抗日时期,上海设计市场萧条,业务冷清,收入受到影响,但是从当时的数据来看,建筑师的平均收入仍处于社会中间阶层,收入相对比较丰厚。据此,受访者伍江对于伍子昂这段经历做出"混口饭吃"的推断应该是与事实有出入的。从1939年到1946年,孤岛时期艰难维持办学,应是源于伍子昂对现代建筑教育的执着。

[19]见[7]。

[20]见[16]。

[21]南京工学院的简称,1952年全国院系调整,以原南京大学工学院为主体,并入复旦大学、交通大学、浙江大学、金陵大学等学校的有关系科,在中央大学本部原址建立南京工学院;1988年5月,学校复更名为"东南大学"。

[22]见[21]。

[23]"五反"运动："五反"运动是1951年底到1952年10月，在私营工商业者中开展的"反行贿、反偷税漏税、反盗骗国家财产、反偷工减料、反盗窃国家经济情报"的斗争的统称。

[24]此处受访者应是指1954年9月30日伍子昂在《青岛日报》发表的文章，题目是《本市五年来市政建设的成就：把青岛建设得更美丽》。

参考文献

[1]梁启超. 中国历史研究法[M]. 北京：中华书局，2009：45.

[2]赖德霖. 近代哲匠录——中国近代重要建筑师、建筑事务所名录[M]. 北京：中国水利水电出版社、知识产权出版社，2006.

[3]汪晓茜. 大匠筑迹——民国时代的南京职业建筑师 [M]. 南京：东南大学出版社，2014：37.

[4]刘亦师. 中国近现代建筑史史料类型及其运用概说[J]. 建筑学报，2018（11）：58-65.

[5]武黎嵩. 略论口述历史的学术定位与口述史料的整理方法[J]. 档案与建设，2019（01）：20-24.

[6]刘亦师. 中国近现代建筑史史料类型及其运用概说[J]. 建筑学报，2018（11）：58-65.

[7]荣维木. 口碑史料与口述历史[J]. 苏州大学学报，1994（01）：87-91.

[8]傅雷自述（上）[J]. 档案与史学，1994（02）：31-35. 1944.

[9]中国建筑师学会三月二十六日年会会议记录[J]. 中国建筑，1934，2（2）.

[10]刘亦师. 1964年首都长安街规划史料辑佚与研究[J]. 北京规划建设，2019（05）：59-69.

[11]赖德霖，王浩娱，袁雪平，司春娟.《近代哲匠录——中国近代重要建筑师、建筑事务所名录》更正与补遗（2）[J]. 建筑创作，2011（02）：164-175.

[12]钱海平. 以《中国建筑》与《建筑月刊》为资料源的中国建筑现代化进程研究[D]. 浙江大学，2011.

[13]路中康. 民国时期建筑师群体研究[D]. 华中师范大学，2009.

[14]刘宓. 之江大学建筑教育历史研究[D]. 同济大学，2008.

[15]汪季琦. 中国建筑学会成立大会情况回忆[J]. 建筑学报，1983（09）：27-29+75-83.

[16]中国建筑师学会编，《中国建筑》杂志，1934年11月.

图片来源

图1、图4、图5、图6、图7、图8、图9、图10、图11、图12、图14、图15、图23、图31均由伍子昂次子伍介夫先生提供，在此表示感谢。

图2、图3、图16、图21、图22、图25、图29、图30、图32、图33、图34、图35、图36、图37、图38、图39、图40均由山东省设计院人事处、资料室提供。

图13、图17、图18、图19、图20、图45均来源于青岛市档案馆。

图24资料来源于长安街规划方案座谈会议简报. 1964年. 北京市档案馆. 档案号5-1-79，本表转自刘亦师.1964年首都长安街规划史料辑佚与研究[J]. 北京规划建设，2019（05）：59-69.

图26、图27均为作者拍摄。

图28资料来源于之江大学建筑系档案，浙江省档案馆. 本表转自刘宓. 之江大学建筑教育历史研究[D]. 同济大学，2008.

图41、图42、图43、图44、图46均为山东建筑大学建筑城规学院资料室提供。

2016年10月25日，在校庆60周年之际，山东建筑大学建筑城规学院为伍子昂先生塑像，以此纪念先生为山东省乃至全国建筑教育事业和学校发展作出的重要贡献。

从左至右依次为：山东省建筑设计研究院院长候伟、伍子昂先生长孙同济大学常务副校长伍江、山东建筑大学校长靳奉祥、伍子昂先生次子伍介夫、山东省住建厅副厅长徐启峰。他们出席仪式并共同为塑像揭幕，山东建筑大学副校长刘甦主持了揭幕仪式

伍子昂先生长孙、同济大学常务副校长伍江在塑像揭幕仪式上接受记者采访

坐落在山东建筑大学建艺馆内的伍子昂先生塑像

历史的见证
——蔡景彤访谈录

蔡景彤先生

蔡景彤，男，1928年11月生于广州，毕业于华南理工大学。1957年12月分配来到山东建筑工程学院，是建筑学与城市规划专业的创始人之一。1980年9月到1981年12月担任建工系主任。1981年12月到1985年4月担任城建系主任。1987年调离。一生淡泊名利，忠诚于党的教育事业。

访谈背景：城市规划专业自1979年恢复招生以来，经过几代人的不懈努力，人才培养与学科建设、社会服务取得了较大成绩，业已成为区域性的人才培养基地。为总结回顾城市规划专业开办以来的发展历程和办学经验，探寻地方院校办学的规律与特色，分析新形势下学科与专业发展的机遇与挑战，并为下一步的发展提供建设性的依据，理清建筑学、城市规划专业的创办历程，学院派人专访了原城建系主任蔡景彤教授。蔡老师是我校城市规划专业创始时期的元老之一，1987年调到广州城市建设学院工作，现已退休。我们见到蔡老师的时候，年逾八旬的他精神矍铄、神采飞扬，谈起城市规划专业创办历史滔滔不绝。当了解到目前山东建筑大学建筑城规学院发展的现状时更是兴奋异常，言谈中流露出一位专业教育元老对学院发展的殷切希望。以下是根据采访录音整理的两段文字。

访谈时间：2009年7月
补充访谈：2016年10月，广州校友
访谈地点：广州
整理时间：2009年7月整理
审阅情况：经蔡景彤先生审阅，2019年5月定稿
受 访 者：蔡景彤
访 谈 人：傅鲁闽，肖建卫，广州校友

一、星星之火，可以燎原——城市规划专业的创办和发展

1977年，恢复建筑学专业、城市规划专业被提到学校的议事日程上来，但由于当时能力有限，同时开办两个专业是不可能的事，所以首先开办哪个专业，争议十分激烈。如果从我们学院本身教师力量来分析，建筑学教研组调进五名教师，加上原有的两名元老，"七条好汉"中6名是来自建筑学专业、一名来自城市规划专业的教师，以教师的专业构成，似乎开办建筑学专业更顺理成章，而要创

办城市规划专业难度可想而知！但从全国以及山东省当时的情况来看，需要城市规划设计人才比建筑设计人才更为迫切些，因为当时全国只有3所院校设有城市规划专业，全国城市规划设计人才一贯稀少，尤其是山东省更是奇缺，而设有建筑学专业的全国院校相对还比较多一些，如果从国家需求和积极为山东省城市建设发展服务的角度来考虑，学院应该首先成立城市规划专业。另外，虽然建筑学和城市规划是两个不同的专业，但是一、二年级的基础课程却是相同的。现有师资中，7位教师毕业于全国重点大学，如南京工学院（缪启珊、刘天慈）、同济大学（吴延、王守海）、华南工学院

蔡景彤先生在给学生上课 　　　　　初为人师、风华正茂的蔡景彤　　　　　　　　　　　　蔡景彤先生备课教案
先生

蔡景彤先生作品（青岛市人民政府—前德国总督府）　　　　蔡景彤先生作品（原山东建筑学院校门，1962）

（蔡景彤）、清华大学（戴仁宗）和天津大学（亓育岱），他们均具备多年的教学经验，因此头两年开设基础课没有问题。这样就可以争取在这两年时间内，加紧内部自我培训，并力争外援，以满足后续开设城规专业课的需要。当时的创办团队达成共识，要根据现有建筑学教师的实力，在将要开设的城规班中，加强学生建筑设计能力的培养，使学生毕业以后，既能从事规划设计，也能从事建筑设计，成为具有山东建院特色的城市规划人才！这样，我们培养的学生与全国其他3所院校城规专业毕业生相比，在设计能力上就会更为扎实，为社会服务的范围更为广泛，更加符合当年工程技术力量普遍比较薄弱的山东省建设事业的需要。

1978年，姚琉明书记（主持学校工作的党委副书记）多次征求创办

该专业的建议和意见，最终，首先恢复城市规划专业的设想得到了学院和上级领导的认可与批准。1979年8月，贯彻国家建委（79）建发城字第14号文件关于"培养城市规划专业人才"的精神，省建委、省教委批准我院增设城市规划专业，当年招生25人，隶属于建工系。在师资、设备等极其匮乏的条件下，"七条好汉"为此全力以赴、不计报酬、夜以继日地把全部身心投入到这个班的教学和育人工作中。几乎每名教师都担负着多门课程的教学任务，按照既定的思路，思想步调统一地对学生进行严格的训练和细致的培养。系领导、老师积极到全国各地有建筑学、城市规划专业的学校考察取经，虽然支持声音甚微，但也得到了部分学校的支持。随后的教学过程中，陆续邀请到东南大学、同济大学、哈尔滨工业大学、南京工学院等名校教授来校授课。另外，积极通过省人事局和建委人

年轻教师与学生在学校门口合影，前排左二为蔡景彤先生

事处招聘兼职、全职教师，因考虑资金问题，外聘兼职老师主要以本省相应事业单位（济南市园林局、规划局等）技术人才为主。以后的几年内，陆续引进了同济大学、南京大学、北京大学、中央工艺美院和本校近十余名城市规划专业优秀毕业生作为后备的师资力量，从此，城市规划专业师资力量得以逐步发展壮大。1981年

9月，经省建委批复，同意学校增设城市建设系。城市建设系下设城市规划和给排水两个专业，李绍善任党总支书记，蔡景彤任系行政主任，孙登峰任副主任。1985年4月，建筑系正式成立（当时学校是四系一部），设立建筑学和城市规划两个专业，共有教职工24人，在校生135人（两个专业、四个年级、五个教学班）。

二、扎实基础，培育创新——建筑学、城市规划专业的学生培养

改革开放初期，全国各高校较多沿袭苏联教育模式。专业创办初期，我们的教学大纲、教学计划的制定主要是借鉴全国兄弟院校，尤其受同济大学的影响较大。我们专门安排教师到同济大学深造培养，借鉴、学习好的教学模式。作为山东省建设人才的培养基地，培养目标就是着力于提高实际能力，扎实学好基础，不好高骛远，同时必须具备创新能力。

没有扎实的基础，其他都是空谈。建筑学专业具有工程技术的特性，有关的工程技术基础课程自然是必须学习的，例如：画法几何、阴影透视、高等数学、力学、结构工程、建筑构造、建筑物理、建筑设备（水、暖、电）、测量以及建筑施工等有关知识。学习这些课程的目的，是要求学生在了解与建筑设计密切相关的工程技术基本知识以后，能在自己的建筑设计方案中，不只单纯考虑方案如何"创新"，也能学会与不同工种的技术人员协商合作，考虑方案在工程技术方面的实际可能性，使方案最终能够成为现实。

没有创新，就会造成抄袭，造成千篇一律；没有创新，就不能立足于山东建设，形成自己的特色。比如，"骑楼"作为广东的特色传统建筑，现在却被摈弃，令人非常痛心。全国各地的气候条件、生活习惯总会存在差异和特色，但现在太多的建筑、规划设计偏偏没有继承、维护这些特色。"地域风格"并非一朝一夕而成，而是需

要几代人的维护和继承，需要我们在现在的教育教学中，有意识地对学生进行引导和培育。

培养学生的审美能力很重要。建筑设计首先考虑的应是使用功能，但如果能够一直流传下来，那肯定是建筑的审美功能在起作用。如何在建筑学专业中恰当地加进艺术方面的训练，历来是难以把握的。但文化艺术熏陶的潜移默化，对建筑设计的学习有非常重要的作用。

城市规划、建筑学专业的学习更重要的知识来源是课外，摆在大家面前的资源平台是相同的，但每个人的利用情况是不一样的，图书馆、资料室、师哥师姐、专家教授等都是学生重要的学习资源。而且专业实践的实验室则是在"大教室"，就是社会，特别是城市规划专业，是整个城市建设的总指挥。在实践中，根据设计内容的需要，随时随地深入调查研究，了解使用要求，密切关注它们当前以及未来的发展趋势，还要时刻听取使用者的反馈信息，以便不断改进。所以一个人成才不是大学这几年，而是一辈子的事情，"学习"永远是工作的一部分，只有这样才能跟上时代的步伐，有所成就。

从1979年城市规划专业创办，延续到现在，已培养了20多届城规专业的毕业生，活跃在全省、全国乃至海外。同时以开办城规专业为契机，在1984年恢复了建筑学专业，又以同样的思路在1986年适时试办了室内设计班（即现在艺术学院的前身）。一步一个脚印，从

蔡景彤先生1960年出席山东省优秀工作者代表会议

蔡景彤先生素描作品

1981年蔡景彤先生被评为山东省优秀教工，图为参加优秀教工暑期休养活动的合影留念

蔡景彤先生素描

蔡景彤先生作品（山东建筑学院教学楼1962. 8. 1）

蔡景彤先生参加庆祝建国十周年活动合影留念

蔡景彤先生在工地实习

蔡景彤先生带学生实习

蔡景彤先生接受广州校友访谈

20世纪80年代蔡景彤先生与同事们在校园内合影，前排左三为蔡景彤先生

开始试办一个只有25名学生的城规班，发展到现在拥有3个专业，4个硕士点，1100余名本科生、3个专业方向100余名研究生的规模；从只有7个人的教研组一穷二白地建立了建筑系，发展成为今天具有90余名干部和教师，建筑面积17000平方米的建筑城规学院，回忆起过去无比感慨，但心里由衷地感到高兴和自豪，我们坚信：再过30年，建筑城规学院一定会比现在更加辉煌，璀璨夺目！

归去来兮
——缪启珊访谈录

缪启珊先生

缪启珊，女，1933年3月生于广州。1937—1952年在澳门和香港生活学习。1959年南京工学院（东南大学）建筑系毕业后在山东建筑大学任教40年，主授建筑专业课程。1988年—1998年兼任山东省第七、第八届省人大常委。1998年退休。

访谈背景：从2015年4月开始，持续对缪启珊先生进行了多次访谈。缪先生作为山东建筑大学建筑学专业和城市规划专业的创始人之一，参与并见证了两个学科从无到有、从简陋到繁荣的发展，这些访谈为山东早期建筑教育积累了口述史料；同时，缪先生作为从港澳回内地读书、并积极参与社会主义改造和建设的知识分子，其命运沉浮的个人生命史述亦是大时代里小知识分子的缩影。访谈分多次进行，形成逐字稿15万字左右。此文为访谈的第一部分节选，主要是对缪先生求学经历和工作经历的访谈。

访谈时间：2015年4月、2015年5月、2016年5月
补充访谈：2018年10月
访谈地点：济南缪启珊先生府上
整理时间：2016年5月整理，2018年9月初稿
审阅情况：经缪启珊先生审阅，2019年5月定稿
受 访 者：缪启珊，以下简称"缪"
访 谈 人：于 涓，以下简称"于"

归来：1952年，我迈过了"罗湖桥"

于：缪老师，您好。您是1959年来到山东建筑大学任教的，当时学校的名称是山东建筑学院。在这一年，学校建筑学专业开始招生。可以说，您是这个专业的元老之一。我们可以先从您的教育背景谈起吗？

缪：好啊（微笑），我是1955年考入南京工学院建筑学专业的。

于：通过您的履历，我们了解到您是1933年在广州出生、澳门长大、在香港接受中学教育，为什么会在1953年选择回内地读大学？又是什么契机让您选择了建筑学专业呢？

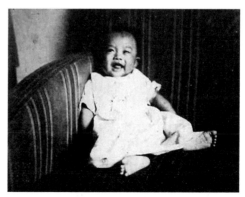

缪启珊先生出生在广州

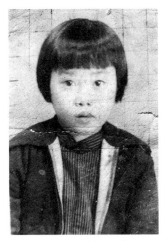

缪启珊先生随父母在澳门生活　　缪启珊先生童年父亲去世后，到香港与养父母在一起　　缪启珊先生就读于香港教会学校　　缪启珊先生回到上海读高中

缪：为什么要从香港回来？（笑）这个问题我被问过上百遍了，特别是改革开放以后，朋友、同事、学生也都说："香港多好啊，你不回来，政治上不会受迫害，事业会有好的发展，婚姻也不会受影响……"我在自传《蓦然回首》这一章里专门讲了："爱国情怀"——这就是为什么回来的原因。这跟时代的影响有关系，你们这一辈人可能体会不深了（笑）。

其中一个是家庭原因。我三岁跟父母躲避战火，从广州到了澳门。在抗日战争胜利前夕，父亲病逝。母亲把我送到香港养父母那里。

养父母很喜欢我，但是（思想观念）很封建，他们认为女孩不要读书，说女孩读什么书啊，到了香港就被迫停学了。我死活都要求复读，后来进了教会学校，这是1949年。辍学四年后，我才重新有机会复读，按香港的学制于1951年中学毕业。

另外我自己的家庭有个大哥，他幼年得了病没有及时医治，后来发展成慢性病，父亲去世之后他就被送到一个慈善医院，就是过去那种福利院。三年以后他被赶出来了，流落街头，后来通过共产党进了香港办的音乐培训班。听大哥说，就是宣扬共产党的主张并培养音乐方面人才的（组织）。后来经过短时间培训，他被送到国内参加了解放军的文工团。大哥回到内地以后，一直通信告诉我怎么跟国民党斗争啊，新中国怎么建立啊，劝我不要待在香港："养父母虽然对你很好，很娇惯你，给你读书，还念英文，可你应该回来，回来参加火热的社会主义建设。"

大哥是第一个影响我回来的原因。我跟大哥关系非常好，从小他生病腿不好，我老是坐在床边给他揉腿听他讲故事。

第二个原因呢，也可以说是我的幸运。当时新中国刚刚建立，很多内地人跑到香港去躲。我在英文学校结识了两三个从内地来的朋友，通过他们又认识了一大帮对新中国有感情的年轻人，一起办地下刊物，一起畅谈对新中国的憧憬。这是促使我回来的第二个原因。

第三个原因还是家庭原因，因为我的养父母很封建，他们老说"你念完中学就不错啦，我给你相亲找对象啦"。我是1933年生的，1951年中学毕业，我已经18岁了，他们觉得已经是结婚的年龄了，所以到处给我张罗对象。我养父是一名中医，既在医院兼职又开诊馆、药房，所以收入挺高的，给我相亲的（对象）都是少爷们。这是第三个原因，我就想读书，不想十七、八岁结婚。为什么不愿意呢（笑），因为我从小念书都很好，当时我父亲在世的时候就曾经许愿：我一定把你供到大学毕业，成为我们缪氏家族的才女。这是我父亲从小给我的教育。所以说我一直记住父亲这个遗愿，死活不肯听我养父母的话，我说"我要回去念书"。因为这事，一度跟养父母的关系搞得很是紧张。

于：时过境迁，对当初的选择，您后悔过吗？

缪：我一点不后悔当初的选择。但我现在唯一内疚的愧对这两位老人。当时，他们拗不过我，只好放我走。临行前，养父送给我

"文革"中抄家时,被撕毁的高中毕业照

一只小巧的手表和一支昂贵的自来水笔。养母要为我准备丰盛的行装,但是遭到我的极力反对,大哥反复说:内地生活是很艰苦的,行装越简单越好!我只是把养父给的白玉蝙蝠和小白玉环带在身边,而把那些心爱的小玩意儿和漂亮服饰收起来,撒娇地跟养母说:"千万别动这些东西,好好替我保管哦,放假回家我都要用的!"

1952年春天,养母心口疼痛起不来身,躺在床上跟我告别。养父送我过了罗湖桥,我一步一回头。谁曾想,再见面,已是30年后(有泪光)。

于:第一次离开养父母,只身回到内地,心里有恐惧和担忧吗?

缪:记得火车开出大半天,我还始终沉溺在与亲人离别的哀愁里,养母躺在病榻上的眼泪,罗湖桥上养父不断挥动的手,一直在我眼前晃。当时,抗美援朝过去不久,火车上广播里播放着激昂的《志愿军进行曲》:雄赳赳,气昂昂,跨过鸭绿江……我才慢慢缓过神来。

于:从香港到内地,生活、学习面临什么新的状况?

缪:我回来首先得有个落脚点。父亲去世后,生母一个人回到上海。大哥跟着部队到处跑,我只能去上海投奔生母。你想一个香港女孩跑到上海去,首先就是语言问题,要念书中文不行;其次,在香港学的是教会学校的课程,数理化肯定不行,学习跟不上。所以我先到中学里插班。这个中学提出苛刻的条件:一个学期你追不上,你就退学,你追上就算是正式生。当时压力很大,生母也很冷漠地跟我讲:"念不上书,你就去工厂当纺织女工。"

那是我平生最用功的一个学期。数理化一窍不通,不过当时的班主任真是太好了,她是物理教师,是上海市的优秀教师,她几乎把所有的业余时间全部给了我:开始教我讲话,拿报纸给我念,叫我跟读;然后从物理的基本知识开始讲解;因为是班主任嘛,她还找了化学老师,从化学元素符号开始教我,插空这个补那个补,数学老师也是这样帮我,这三位老师我始终十分怀念。就靠这样硬补,我度过了非常艰难的一两个月,还有一些广东籍的同学也帮我。记得第一次小考,我三门课都是零分,后来经过补习之后慢慢五十几分、六十几分再到及格,最后学期末考试我数学考了98分。不是说领会了,我是背出来的,我记忆力很好,把数理化所有做过的作业过程、答案全部背了下来,所以数学考了98分,物理八十多分,化学七十几分,这样人家(中学)就收了我。学校还猛表扬我,说我怎么怎么用功,我觉得还蛮得意的,反正不用去工厂做工了,成了正式的学生。我一路靠死记硬背,最后毕业时候成绩大概是班里第五名(笑)。

缪启珊先生就读南京工学院建筑系,前排右二为缪先生

于：您一路"死记硬背"适应了内地的高中学业（笑），那生活上面临哪些转变呢？

缪：我慢慢在新环境中如鱼得水，除了刻苦学习以外，还积极参加了学校组织的各种文娱活动，扭秧歌、打腰鼓、唱革命歌曲、跳集体舞，再也不是扭捏的香港大小姐了。因为从小就喜欢画画和写作，学校让我负责编写大门口的黑板报，充分发挥了我自己的热情。

那时我经常写信给香港的养父母，把对新生活的满足告诉他们，养父开始是有信必复的，老两口希望我能回去过春节，可是我却一直等不到派出所发的香港通行证。养父写信说，我最爱吃的萝卜糕一直留到发霉才扔掉的。让我感到更惶恐的是，香港的来信越来越少，内容也越来越简略。我当时想："是养母病重？是生我的气吗？是信件丢失？"当时的我，是怎么也想不到是"政治"上出了问题，回来容易，回去就难了。

于：您是什么时候再次见到养父母的呢？

缪：是在1983年。从1952年我迈过了"罗湖桥"，就与"政治"结下了不解之缘，在毫无思想准备的时候，风雨雷电骤然而至，从大学到工作一次又一次，延续了26年。直到改革开放后，内地和港澳地区的联系才逐步恢复，我通过曲折的渠道了解了养父的住址，写信过去。很快就收到回信，信中说，养母已经去世18年了，临终时还深深牵挂着我。信中还说，他已经90岁，余下的时间不多，盼尽快回家，信后还寄来了旅费。接到来信，我立即向公安部门递交了回港探亲的申请书，经过差不多一年时间的繁杂审查手续，时隔30年，终于踏上了回家的路。

1950年代的天之骄子

于：高考为什么选择了建筑学专业呢？兴趣还是家人的引导？

缪：都不是，是阴差阳错的结果。当年中学有一条不成文的规定，品学兼优的学生，可以通过考试被保送到苏联上大学或者到航空学院学习。当时，班主任告诉我，学校准备保送我考航空学院，建议我复习理工科准备迎考。

我当时心里有点矛盾，其实一直喜欢写作和画画，想报考的是中文或者美术专业，但学校保送是件很光荣的事情，就硬着头皮去复习数理化了。

但直到高考前一个月，班主任遗憾地通知我，因为港澳关系复杂，政审没有通过。这时重新复习文科来不及了，听说在理工科范围内建筑学喜欢会画画的学生，就这样报考了南京工学院建筑学专业。记得那年高考，稀里糊涂地答完数理化，作文题目是"为什么要选择这个专业"？我一看到这个题目，当时在考场就傻掉了，报着"豁出去"的想法，把选择专业的过程写了下来，还特别声明，这是不得已的选择，对这个专业不了解，更谈不上喜爱（笑）。

于：高考录取的过程顺利吗？

缪：算是顺利，不过当时等待分数的过程是极度烦躁不安和焦虑的。当年大学录取新生的名单是在当地报纸上公布的，我忐忑不安地从报考第一志愿大学中寻找自己的名字，急得差点掉眼泪也没找到。是坐在旁边的阿姨在第二志愿的大学里找到了我的名字。

1950时代的南京工学院的建筑学专业和土木专业是混合招生的，新生入学后要参加美术考试。记得考试题目只有七个字：凉亭旁边有垂柳。我从来没有受过正规的绘画训练，也不懂"构图和透视"，就规整地画了一座小方亭，旁边立着一棵枯树般的"垂柳"，就凭这样一幅"大作"，我就和其他49名新生幸运地成为建筑系建筑学专业的学生了！

于：能被南京工学院建筑系录取，是很兴奋的事情，您还记得新生报到第一天的情形吗？

缪：记得。50名新生到建筑系大楼报到，系领导详细介绍了建筑系、建筑学专业的特点，以及五年内需要学习的几十门课程等。听了之后，我跟同学们都兴奋不已，感到能在这里学习真是太幸运了。

为了加深同学们对建筑学专业的认识，一位年轻助教带领我们去参观建筑系大楼，那是一幢具有几十年历史，典型的古罗马式三层建筑物，面积不大但内外装修十分精致。大门有高高的台阶和陶立克柱式门廊，门厅高大明亮，悬挂着国内外知名的美术和建筑大师画像。房间内部和走廊都设有半人高的木墙裙，房门口还有木制门罩，上面棕红色的木雕刻精致细腻。展览室和每层楼宽敞的中间走廊里，分别展览着国内外知名美术、建筑大师的经典作品、教师们的示范作业，以及各个年级学生的建筑设计和美术作品。整栋大楼充满着建筑文化气息，让我们又震撼又羡慕。

多彩的大学生活，前排左二为缪先生

右起第二是缪先生

春游，二排左一为缪先生

50名新中国未来的建筑师就在这里起步了，我们中间的大部分人后来都成为建筑行业的中坚力量。

于：*您小小年纪历尽辛苦，只身从香港回到内地，终于圆了大学梦。那在南京工学院建筑系，这五年的学习和生活是什么样的状况？*

缪：我们读书的那个时代，国家把我们当作宝贝啊，能进大学的都是天之骄子。我讲一个当时对我教育很大的（例子）：我是1954年进大学的，一年级（1955年）暑假时我们到曲阜实习。我们住在曲阜师范大学的校园里，当时它还是曲阜师范学校，是个中专。我们和师范的学生在一个食堂里吃饭，我们每顿饭是四菜一汤，中专那边（学生）是窝窝头咸菜。当时我们就有点（说不出的感觉），都是年轻人嘛，中专和大学一年级的学生年龄差不了多少，我们就跟老师说："我们不能这样，人家看着我们吃白面馒头四菜一汤，他们吃窝窝头咸菜，我们自己心里挺难受的。"老师说："不行啊，这是国家规定的，你们就是这个待遇。"

于：*1950年代新中国刚成立，旧的体制被打破了，新的还来不及建立，各条战线就把苏联的经验全盘端过来，教育战线也不例外。各所大学的教学计划和大纲几乎完全按照苏联的模式执行，南工建筑系当时是什么情形？*

缪：不只是课程教学，甚至作息时间也按照苏联的高校作息时间进行安排，根本不考虑两国地处不同的经纬度，时差和气候之间的差异，以及两国人民不同的生活习惯等。给你们讲一个有趣的经历，我们一般是清晨六点钟全校就开始上课，一直要上到下午两点钟才结束。每天8个小时紧张的脑力劳动，到了最后一节课，脑子已经变成了一盘浆糊，上下眼皮不停打架，使劲撑着看着老师，可是一句话也听不进去，屁股早就坐不住，蹭来挪去的。那时大家的生活比较困难，裤子上都有补丁，有调皮的同学说，那是最后两节课，饿得在椅子上蹭来挪去给磨破的（大笑）。

"苏化"的作息时间不过是表面现象，看的是苏联小说，唱的是苏联歌曲，政治学的是《苏联共党史》和《政治经济学》，专业课的学习更是离不开"老大哥"的指导了，除了《中国建筑史》，几乎所有课程内容都能发现苏联的影子，美术课老师详细介绍苏联著名画家列宾和他的名画《伏尔加河纤夫》、《归来》；构图课老师重点介绍"苏联红军纪念碑"；专业课程无一不是以苏联例子作为典型分析的；图书资料室里参考的书籍和资料，绝大部分也是。

当时，学校对留学英美的教授们普遍存有"警惕性"，对他们讲授的内容要"批判地接受"。记得在"建筑设计"课中有一个"商业建筑"的设计练习，因为我从小生活在港澳地区，很自然地就在自己设计的商店门口，树立了一个带有霓虹灯的广告招牌，当时辅导我设计的正是一位刚从美国回来不久的教授，对我这种"与众不同的创意"表示赞许，可是最后，这个作业只得了一个勉强及格的分数，教师评分小组用红笔写的批语是：此设计有资本主义倾向！

缪先生参加南工建筑系的话剧社演出　　缪先生在元旦晚会上表演节目

其他专业课都不需要老师催，学生那时都很拼。从专业来讲，我们当时学苏联，所以我们全套教材都是苏联的，包括课程里很多建筑的案例也是苏联的。所以，我也是带着这一套毕业的。

于： 在南工建筑系的这五年中，哪些先生对您影响较大呢？您大学成绩怎么样？

缪： 我们1959年毕业的这一批学生，一直以自己是南京工学院建筑系的学生为荣，我们这一届是杨廷宝、刘敦桢、童寯、李剑晨四位老先生的最后一批弟子。

1958年，我读大四。为了庆祝建国十周年，当时首都兴建十大建筑，我系四名青年教师和十名同学很幸运地被选中参与国庆工程设计，跟随杨廷宝先生到北京，设计北京车站长达半年之久。在这段时间里，我有机会近距离观察学习杨先生为人处世之道，以及他的工作思路和方法。

杨先生一直强调，建筑是为民所用，必须为民而建。他既重视理论研究和基本功训练，又结合实际、因地制宜，技术上灵活多变。在我上学的时候，杨先生已是花甲之年，却丝毫不显老态，腰背挺直，体态适中，健壮如年轻人。只要不是上课和工作时间，他总是和师生们打成一片，经常和大家说上几句有趣幽默的话，在我们面前毫无架子。在节日的联欢会上，他还会应师生的要求，随手拿起

一把扫帚，表演一套漂亮的剑术。杨先生当时还担负着国内外的重要社会工作，到教室的机会是不多的，因此，每次来教室给我们改作业，我们都无比珍惜。

杨先生具有敏锐的洞察力，他只要简单地审阅一下学生的图纸，马上就会从功能、结构、造型等多个方面，提出中肯的意见来。他会耐心地听完学生对自己设计方案的说明，然后顺着我们的思路，因势利导地指出设计方案可能发展的多种可能性，让我们自己去领会，继续深入研究，绝对不会把个人意见强加给我们。杨先生绘画的基本功更是炉火纯青，流畅的钢笔和铅笔线条，在修改学生图纸的过程中随意几笔就能把自己的意图一清二楚地表达出来。

还有一位教"高等数学"的先生，印象深刻。他上课的时候，除了拿一副白线手套和几支粉笔以外，从来不拿讲稿和教材，上课铃声一响，甩着两条胳膊进了教室（动作，笑），戴上手套，然后拿起一支粉笔开始上课。讲课的时候，从来不看我们，只盯着天花板，但是如果谁偷偷在下面愣神、发呆或者讲话，那个粉笔头儿准会准确无误地砸在谁头上，真是百发百中！他讲的课条理清晰、行云流水、一环扣一环，下课铃声一响，他也正好说完最后一个字，扔下粉笔走了。他经常抱怨，建筑系的学生满脑子形象思维，逻辑混乱，根本学不好高等数学。一边骂，一边起劲儿地教。

高等数学的考试、包括数理化我们当时都是口试，就是和老师面对面，他先给你一个题目，你先做，他再问你为什么这样做、你根据什么这样做。高等数学考试的时候，老师给我的题是"倒八无穷大"，老师问（我）无穷大是什么意思，我说不出来，就胡诌说，无穷大大概是从地球到太阳……老师笑着叹气说，算了，"你们搞建筑学的人都是逻辑思维混乱"，不用给你补考了，补考你也是不及格了，给你通过算了。高等数学就这样混过去了（笑）。

美术我绝对每次都是优，美术老师把我所有的美术作业都留在了系里面，你看到的这几张都是我毕业时从系里"偷"回来的（笑）。学院当时对我们要求很高的，每天要交一篇速写。有一次心血来潮，在宿舍里不想出去，看到了舍友有一双旧布鞋，就把它画下来了，画得很像，老师就把它贴在墙上了，正巧有个同学进教室，大声问谁把一双臭鞋放在墙上（笑），说明画得很逼真。有时候，有的同学在做作业，我就偷偷把他们都画下来。后来这些画都展览了。

专业老师对我很满意，特别美术老师对我是非常满意（笑）。我的两个启蒙美术老师，一个是已经过世的李剑晨大师，另一位是从

英国回来的水彩画专家。李老师是1900年生的，2003年去世，享年103岁，是一位世纪老人。后来我曾回南京专门拜访他，他是河南人，操着河南话和我说："你这个缪启珊，骄傲得要命，给你改图你还不高兴，你就喜欢我告诉你怎么改，然后再自己去改。"当时还有另外一个美术启蒙老师，崔豫章大师，他最近送我一本画册，今年93岁，比我大10岁。他也记得我，2014年我出书之后，把书寄给他，他还回送我一本画册，很珍贵。

所以我评价自己大学的学习，美术课很好，建筑设计课很好，构图很好，艺术方面的都很好，但数理化方面的都一般（笑）。

于：（笑）当年您在南工建筑系接受到的专业训练理念，跟现在的建筑教育相比，发生很大变化了吧？

缪：经常来找我玩的在校学生，告诉我现在的行情（笑）。当年我们搞建筑的时候是提倡功能第一、经济第二、美观第三，我们坚决按这个要求来做建筑；现在课程提倡创造、天马行空、平面（功能）却不怎么考虑了。我经常跟他们争论，这样的房子构造不对，房子是给人用的。他们就反驳我说，你落后了，人家现在都这样设计。后来我想想，现在很多有名的建筑，包括鸟巢，鸟巢里面的座位席下面、会出现很多死角。一方面，会浪费掉空间，另一方面，要考虑如何合理运用。我外孙是觉得，鸟巢好看，能体现一些新的思想。现在我发现，这一代很多都是以形象入手，然后再考虑结构功能，至于尴尬的死角，不知道怎么处理。

我外孙学习建筑学是5年制的，他读到三年级时，对建筑结构的想法就开始和我相近了，开始考虑功能。但他做的建筑好像又不怎么考虑经济（笑）。学生现在搞建筑，先用电脑搞一个形象出来，稀奇古怪的什么都有，我也没法批评他们，因为我觉得我们已经隔了几代人、隔了50年。思路怎么能一样，包括艺术审美也不一样。我们当年考虑构图，你们现在也很少讲这些了。我们当时有构图原理课，教我们构图原理课的老师是现在的工程院院士钟训正老师，他用很多的例子说明稳定结构的重要性。现在关于建筑美学也没有专门的课程了。所以就是随你们来想象。这一点我不敢说不对，但是我也不承认这是对的。现在信息量太大了，国外的建筑大师搞出来的建筑什么形状的都有。我外孙问我觉得怎么样，我说不怎么样。他说，是哪一位大师做的，我说不认识，大师里我只认识贝聿铭（笑）。

我们当时专门有构造实习、施工实习课，我们到曲阜去测量古建筑

的构造。施工实习我们从挖地槽开始，所以很清楚。现在的学生对这方面就不是很清楚。我也没法评好坏，但是现在的趋势就是这样了（笑）。

"天上掉馅饼"：参与"北京十大建筑——北京火车站"

于：南工建筑系的老先生们用他们深厚的学养，滋养了您，也为您日后的教书生涯树立了榜样和标杆。缪老，刚才您提到在大四的时候，跟老师们去北京参与火车站的设计实践，我想这一定是一段非常珍贵的经历，您可以给我们分享一下吗？

缪：好啊。大四上学期，我们正在县城的工地上跟着工人师傅们砌墙实习呢，一件从天上掉下来的大喜事意外降临到我们10名学生头上。那天是1958年11月7日，苏联的"十月革命节"。中午吃饭的时候，大家发现三位从学校匆匆赶来的年轻教师，他们把我们集中起来，宣布10名学生的名单，然后督促大家饭后立刻收拾行装准备出发。到哪里去和去干什么事，老师们都闭口不说，无论大伙怎么询问，他们只是笑笑、耸耸肩、摇摇头。

我们师生13人匆匆赶到县城的小火车站，记得车厢内旅客很少，大家找到了座位，把行李铺盖放下以后，就急不可待地追问，年轻的教师们卖关子磨蹭好一会，其中一位才笑眯眯地、一字一缓慢地告诉我们："这是天上掉下来的大馅饼，让你们吃着了！新中国成立十周年，首都为了迎接这个喜庆的日子，准备兴建十座具有纪念意义国家级的建筑物，其中的北京火车站，国务院交给我们学校设计，学校把这个光荣的任务又交给了建筑系。学校和系里的领导们对这件事情是高度重视的，马上以杨廷宝教授为首组织了强有力的设计班子，这个班子在北京已经工作一段时间了。杨教授建议利用这个难得的机会，挑选部分毕业班的学生参加实战锻炼，你们十个人幸运地被选中了！现在我们正在奔赴北京的途中……"他的话音未落，我们就高兴地蹦跳起来，声音大得几乎把车厢顶棚都掀了起来（笑）！

"首都十大建筑"的兴建受到国家领导人的高度重视，全国人民也给予最大的关注，建筑物虽然建在首都，但是在设计和施工力量上却集中了全国建筑行业中的精英，财力和物力也是全国上下四面八方支援的，要人有人要物有物，只要"十大建筑"需要，哪怕是小小的螺丝钉，有关单位也是力争保质保量及时完成送到北京来。人们把能够参与"首都十大建筑"的修建任务看成是无上的光荣，被临时抽调到北京参加这项工作的人个个热情高涨，更不用说我们这

大学期间缪启珊先生有幸参与火车站设计

些年轻学生们是如何得欣喜若狂了。

全国各地很多建筑设计单位和有关的高等院校分别参加了十座建筑物的设计，开始研究方案的时候，每个项目均有多个单位参加。每天上午，参加同一个项目方案设计的单位在某个展览大厅集合，展出本单位的初步方案，提供给大家评议和提出意见。下午各单位分散活动，根据上午大家对自己方案提出的意见，进行考虑、研究、修改，然后连夜画出新的设计方案来，在第二天上午再次进行展览，征求意见……这种反复展览、提意见、修改的形式，当时称之为"打擂台"。

"打擂台"是一件异常艰苦的脑力劳动，从展览中听取意见，然后修改方案，再重新设计，同时画出全套图纸来，一天之内要完成如此繁重的系列工作，师生们每天都要忙至深夜。在这样高度紧张、日夜连轴转的日子里，小组中的每一位成员，包括年龄比较大的教授们在内，都处在高度兴奋状态之中，吃饭和睡觉等自然生理现象都自觉让位了，我们年轻人更是迸发出无穷无尽的精力来。展览时，大家认真观看研究，吸取其他方案的优点，虚心听取其他单位对自己方案提出的意见。下午讨论修改方案时，不但每位教师畅谈自己的意见，10名学生也毫不胆怯地在众多长辈面前大胆说出个人的看法。晚上绘制图纸，则是分工埋头苦干直至完成任务。

每天深夜万籁俱寂，绘图工作接近尾声时，那位被大家誉为"抒情男高音"的教师就会带头轻轻唱起歌来，众人于是随声附和，一首首悠扬动听无伴奏的歌曲，就会从某个设计院一间灯火通明的绘图室里欣然飞出窗外，歌声伴随着满天星斗在太空中畅游！全部工作结束以后，回到驻地休息还需要步行相当一段路程，可是，虽然紧张忙碌了一天，却依然精神抖擞毫无倦意，我们手拉手、肩并肩、昂首阔步向前走去。开始大家只是说着笑着，接着都情不自禁地放声高歌："向前、向前、向前……我们的队伍向……"有两位男生还用嘴巴模仿着小号和铜鼓，一首激昂慷慨的军歌每天深夜就这样响彻首都寂静的夜空！在这个人们都在熟睡的深夜里，有愤怒的居民推开窗户大声咒骂："一群疯子"（笑）。

参加"北京车站"打擂台的除了杨教授主持的学校设计组以外，全国还有其他几个建筑设计院参加，在这个过程中，曾经发生过一件有趣的事情。每天上午展出的设计方案是不署名的，这样可以保证大家提意见时减少顾虑，这样一来，为了突出本单位方案的优越性，大伙对其他单位提的意见，往往就相当尖锐。那天上午，有位年轻工程师劲头十足地对学校设计的方案评头论足，他的语言尖刻，意见也有些偏激，为此惹恼了一位男生，他憋不住就走向前去，告诉那位工程师这是杨教授的作品，那位工程师赶快走开了。杨教授事后知道了这件事情，严肃地批评那位男生不应该前去阻拦，他说无论是对的还是错的意见，听一听总是有好处的。

"打擂台"决定了总体初步设计方案以后，施工图的设计交给了建工部第一工业建筑设计院具体完成，我们南工的师生们全部参与其中。根据北京火车站内部不同的功能，分别成立了大厅、钟楼、行李房、卫生设备等专门设计小组，由教师和设计院的工程师们分别负责，我们10名大学生则分散到各个小组中。

我跟一位年轻老师被分到了车站的钟楼和角楼设计组，小组要在钟楼和角楼总体艺术造型基础上，详细设计出局部和细部，以及整座车站所有的琉璃构件和花饰，并画出全部施工图纸来。在整个工作过程中，所有大、小设计内容，全组成员都是反复推敲研究的，例如：根据总体造型要求，中央大厅两侧钟楼的高度是43米，这个高度又决定了钟楼宝顶的高度必须4米高才能符合钟楼的整体比例。为了这个巨大宝顶的造型，老师主持设计的宝顶草图方案画了不下数十张，最后经过小组讨论决定，宝顶的轮廓是一条不规律的弧形曲线。为了保证建成后的宝顶形象能和设计一样完美，就必须绘制一张4米高的宝顶"足尺大样图"。这样巨大的图纸在室内是没法操作的，于是在女生临时居住的两层小楼前的院子地面上，铺了一张4米长的大白纸，老师首先在白纸上画了宝顶的大概轮廓，然后爬到小楼坡屋顶的屋脊上，我手里则拿着一支粗黑的铅笔，跪在大纸上等老师"命令"。老师站在屋脊上，高举右手大声发号施令："向上，再向上，好……左一点，再一点，过了，过了……"按照他的口令，我迅速用笔补充或修改宝顶的弧形曲线。我们师生两人上下呼应，一直画到天黑完全看不见了，老师才算勉强满意，从房顶返回地面。

接受琉璃构件烧制任务的是邯郸市的一座老砖瓦厂，这个工厂首次接受如此重要的国庆工程，当然十分重视，厂领导安排技术最过硬的工人师傅承担这项任务。可是光有干劲是远远不够的，比如4米高的巨大宝顶，绝对不可能一次烧制完成，事前必须把它"分割"成大小不等的构件，每块构件的尺寸、形状既要满足工厂现有设备的条件，有实际操作的可能性，更要保证烧制出来的各种"异形"构件经过拼装以后能够丝毫不变形；其次，配置颜色的涂料，其化学成分配合比也要恰到好处，烧出来的颜色必须和设计图一致才算合格，要求如此严格，烧制难度之大可想而知。

这座工厂过去只烧制过小型琉璃瓦，从来没有烧制过如此复杂、庞大的琉璃构件和花饰，我们对烧制工作更是一窍不通。因此，无论对工厂还是师生都是极为严峻的考验。一起研究讨论和操作，经历了无数次失败的试验以后，功夫不负有心人，庞大的宝顶终于按期烧制成功。有了烧制"宝顶"的经验，大批尺寸准确、轮廓没有走形、花纹和颜色都符合设计要求、质量上乘的各式琉璃构件和花饰，后来也陆续烧制成功了。

完成如此艰巨的国庆工程任务，对老砖瓦厂来说是历史性的突破，对师生来说则是一次实战演练，设计与施工完美结合、知识分子和工人师傅密切配合的范例。在整个车站设计和施工过程中，类似以上或比之更为艰难的情况是数不胜数的。建筑学专业的大学生们在大学学习期间主要是训练"方案设计"的能力，"建筑设计"课的

缪启珊先生所教授的建本591班全体共青团员合影

作业，题目一般都是虚构的小型建筑物，对建筑物的细部设计、尺寸……等要求是不高的，出现一点小错误也是可以"忽略不计"的，只要设计方案合理并且具有创意，就算有这样、那样的"小"错误，作业仍然可以得到好成绩。学校毕竟不是生产单位，它没有条件对学生进行实战训练，学生们只有参加工作以后，才能逐步获得实际生产知识，提高实战能力。可是如今，我一下子提前参加了如此重要的国家级别大型建筑物的设计，内容如此复杂，绘制要求如此严格，图纸数量如此庞大，时间又是如此紧迫，开始都感到思想压力极大，手足无措、狼狈不堪。在老师和工程师们的指导、帮助和督促下，逐渐适应工作，做到不断提高工作质量和效率，直至最后基本上合格完成任务。学会了在设计中虚心听取意见，向同行学习，取长补短。也懂得了团队合作，学会与不同专业、部门的工程技术人员和工人师傅们配合，平等协商，步调一致地工作。

通过参加国庆工程设计实践，我在思想和技术上都有了丰硕的收获，可以说，对我以后的专业和职业生涯都产生了影响。

于：是的，缪老。对您个人来讲，这是一段珍贵的经历；对于当代建筑史来说，您的故事也将为重构"北京十大建筑"这段集体记忆提供了温暖可感的细节。

1950年代的建院：工棚、臭虫与狼

于：在南京工学院的5年里，您从稚嫩的香港小姐蜕变成有思想、有抱负的大学生。毕业后为什么选择来山东建工学院教书？刚来时的情形还记得吗？

缪：（笑）我是响应国家号召，服从学校分配来到这里的。1950年代末，南方大量的大学毕业生服从统一分配，来到文化相对落后的北方工作。

刚来的情形还是历历在目啊。1959年7月来的，别的同学毕业后都回家了，过一个月再去单位报到，我大陆又没有家，所以一毕业就马上来济南了。先是到工作分配委员会驻守的招待所报到，工作人员说我来得太早，分配工作必须等到大伙儿到齐后才能统一进行，因为既要根据毕业生本人的意愿和工作单位的用人需要，还要经过省里的人事部门研究讨论、协商和平衡，才能最后决定具体分配到哪儿。我只好到处转转了。

1950年代末的济南，大路两旁都是一些两三层的红砖房子，底层小

建本591班劳动实习间隙，坚持读书学习

商店楼上住人。离招待所不远有一座四层的百货大楼，就算是标志性的庞大建筑物了。在火车站附近的老市区中心，倒是有一些比较大的德国式建筑，特别是耸立在火车站大楼旁边的钟楼。

市内最宽的马路只能并排走两三部汽车，车很少，公交也少，大街上驴车、马车倒不少，所以路面上遗留着驴马粪，到处是小街小巷，石板铺的路面，青瓦青砖砌的平房，小小的四合院里，住着好几户人家，院子只有一个公用水龙头，每户都在自家门口用煤球炉做饭。每天清晨挑着大粪桶的农民穿街走巷清理粪便，空气里飘着特有的气味。（笑）

记得当时九分钱能买到一斤又大又甜的肥城桃，吃一个就能打饱嗝（笑）。小饭店里，我第一次吃到北方的玉米面窝窝头和高脚馒头。趵突泉、珍珠泉、黑虎泉、大明湖、千佛山，轻松地游逛了半个月。然后接到通知，被分到一所新建院校当老师了。

于：（笑）在吃喝玩乐了半个月之后，身份就由学生转变为老师了。1959年，您报道时建院是什么状况呢？

缪：（笑）我到学校报道时，真是够惨的。人事处的人告诉我，学校在东面，济南市东郊，我当时住的招待所在百货大楼附近，这是在济南市中心。坐车坐到终点站，下车后拉着一大堆行李，我问和平路在哪里？有人告诉我在南面，我就拖着一大堆行李，从解放桥下车，一直往南走，看到一片麦地，没有一栋房子，一眼能到千佛

山，你说有多荒凉。就拖着走啊走啊走，就看到一条小土路，往东，来到路口一看，唉，有个建筑，就是我们当年建工学院标志性建筑——红楼，也是学校当时唯一的一座楼。四层，中间四层旁边三层，中间坡屋顶，两边平顶。到了学校人事处，进了大门，大门也不像个大门（笑），反正是个入口吧，人事处说："你来得这么早，我们工作还没分配呢，你住在哪里也还不知道。"那怎么办？过了半天以后说："这么着吧，我们学校对面南面就是一宿舍，刚刚完工，有些工棚，你先住到工棚里吧。"

我就临时到工棚里住下了，一片工棚十来间房子，一个人也没有，"你看中哪一间，你就进去吧"。反正每一间都破破烂烂的，我就挑了一间稍微干净一点的：一个老抽桌，桌板是裂开的，抽屉关不上的，还有一个木板床，吊顶上那个围布都掉下来的，破破烂烂的；一个15瓦的电灯吊在那里，15瓦你说能有多亮啊。自己一看没办法了，就把行李铺盖放在木板床那里，眼泪就哗啦哗啦掉下来了。铺开了铺盖，天也晚了，门也关不上、窗户也关不上，外头那个风呼呼地刮，那个树周围全是坟地。第一个晚上根本没敢睡：外面树枝晃荡，就像鬼爪子一样，根本不敢看；门也关不上，就怕有人闯进来怎么办；坐在那个木板床上一看，褥子上的臭虫多得都可以排队，掀开以后更是密密麻麻像芝麻一样的臭虫，所以我干脆一个晚上就在那里逮臭虫。

一个月以后，年轻老师陆续到校，东南西北都有，当年我们大学生很少嘛，所以就四面八方都来支援山东。开学后就住在红楼大楼梯旁边的小房间，四层有八个小房间，我就跟两个哈尔滨来的女教师住在大楼梯旁边的小房间。

当地年纪大点的人说，"晚上你们别出去，外面有狼，从千佛山那边过来"。还真是有狼。可见，当年这一片有多荒凉。和平路就是只能驴马车通过的窄路，（路面）全是黄土，一刮风，我们说全变成黄脸婆了（笑）。当时，连馒头、窝窝头、菜里全都是一片土，还有苍蝇，当年的生活就是这个状况。所以，我们去山师玩，到文化路是愿意怎么走就怎么走，因为没有路（笑）。在麦地里走出很多弯弯曲曲的小路，最后那个山师东路怎么走出来的呢，就是我们走出来的。哈哈，关于山师东路，我也写了这么一篇纪念文章。和平路是怎么变成现在的样子的呢？和平路就是1963年济南市下了一场暴雨，就是倾盆大雨，不，是"倾缸大雨"，我们窗户都是木头窗户，风很大，打进来的雨连楼板都积水了，这么个大雨土路都不像话了。西面和东面有个霸王沟，两条桥都冲断了。你说这就像孤岛一样了，夏天下了大雨后，这个石头桥市规划就拆了，盖了一个

混凝土桥。但我们学校可就麻烦了。因为我们当年盖的时候没有路，是土路。这个混凝土桥一做，这个路一拉平，等于三四个台阶没了，导致我们学校比地面还低了。这条路是斜的，一下雨，哗啦哗啦都往咱学校冲了。后来，学校门口做了一个小拦水沟，就是汽车进校一抬头一翘屁股那样才能进来（笑）。山师东路两边摆了很多卖萝卜、西红柿、茄子什么的小摊，下完雨咕噜咕噜都往我们学校大门口这边冲了，到了中午水退下去，我们能在校门口捡到西红柿、萝卜（笑）。

校本部内只有一栋中间四层、两侧三层的教学楼，它兼教学、办公及单身职工宿舍在一身。一栋礼堂兼学生食堂，另外还有两栋简陋的学生宿舍，以及一些零散分布在各处的平房，体育活动场地是没有的。我们当时各个专业的老师合成一个大组，不分什么专业了，就是建筑也有、施工也有、结构也有、给排水也有、暖通也有，一个大组，十来个老师就一个大办公室。当时教学楼也挺有意思，就一栋楼，一楼南面是我们的教研室，北面是实验室，中间是门厅，两头三层的部分是大教室，有绘图教室、测量教室，然后大教室合堂教室都在两头三层的部分；二楼西面的大教室是图书馆，走廊头上的小房间就是借图书的地方；三楼、四楼都是教室；四楼两边是平顶的部分是学生做课间操的地方，没多少学生，最开始收了四百多个学生大概分了十个班，每个班四十几个人。

位于和平路南侧，正对着校本部，有一栋三层家属宿舍。在这栋独一无二的家属宿舍里，带家属的教工两三家合住在一户之中。单身教工则分散居住，或在家属宿舍中，一户住七八个人；教学楼的大楼梯两侧小房间各住三人；大多数人和学生合住在学生宿舍，甚至

初为人师时

还有人住在建筑物竣工后没有拆除的临时工棚里，蚊子、苍蝇、臭虫成团。

于：*大家这是苦中作乐，物质匮乏，但是精神上是富裕快乐的。*

缪：是，那个年代的人都是这样。咱们学校是1956年成立的，当时国家城市建设总局要在山东省济南市创建一所中等建筑专业技术学校，经过短暂紧张的筹划，几名干部和教师，400多名新生就在市区无影山的临时校址开始上课。与此同时，济南市政府在城市东郊，划拨了一百多亩土地给学校作为建校之用，一年多以后，这里先后建成教学楼、礼堂、学生宿舍等几座建筑物，师生员工们才从临时校址搬到新校区来。1958年根据中央体制下放的精神，这所学校下放给了山东省，山东省政府根据形势的需要，把它从中专提升为大学，学生人数增至1000多人，教职员工200多人。

咱们建筑学专业本科是1959年第一年招生的，就是我来的这一年。当年学校是有条件要上，没有条件也要上，那时候真是一穷二白，国家拨给的资金和设备，数量都非常有限，它从无到有神速地创办起来。教职员工们大都是老牌大学毕业，全权负责从搜集到审批教学计划、教学大纲、教材讲义、参考资料等，因陋就简，建筑学就开始招生了！

当年学院的最高领导是几位久经沙场的"三八式"老革命，他们从战火纷飞的战场风尘仆仆辗转到了这个没有硝烟的文化战场，丰富的革命斗争经验、纯朴实干的工作作风，带领我们这帮年轻人白手起家，艰苦创业，我印象很深。白天他们深入到各个科室、教研组和班级了解情况，课余时间则穿着大汗衫，抿起大裤腰，点着手卷纸烟，到各个办公室和宿舍，坐下来就和大家打扑克或者聊天，从思想、工作、学习、生活、家庭，到年轻人的恋爱和婚姻，包罗万象无所不问，无所不谈，上下级关系异常亲切融洽。

当年的行政机构很简单。安排全校教学工作的教务科仅有4个人，他们每人身兼数职，就把全校的教务工作，包括刻蜡板、油印等全部包揽下来了。由于教职员工少，互相之间都很熟识，办事可以直接找到具体负责人，当场解决十分便捷。教研组是不同专业的教师混在一起，十多个年轻人占据一间办公室，非常热闹。

教师是清一色从全国名牌大学分配来的应届毕业生，其中还有一位毕业于苏联大学，带着乌克兰籍夫人回来的。年轻教师们来自祖国的四面八方，最北是哈尔滨，最南是香港、广东、福建，东部地区有江苏、浙江一带的，中部地区则有陕西、四川的。这些来自全国各地的年轻人，生活习惯有很大的差异，南方人习惯吃大米，山东的窝窝头实在是难以下咽。虽然大家都说普通话，可是南腔北调，经常听不懂或者误解对方的意思，牛头不对马嘴，也出了不少笑话。但是，年轻人的热情与实干，现在回头看，真是感人至深。

初尝教师滋味："小妮儿老师"的故事

于：*来自五湖四海的名牌高校，可以说大家都是怀揣教育梦想的青年人。那从好学生到好老师，这中间也一定经历了不少故事吧？*

缪：是，1959年招进来的这一批学生，都喊我"小妮儿老师"（笑）。

学生大多数来自县城和农村，工科院校嘛，男生居多，年龄普遍偏大，结婚早的都有几个孩子了。其中一名学生有5个孩子，媳妇比他大8岁，裹着小脚梳着发髻。我的业务水平和教学经验不足，在面对这样的一群"大"学生时，还是感觉缺少足够的勇气站在讲台上。

记得第一堂课，讲稿在宿舍都能倒背如流了，可是进了教室，看见一双双眼睛盯着我，脑子"轰"一下全空了。本来背得滚瓜烂熟的内容，到了课堂上就害怕地讲不出来了，连念都念不下来。你想想本来就没有教学经验，又不是学师范的，能不紧张吗？两节课的内容，让我硬是一小时疙疙瘩瘩地读完了，余下的时间还是让他们上

原山东建筑工程学院南校门

年轻教师与学生在学校门口合影　后排左三为缪启珊先生

的自习。当时像是等了一百年，才等到下课铃响。后来下课有个比我大很多岁的男生走过来，拍拍我的肩膀说，"小妮儿老师，你不用害怕，大胆讲就行。"这一拍，眼泪差点儿感动地流下来了（笑）。

后来聊熟了以后，他告诉我："你知道吧？我家里有个老伴，比我大快十岁了，我是小女婿，我九岁就娶了她，家里有五个孩子。"

所以当年师生关系很好，因为摆不出那个老师架子，都是同龄人嘛，经常一起玩一起吃饭。我们那时候都是单身，没成家，那些成家了的就还给我们做参谋，介绍对象。吃饭在一起，活动在一起，上课在一起，你说亲不亲吧？

那时候我讲广东普通话，学生听不懂，学生讲方言，日照的、淄博的、青岛的，把我也搞乱了。他们糊涂我也更糊涂，后来没办法课间10分钟，我就找那些普通话说得比较好的，给我当翻译：别的同学说什么，你告诉我；我说什么，你再告诉同学。这样不知道混了几个月才"混"过来啦，多难啊，你说当年教学，但是师生关系是真的很好，很融洽。所以我常常感慨现在的（师生情）不够，主要是时代不同了，我们那个时代就那么几个学生，那么几个老师，建筑学在我退休之前还能达到一个老师辅导不超过十个学生，所以每一个同学的图我们都能很仔细地改。而且当时我们的教学态度也不一样，当时我们年轻嘛，本来肚子里头墨水就不多，不敢怠慢，所以师生都很用功。

当年山东省文化教育比较滞后，就算是来自城市的学生，文化知识基础都比较差，知识面就更窄了，更不要说那些来自边远贫困落后地区的学生了，学习上普遍感到困难。大多数学生家庭和经济负担都很重，每年农忙季节他们都要请假回家参加农业劳动，穿的是补丁摞补丁的衣服，吃的是咸菜和窝窝头，一碗熬白菜就算改善生活了。

个别学生干脆不吃学校的饭菜，一日三餐都是以从家里带来的地瓜干和咸菜充饥。对他们来说，上大学是惊动整个村庄异乎寻常的大事，所以他们非常珍惜这个来之不易的机会，学习积极性高昂，对教师的期望极高，因此我当时感到思想压力巨大，整天琢磨着如何把课上好。

于： *没有教学经验丰富的老教师带领，只能摸着石头过河吧？*

缪： 是的。如何从教科书和参考资料中取舍内容？哪些内容是重点和难点？怎么把"写"的内容"说"而不是"读"出来？内容讲完了还没有下课，或者下课铃声响了内容还没有讲完，怎么办？怎么控制说话的语音和速度？怎么在黑板上写字和画图？讲、写、画三者如何配合……

开始大家像无头苍蝇那样乱碰乱闯，屡遭失败，遇到很多尴尬的事情，后来经过一段时间的摸索、吸取教训、集思广益，终于想出一套行之有效的方法来：课后个人必作小结，写出成功或失败的点滴教训，我们之间互相帮助、听课、观摩，及时交流心得体会。备课时找来部分学生，预先把局部内容讲给他们听，询问他们听后的意见，什么地方难懂，怎么讲才能听明白，课后再到学生中征求意见。

我们把全部身心投进教学工作之中，在摸索中找出教学规律，在失败中积累教学经验，逐步摆脱初期的被动与生涩。

1959年全国教育战线进行教育改革，我们"不自量力"地重新编写新的教学计划、教学大纲，以及各门课程的教材，绘制参考图集。除了编写、绘图，还自己刻蜡板、印讲义、晒图纸，最后装订成册，亲自送到学生手中，大家把这个过程誉为"一条龙"工作方法。

1963年颁发的优秀毕业设计奖状

建筑学专业第一届毕业生毕业证

我们还和工人师傅们合作，利用边角木料、铁丝、布、石膏、硬纸板制成了许多"新颖"的教学模型，有固定式、拉洋片式、套装式、叠加式、空间立体变化式等。年轻人发挥丰富的想象力和冲天干劲，和工人师傅精诚合作，与教职工密切配合，完成一系列繁重复杂的工作。

1950年代末至1960年代初，为了弥补学校师资力量不足，上级逐年调进一些高资历的教师，学校也陆续聘请几位省建筑设计院和施工单位的总工程师作为客座教授。这些具有教学和实践经验的中年教师，在年轻教师中起到了领军作用，对学校工作走上正轨产生了积极影响。

1960年代的师生：接受劳动再教育与学校下马

于：1960年代的中国，对知识分子执行的是"教育要与生产劳动相结合"、"知识分子要向工农学习"等政策。你们有没有在农村接受贫下中农再教育的经历？

缪：我们这代人是接受了生产劳动改造的。当年我们真是自己盖房子，女生宿舍建在东霸王沟头上，滑坡都快要倒了，后来决定拆掉一层减轻压力。这个拆，就是我们爬到墙头上去拆的，还不是像现在把砖拆了就完了，还要一块块整理出来，码好，以后还要用。我就骑在墙头上，拆一块递给底下的人，他接住然后刮干净，我就往前挪一步，再拆前面的砖，所以裤子也磨破了。

山东是农业大省，学生以农家子弟居多，支援农业就成为学校主要工作之一，每年夏秋农忙季节全校都要停课，安排师生员工们到附近的农村参加农业劳动的，同时也让我们这些来自大中城市的年轻教师们接受贫下中农的再教育。

1959年末到1960年初，冬季农闲时间，山东省政府发出全省支援农村水利建设的号召，要求有关专业人员和单位参加全省各地区灌溉水渠的勘察、设计与施工任务，为来年开春后在农村开展大规模的水利建设做准备。建工学院承担了部分任务，在一个多月寒假期间，师生们完成的农舍建筑设计、线路和渠道测量，数量十分可观，并且为农村培养了几百名设计、施工、测量的技术人才。

学校以班级为单位分别负责几个县城的渠道测量任务。师生们分散住在村民的家中，天不亮起床吃罢早饭，带队的教师就领着全班学生奔上山头，用刚学到的测量知识，勘测渠道各点的标高位置。从天朦胧亮直至天黑，看不见仪器表上的数字时才收工，下山以后再步行到另外一座村庄借宿。那时候正是寒冬腊月时分，山上凛冽的北风刮得师生们眼睛睁不开，脸上发痛。在冰天雪地里站立一天，两只脚冻得麻木，十根手指就像胡萝卜那样红肿。午休时间，大伙头顶青天白云坐在雪地上，吃着冰冷的窝窝头，拌以纷纷扬扬的雪花和咸菜。虽然条件如此艰苦，可是大伙的情绪却始终高昂。

各地、县、村的村民们接待师生们也万分热情，清晨和晚上为大伙准备了滚烫的黏粥和热气腾腾的窝窝头，让大伙吃饱喝足，晚上则早早把炕烧热，让忙累一天的师生们睡得暖和舒服。1960年春节，大家集中在各个县城休整三天，住在县城最好的招待所里，每天县政府招待我们观看当地最好的文艺节目，最难能可贵的是，当时全国灾荒已经出现苗头，但是师生们却敞开吃到掺有大红枣的白面大馒头，满箩筐的熟花生！春节三天吃饱、睡足、玩够以后，大家又重新奔赴各个山头继续测量工作，直到寒假结束返回学校上课。

在这一个多月里，师生们思想上的收获是巨大的，大伙为能够给山东省农村水利建设做点贡献感到骄傲；为集体克服困难始终保持高昂的工作热情而自豪；为课堂上学到的理论知识能够联系具体生产

老女生楼

阶梯教室

大礼堂，其东侧配房曾是城本794班的大宿舍

实践而兴奋；更为纯朴热情的山东老乡们的深情厚谊所感动。

于：*这个时期应该是自然灾害时期了，能吃上大红枣的白面大馒头，乡亲们真是对大家很热情。自然灾害，吃饭成为头等大事。这个时期，学校停止招生，"下马"成为中专。*

缪：1963年6月，我校降为中专，除了保留原有的房屋建筑专业以外，增设了建筑机械专业，根据上级指示，兼办半工半读中等技术学校，培养车工、钳工等六种技术工人。

学校的"下马"和改制，使学生和教师的命运发生了翻天覆地的变化。1958年招收的第一批大学本科生正好在1962年毕业，经过学校申请，1963年毕业的学生，上级也同意让他们留下来继续完成大学学业。这两届学生是万分幸运的，毕业后他们大部分人成为山东省建筑行业中的骨干力量，个别人后来还跻身于省级领导的行列。他们师弟师妹们的运气却没有那么好了，学校降级以后，学生们有的回到县城和农村，有的以专科生或高中生的身份分配工作，成为各行各业中的一名普通劳动者。

灾荒前经过几年努力，学校工作本已走上正轨，三年灾荒使教学工作处于半停顿状态，"下马"更使学校元气大伤，原来就不大的地方进一步缩小，仪器、设备逐步外调，图书资料丢失，损失最为惨

重又不可弥补的是师资的大量流失，建校初期从全国各地调来的教职工，这几年间陆续调离学校。

夹缝中的生存：短期培训班和工农兵学员

于：*十年浩劫中，无论是个人还是学校，都饱受冲击。从1967年到1971年，学校中断招生达五年之久，几近瘫痪。不过，这期间出现了不少短期培训班，这是当时社会的需要吗？*

缪：1970年各类学校开始兴办各类短训班，在这个背景下，我校也为工矿企业、部队、农村兴办了一些力所能及的短期技术培训班。

于：*1972年，被迫中断5年的中专恢复招生。复招后，学校的办学情况是怎样的？教学模式在这种政治局面下具有哪些特点？*

缪：1972年全国发出"复课闹革命"的号召，在这种形势推动下，广大教师们才有机会在传授知识上再一次担负起承上启下的作用。

"复课"让荒废六年之久的教学机器重新转动起来。在当时环境允许的范围内，教师们探索和尝试了理论与生产结合的"特殊"方式，学校则培养了一批具有一定能力的技术人才，同时为1977年全国恢复高考，迎接教育战线上新高潮的到来在思想、技术、管理上做了准备。

于：*1972年，我校招收第一批工农兵学员160人。直到1977年恢复高考前，共6期学员毕业，走向工作岗位。我校"工农兵学员"群体，是特殊教育阶段的产物，有什么特点呢？*

缪：从1972年到1977年，我们学校共办了6期工农兵学员培训班，时间短的一年半，长的不到三年。由于教育战线长期瘫痪，学校恢复招生受到社会的广泛关注，"工农兵学员"成为当年抢手的香饽饽。

山东建校首届工农兵学员722班毕业合影

工农兵学员是这个特殊年代的产物，它完全不同于一般的"学生"概念。这些学员在年龄上，既有接近50岁的中年人，也有十七八岁的年轻人。在成分上，原来规定学员必须是工、农、兵，但实际上除了工农兵以外，还有不少干部和干部子女。在经历上，既有生产劳动经验的工人、技术员和农民，也有上山下乡多年的学生，具有行政管理经验的党政干部，以及参军多年的解放军。在文化水平上，既有"文革"前的高中毕业生，也有接近文盲的劳动人民。

1980年代，讲台上的缪启珊先生

缪启珊先生出席科技成果表彰大会，第三排右起第二位为缪先生

面对情况如此复杂的一群学生，教学之难不言而喻。理论部分讲得略有深度，文化水平低的学员听得云里雾里；讲得浅了，文化水平高的学员则说，老师在哄幼儿园孩子呢！讲到具体设计和生产操作，技术员和工人师傅不耐烦了："我都干了多少年了，还要你们教我怎么去做！"可是那些没有生产经验的学员却迷糊了。

为此开学初期，教师们茫然不知所措，学员们意见纷纷，教学无法进行下去。经过一段时间摸索以后，逼着教师们想出一个办法，那就是组织学员互帮互学，让文化水平高的学员辅导文化水平低的学员学习文化知识，让有生产经验的学员教不会干活的学员学习操作技术，各有所得才勉强解决教学上的困难。

面对这样一群特殊的学员，当时被称为"臭老九"的我，根本不敢以教育者自居，不敢直呼学员的名字，普遍尊称他们为"某师傅"，讲课前经常找那些具有代表性的学员一起备课，上课前后都认真听取学员们的意见。这种敬业精神和真诚终于赢得了学员们的理解和尊重，淡化了师生之间人为的政治隔阂，与很多学员和教师们都成为朋友，师生友谊一直续到毕业以后。

六期工农兵培训班，不但教学不规范，而且在如此短促的时间里，师生们还要参加各种政治活动、开展大批判、从事校内外一些非生产性劳动，因此虽然师生们都尽力了，但是学员学到的知识肯定是非常有限的，尤其是只学了一年半的首批学员。但从另一个角度看，如果仅用学到知识的多少作比较，工农兵学员比起那些在"文革"开始的1966年入学、1970年毕业的大学生来说，还算略胜一筹的。那些后期学了两到三年的工农兵学员情况更好些，文化知识基础较好，本人又努力钻研的，仍能学到不少专业知识，毕业分配到技术或教育部门工作还是称职的。

劫后余生：废墟上的重建

于：十年浩劫之后，终于拨开迷雾，1978年又及时召开了"全国科学大会"，邓小平同志在大会开幕讲话中明确提出"科学技术是生产力"和"脑力劳动者是劳动人民一部分"的论断。1978年，"山东省建筑学校"改建为"山东建筑工程学院"，这个时期，学校是怎样的情况呢？

缪：1977年全国恢复高考，上级通知仍是中专的这所学校，也要招收"文革"后的第一届大学本科生。随着"春天"的到来，1978年学校重新挂上大学牌子，才名正言顺地向全社会招收大学本科生和专科生。可是，几十年的风云变幻，教学工作几经沧桑，学校教职员工、图书资料、仪器设备等在"上、下马"反复折腾中已经所剩无几，在"文革"中更是遭到毁灭性破坏，劫后余生的学校千疮百孔，重建大学谈何容易。

经历十年磨难幸存下来，重见天日，重新获得做人的尊严，最让我高兴的是"臭老九"的帽子不但被摘除了，而且知识分子居然还成为工人阶级的一份子。生产力一旦得到解放，老师们在思想、工作和生活上的热情和干劲也随之爆发出来了。可惜岁月不饶人，如今他们已经从风华正茂的年轻人，变成两鬓开始斑白的中年人，心有余而力不足了。"文化大革命"十年不但浪费了一生中最为宝贵的工作时间，同时也让我身心受挫，知识荒废。如今年近半百却要重新拾起大学教鞭，大家普遍感到信心不足。可是，大家毕竟是1950年代培养出来有觉悟、有责任心的知识分子，面对百废待兴的国家、满目疮痍的学校，尤其是面对几十双渴望知识的眼睛，那股干劲和热情，禁不住油然重生。

于：*老师们干劲十足、整装待发，恢复高考后新入学的77级、78级学生也是久旱逢甘露吧？*

缪：是啊，"文化大革命"后的"七七、七八"届大学生，入学时再也不是十八九岁的应届高中生，这一代人的青春脚步已经洒落在十年"革命"征途上，大多数人已步入"而立之年"，由于年龄偏大，教职工们戏称这个班为"老头班"。这个称号让人听得心酸。由于十年"文革"的耽误，年轻人错过了正常学习的年龄，如今能够重新步入大学读书，普遍十分珍惜这段来之不易的日子。他们渴望在有限的四年间把蹉跎岁月补回来，因此学习积极性十分高昂，对教师的期望值超越一般。这对广大教职员工来说，无疑是很大的压力，同时也是巨大的动力。

这两届学生具有的时代特色，他们大多数是当年"上山下乡"的先锋，十年来受到基层工作的训练，具有一定生产劳动和行政管理经验，和"工农兵学员"有相似之处，可以算是工人、农民和干部的同归。他们又是经过考试入学的，文化水平相对较整齐，这是"工农兵学员"望尘莫及的。只是在"文革"前毕业的真才实学的高中生，虽然十年来学业有所荒废，但是知识基础还是比较牢固，学习大学课程就感到轻松些。而那些在"文革"中毕业的高中生，实际上只有初中文化水平，完全是靠短期突击才考入大学的，知识基础不牢固，学习上困难比较大。同时因为年龄偏大，很多学生都有家室牵累，经济不富裕，学习专一性受到一定影响。

虽然师生们"教与学"的大好时光都在动乱中丢失了，但是经过岁月的磨炼和反思，大家再也不轻信盲从，学会理智思考和科学处理问题了，尤其是明白文化科学对振兴国家、改变个人命运的重要性以后，大家在工作和学习上倍增动力。"七七"届学生入学以后，

学校恢复了正常的教学秩序，全校教职员工拧成一股绳，全心全意为这届学生服务。思想上获得解放、身心舒畅的教师和学生们，鼓足干劲同心协力向前冲刺。教师们根据这届学生的经历和知识特点，综合了"文革"前的教学经验，以及"文革"中培养"工农兵学员"的教学方法进行讲授，废寝忘食、呕心沥血去教。学生们则日夜勤学苦练、刻苦钻研。虽然"教与学"双方都遇到很多困难，但都被这些激情满怀的师生们一一克服了。在全校教职员工的努力下，师生们出色地完成了"教与学"的任务。

"老头班"的成员们终于在四年后，满怀信心地走出学校大门。毕业后经过各个单位对他们工作能力的验证，学校与社会一致公认，"七七、七八"两届学生的教学质量，是学校创办以来最好的。"老头班"的学生们虽然因为"文革"延误了正常接受教育的时间，致使成材晚了十年，但是他们依然是幸运的。

于：*通过您的讲述，我都能感受到那个时代师生所迸发的学习和工作的热情。1978年学院恢复本科建制，1979年省建委、省教委批准要开设城市规划专业，作为建筑学教研室仅剩的两名"元老"之一，您当时有怎样的压力与动力？*

缪：经过十多年的"折腾"，学院的人力、物力和办学经验严重受损。当时省有关领导要重新开办"建筑学"和"城市规划"两个专业，后来经过上下反复调查研究，根据学院当时的办学能力，决定先筹办一个。

于：*您跟蔡景彤老师都是建筑学专业出身，当时建筑学教研室的师资力量也集中在建筑学专业，为什么最后先上了城市规划专业呢？*

缪：因为经过调研，从山东省具体需要来看，社会上对从事城市规划的人才比从事建筑设计的人才要求更加迫切些，因此学校根据社会需求，决定首先筹办城市规划专业。筹办这个重任，肯定是落在建筑学教研室身上的，但是就当时教研室的实际情况，大家也都产生过很大的疑虑。

首先是师资，"文化大革命"前教研室只剩下我跟蔡老师，1978年至1979年为筹办这个专业，学校陆续分配来几位老师，王守海、张新华、戴仁宗、亓育岱、刘天慈、蒋泽洽、吴延等。我们这些人里面，只有吴延是学城市规划的，其余都是建筑学专业。这几位新来的老师，大多数只有工作经验，缺乏教学经验。我跟蔡老师，经过十余年的政治运动，教学业务也荒疏了许多。靠这几条好汉去攻打

七四级五班毕业合影，前排左起第一位为缪先生

1980年代初，部分教师在原建工学院院门口合影留念，前排右起第三位为缪先生

1980年代，建筑系师生合影，第二排右起第三位为缪先生

多年后重返香港

"城规"这个堡垒，是不是听起来像天方夜谭（笑）？

虽然1959年有过建筑学专业的经验，但像教学大纲、计划、教材、资料、模型和图纸等，早就在各次运动中，被视为"四旧"一扫而光、片甲不留了。

真是一穷二白，但值得庆幸的是，我们心中压抑了十多年的专业情结，就像隐藏在火山深处的炽热的岩浆，喷涌而出，势不可挡（笑）。

于：*在蔡景彤老师的访谈中，他讲到你们当时是"拿来主义"（笑）。*

缪：是，开始只能是全盘的"拿来主义"，把同济大学"城市规划"专业有关的教学计划和资料全部移植过来，这对我们的教学影响很大（笑）。

城规和建筑学基础课程是一样的，比如建筑初步、素描、画法几何这些都一样，所以新生入学后头两年的基础课，我们几个人是有能力承担的，这就为学校赢得两年时间，继续争取外部力量的补充。我现在再分析啊，虽然我们当时人很少，但是我们很敬业。你看第一批学生25个人，我们就7个人，7个老师带一个班，真是很敬业，又自学又担任所有课，7个人要把所有课都承担起来了，一个萝卜几个坑，这门课你讲我辅导，另一门课则是我讲你辅导，教师之间不分主次。"画法几何"、"美术"本来不在我们教研室的授课范围之内，这时候也成了教研室的教学任务之一，而且后来"画法几何"还变成了我们必须承担的课程。蔡景彤冲在前面，担任了主讲教师，接着是王守海出去短期进修，成为这门课的专职教师；在王守海进修期间，亓育岱又成为这门课以及它后续课程"阴影透视"的主讲教师。亓老师在教学过程中，精简教材，采用"视而不见，无是生有"的动态思维教学模式，取得了较好的实践效果，日后为计算机辅助设计和教学留下一条出路。我呢，是在美术教师没有来到教研室之前，承担了"美术"课的教学任务，除了按照老规矩首先训练学生进行石膏素描练习以外，还自主增加了建筑写生练习，让全班同学画学校大门、礼堂、宿舍，以及教学楼内透视比较复杂的"双跑大楼梯"。

这些教学安排，使我们成为"万金油"式的多面手（笑）。我们的课很紧张，一个礼拜24节课简直全泡在教学里了。

"奶奶老师"的心得与期望

于：缪老，在访谈您之前，我进行了一些预访谈，您教过的很多学生都对您所教授的建筑构造这门课，给予了相当高的评价。在这门课的教学中，您一定有很多心得吧？

缪：（笑）谢谢同学们。建筑构造在建筑学专业中是一门专业基础课，讲授一栋建筑物从基础到屋顶，各种大小构件的做法和有关规定，还有与之密切相关的建筑声、光、热环境知识，内容繁多而且又接近实际，是学生建筑设计的基础和学习绘制建筑设计施工图纸的必修课程。但是，对于那些偏重于"想象、创造"的师生们来说，它却是一门内容散乱零碎、枯燥乏味的课程，学生既不爱学，教师也不愿意教。多年来，我们不懈地探讨各种教学方法，不断修

改教学内容，希望提高这门课的教学质量，使它不但能够适应建筑技术瞬息万变的发展，而且还能提高学生们学习的兴趣。

如果说心得的话，第一是联系实际，建筑构造既然是一门与生产实际密切相关的课程，如何使学生获得建造一栋楼房完整的感性认识，自然是教师们冥思苦想的问题。

在教室里讲述如何盖大楼显然是不可取的！教师手舞足蹈、费尽口舌也说不清楚的构造问题，如果领着学生到施工现场看一看，学生们往往就会恍然大悟："踏破铁鞋无觅处，得来全不费功夫！"因此到现场讲授这门课程是最理想的方法！但是，施工现场有限的内容，和教学计划中需要讲授的全部内容，在时间和空间上是不可能取得一致的，尤其是那些特殊的构造方法，现场更是难得露一次面！不同的构造方法完成后的实际效果，以及建筑声、光、热方面的实感效果，尽管利用现代化手段可以预先虚拟，但诸多难以预见的问题都需要建筑物建成以后，通过一段时间的考验才能反映出来，在工地上当时是很难看出来的。

为了解决生产实际和理论教学之间如何配合的问题，我们真是煞费苦心。早年我们都是借助"构造节点大样"的挂图来代替现场实物加以解决，上课时把图纸挂在教室里，按图讲授，同时在黑板上随时绘制局部图形配合。为此教师的工作量是十分繁重的，课前必须把一大摞、大幅、复杂的图纸绘制好，课中在黑板上的补充也是既费时又辛苦的，而且因为图形复杂，还常会画得不准确。

这门课一般使用全国通用教材，由于我国幅员辽阔，南、北方采用的建筑材料和构造方法往往会有差异，教材中理论部分可以全国统一，但是选用的节点大样图就很难取得全国一致了，只能选用一般常规性的，因此地方院校往往就需要补充一些地方性的构造节点图集予以配合，当年我们就曾经花了一个学期加上前后寒暑假，出版了符合山东省实际情况的构造图集，自己选编、绘制、印刷、乃至发放给学生人手一册，虽然画得不够精细，但却解决了当时的问题。

有了幻灯机以后，我们就尝试用幻灯片代替挂图，但是幻灯片的制作成本比较高，于是我们就和善于摄影的老师合作，用照相的方法，把标准图集中符合我们要求的节点大样图拍下来，直接运用底片在幻灯机上放映，因为当时彩色照片还没有出现，只有黑白照片，所以底片反映出来的线条是白色的，但这并不影响教学效果！图形的准确性因此提高了，教师工作量大大减轻了，学生对幻灯片的兴趣也比挂图高。而且算下来成本只有两分钱一张！这个既经济

又实惠的方法，后来带到全国有关会议上介绍，受到与会者的认可。

当年有些经济实力较强的院校，曾经采用拍纪录片的方法，把一栋楼的建造过程全部拍摄下来，上课的时候就放电影，这种方法虽然不错，但我们这样的学校是很难效仿的，最多就是向人家借来放映一回，依然是"远水不解近渴"。

除了借助挂图以外，这门课程还必须有大量的实物配合讲授，这就是运用构造模型了，可是当年市面上规模不小的教具模型厂，都难以满足各门学科在教学上对模型五花八门的要求！何况模型的价格又相当昂贵！于是我们就和学校工人师傅们合作，利用硬纸板、铁丝以及废旧木料制造出一些构造节点模型来，可惜费尽心机、花了好长时间做出来的一个模型，在讲课中一晃就过去了，我们也没有能力做出全部需要的模型来！但尽管这样，构造课总算开始有了自己的模型教具，虽然做得不太像样，但却为日后建立构造实验室打下了初步基础。

1980年代以后，全国少量建筑院校正式成立了构造实验室，内容除了具备全部必须的构造节点模型以外，还具有各种构造做法效果比较的实测内容。我们及时委派了年轻的教师前往参观学习，取得了一些经验，并且考虑筹备成立实验室，可惜由于上下思想不统一，人手又短缺，加上设备和资金严重欠缺而耽搁下来，一直到学校大搬家前后，各方面条件有了明显的改善，实验室才逐步得以成型，有了足够的各种模型和挂图，实测方面的工作也在筹备之中。

第二个心得是要能文懂武。提高这门课程的教学效果，在利用挂图和模型上，相对还比较容易做到，如何把课程讲得生动有趣，使学生们愿意学习，那更是亟待解决的问题。

建筑构造课如果脱离生产实际，将是一门"画饼充饥"、没有生命力的课程，更无从谈起生动有趣了！过去或者由于时间紧迫，或者因为认识上的差异，教师们往往疏于与实际生产联系，知识多限于书本理论之中，常会出现构造节点大样图画得相当漂亮，可是其中的奥妙自己却未必都能弄得很清楚的怪现象，以其昏昏，如何又能使学生昭昭呢？所以当时有相当多的领导和教师普遍认为这门课程最好还是由设计院或工地的工程师来讲授，我们学校曾经也长期这样做过。遗憾的是，借助校外的技术力量讲课，不但要服从他们的工作时间，重新安排时间表，打乱学校正常的教学秩序，而且教学实践和设计实践虽有联系，但也存在着质的区别！因为教学工作毕竟是一门专业行为，教师不但要有知识，而且还要懂得教学方法，

缪先生的全家福

并不是有知识的人都能当教师的！工程技术人员虽然有实际生产经验，但由于缺乏教学经验，一肚子的学问不一定都能确切地表达出来，讲出来的内容也不一定适合教学要求，何况他们依然还只能在教室里"画饼"，也同样不可能把学生随时带到现场去讲解，理论和实际的脱节只是通过另外一种形式表现出来罢了！

归根结底，要解决这个矛盾，必须自力更生，从提高教师自身的能力入手，要求教师懂得现实的生产情况，能文懂武！这不但对担任建筑构造课的教师非常必要，而且对从事建筑学专业教学的全部教师来说，也是一件势在必行的事！德高望重的建筑教育前辈，以及国内外知名的建筑大师们，都是这方面的典范！

如何"懂武"呢？"实践出真知"绝对没有错！教师要了解生产现状，是需要参加社会实践和劳动的，但教师毕竟与一般的工程技术人员不同，不可能有充裕时间去做这类事情！学校的教学计划也要求学生在教师带领下参加工地实习，但是再大的工地，内容也是有局限性的，短短的实习时间，师生们充其量只能了解到某一个工序或者某一个工种的工作特点，不可能就此了解到建筑物建造的全过程！何况在此过程中，师生们往往都变成了现场的小工：挖土方、推小车、站在师傅旁边供应材料，运气好的能在工人师傅的监督下略为操作一下！施工现场的负责人不可能放心地让师生们想怎么干就怎么干，他们必须保证师生们的人身安全和操作质量啊！否则，最后检查施工质量不合格谁来负责？当然去

现场总比不去为好，起码通过实地考察，脑子总会有收获，知道房子原来是这样盖起来的！

通过这些年来参加一些工地劳动和社会调查，心略有所悟：生产实际知识的获得，躬身劳动并不是唯一的途径，但必须首先做一个"有心人"！这个"有心"，就是出于内心的迫切需要，有了迫切要求才能在行动上挤出时间来；才能学会用眼睛去深入观察；才能学会用脑子多去思考！有计划、有目的地从各个渠道去了解：社会上日新月异的建筑材料；在建筑物理环境上对人类越来越体现关怀的各种技术和做法；建筑工程技术人员不断发明创新的施工方法；一系列新型的构造技术；国际上以及我国建筑战线上发展的新动态以及新趋势等。

想当年，我们曾经连续几天去参观山东省体育馆网架吊顶制作和吊装的全过程；当年先进的施工技术"爆扩桩"是如何"爆"和"扩"的；预应力钢筋混凝土屋架和楼板，对钢筋是如何施加预应力的；还有在"旅游式"参观实习的过程中，在观赏风景名胜和大城市高楼大厦的同时，我们也了解了在国际大都市——上海那座有名法国舞厅的弹簧地板是怎么做成的；也曾小心翼翼地爬到首都大剧院宏伟的观众厅顶棚里面去，观看这个复杂庞大的吊顶是怎么吊起来的；并且钻到大舞台的下面，观看现代化剧院的旋转舞台是怎么旋转的；还参加过曲阜孔庙"奎文阁"的大维修，目睹了古代建筑的建造方法。对这些生产技术中的问题我们都是用眼睛认真去看，用"心"牢牢记下来的，潜移默化，积少成多，在讲课中作为构造实例随时向同学们讲述，从而加强了课程的真实性以及趣味性。

昔日的学生不忘师恩，为缪先生贺八十岁大寿

走过艰辛路
——张润武

张润武先生

张润武，我国著名的民居研究专家、山东建筑工程学院（现山东建筑大学）建筑系第一任系主任、教授。

张润武先生1940年6月11日出生于山东潍坊。1960年进入天津大学建筑学专业就读，1965年考取天津大学建筑设计与理论研究生，时逢"文化大革命"，学业中断。1968年分配到天津市建筑设计院，1972年调入河北沧州石油化工厂，担任厂区总体规划师，从事建筑设计工作。1976年调入河北省化工设计院。1978年再次考取天津大学建筑学硕士研究生，1981年获工学硕士学位，分配至我校任教。1985年学校成立建筑系，出任建筑系副系主任并主持工作。1987年出任建筑系系主任。先生于2018年5月23日9时30分逝世，享年78岁。

张润武先生毕生致力于建筑学教育、研究及实践工作。开创建筑系之初，关注教学体制、教学内容和教学方法的建立健全；专业建设中，勇于开风气之先，做教学改革的先行者；他深耕教学一线，桃李遍及全国；退休后，仍笔耕不辍、关心学科发展。先生为人，敦厚仁爱，清明淡泊；先生为师，身教言传，提携后学；先生为学，严谨执着，兢兢业业。他的精神品格和专业成就，将长存于天地之间，不断激励一代代建筑学人，砥砺奋进、薪火相承。本文是张润武先生于10年前对学院历史发展的一篇总结性文章，现全文刊发，以此纪念。

儿童时期

少年时期

青年时期

大学时期

研究生时期

参加工作

进入中年

步入老年

1984年，经过5年的酝酿和师资储备，建筑学专业正式恢复招生，首届8451班31人。1985年4月，学校进行专业组合调整，由当时的规划专业1~4年级4个班与新招收的建筑学专业8451班成立建筑系。在当时条件异常艰苦的情况下，成立一个新系，各方面工作可以说是千头万绪。而对专业教学来说，教学计划、教学大纲的制定则是至关重要的，为此我们付出了艰辛的努力。

一、兼收并蓄，制定切合实际的教学大纲和教学计划

建筑系成立初期，主要通过走出去调查研究，尽快确定办学的方向和模式，制定建筑学专业新的教学大纲和教学计划，还要进一步完善城市规划专业的教学计划。我们以开办规划专业五六年的教学经验和模式为基础，仿照南京工学院（今"东南大学"）、天津大学、同济大学等名牌大学建筑学专业的教学计划，特别是参照了相类似的省属院校（如北京工业大学、北京建工学院等）的教学计划，吸取他们的特长，扬长避短，几易其稿，初步制定了符合山东建筑工

程学院现实的教学计划。

这个教学计划的突出特点就是加强专业基础课的教学。不断强化充实专业基础课"建筑初步"课的教学，让新生一进校门就受到严谨的培养。为此，由老、中、青三个层面的教师组成教学组，秉承"文化大革命"前我国建筑院校惯用的教学内容，由简到繁，由工程文字到形体创造的培养，使学生得到循序渐进的系统训练，逐渐理解建筑学科与其他学科不同的教学方式、教学内容和学习方法。

办学多年来，一直注重"建筑初步"的教学改革，及时较早地引进"构成"课。1986年前后，派出多名业务水平高、责任心强的年轻教师到山东工艺美院进修"构成"课，为今后单独尽早地开课作师资准备。1992年，以亓育岱老师为首，尝试将初步课分解成几个单元，由全系建筑学专业老师分别教学。一则加强初步课与专业课的衔接关系；二则让新生入学第一年就接触到今后数年学习过程中的任课老师，较早地展示整个教师队伍，增强师生的教学相长，取得了很好的教学效果。

1985年，由国家教委统一控制学时，每门课程都制定了本课程的教学大纲。经过近十年的不断充实调整，该大纲基本符合我校建筑专业的实际，为提高教学质量，完善教学体系起到了关键的指导作用。

由于种种原因，该大纲和教学计划在教学实践环节中，一直未能将培养中国建筑师的重要环节"古建测绘实习"纳入其中，与兄弟院校相比这是一个很大的不足，其影响至今仍在。

1984年，山东建筑工程学院与山东工艺美院、山东轻工学院三校学生作业互展。张润武先生、周今立先生陪同工艺美院院长张一民参观作业展

二、广开思路，完善教师队伍结构，提高教师队伍素质

优秀的教师资源是办好一个专业不可或缺的关键要素。从1979年开办城市规划专业以来，师资短缺问题一直困扰着我们。为了解决和缓解这一问题，我们以师资来源的"多元化"为目标，积极从国内著名建筑院校（清华、同济、北大、东南大学等）引进人才。来自国内不同院校、教学风格迥异的教师，相互交流、合作，教学中凸显多元化的优势。同时又选派了多名青年教师赴天津大学、同济大学、清华大学、中央工艺美院进修学习，进一步提高业务素质。另

外，在师资力量紧缺的情况下，先后派出了张企华老师（1988年赴波兰）、张建华老师（1989年赴朝鲜）以及周长积、程启明老师（赴日本）到国外访问进修，使我系的国际交流迈出了成功的一步。同时，不断加强全系教师的自身建设。1987年缪启珊、吴延、戴仁宗、张润武、周今立、张企华、牟桑等老师晋升为副教授，结束了建筑系无高级职称的历史。1992年、1993年，张润武、张企华相继晋升为正教授，亓育岱、周兆驹、张建华、周长积、王崇杰破格晋升为副教授，从而使得建筑系教师队伍的职称结构日趋合理，教师队伍日渐壮大成熟。

1990年代，张润武先生给新生做专业介绍　　1996年，张润武先生随中国建筑师代表团赴西班牙马德里参加第19届世界建筑师大会　　1986年，东南大学钟训正教授来访讲学，左起为朱世荃、张润武、田嘉玮、钟训正、缪启珊、王绍强、周今立、耿明

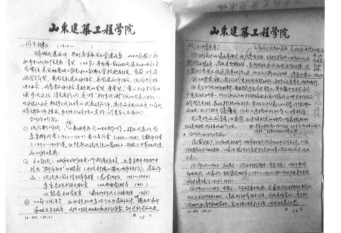

张润武先生的教案

三、发挥优势，加强科学研究与社会服务工作

广泛宣传学校和专业建设情况。为加强与国内外业内人士的交流，宣传和介绍自己，向兄弟院校学习，我们先后走访了南京工学院、同济大学、天津大学、北京工业大学、北京建工学院、西安冶金学院、黄河大学（今郑州大学）、沈阳建工学院等院校。1990年，参加了在天津大学召开的建筑学专业评估委员会成立大会，及时、准确地了解相关信息，为日后申请专业评估做好准备。

积极参加国内业内的学术活动，广交朋友。我们组织加入了中国传统建筑与园林研究会、建筑学会史学分会、传统民居学术委员会、现代中国建筑创作小组（今"世界华人建筑师协会"）等学术机构和团体。通过踊跃参与省内的各种活动和科研合作，扩大我校建筑系在省内外的影响。1984年，与山东工艺美院、山东轻工学院建立了学生作业互展关系，促进了各院校的专业水平，尤其是设计水平的提高。在学生作业互展活动中，山东工艺美院院长张一民、山东轻工学院设计系吴玉田主任、山东建工学院建筑系张润武主任曾为互展揭彩。

同时，组织教师积极参与社会服务工作，锻炼队伍，提高知名度。1983年，山东省城乡建设委员举办离退休干部住宅设计竞赛，我系老师（当时属城市建设系规划专业）获一等奖（当时称优秀奖，全省共两名）1个、二等奖（当时称优良奖）3个，显示了我系专业教师的业务水平和实力。1985年，省政府举办山东省体育中心建筑方案设计竞赛，建筑系全体教师全力以赴，完成的两个方案分别获得二等奖和三等奖，产生了较大的社会影响。1986年，元育岱老师带领青年教师刘甦、赵学义、王德华参加全国青年住宅设计竞赛，获得二等奖。1989—1995年，我系师生参与了以清华大学著名教授汪坦先生为首的"中国近代建筑史研究会"与日本东京大学"日本亚细亚近代建筑史研究会"联合项目《中国近代建筑纵览》的调查工作，并作为16个调研城市之一——济南篇的主编，完成了《中国近代建筑纵览——济南篇》的调查研究和撰写、出版工作。这一项目是中国国家自然科学基金和建设部科技发展司联合资助项目，项目成果为以后济南历史文化名城保护奠定了基础，后获建设部科技进步二等奖。1987年10月，刘甦、张建华、周鲁潍等老师的作品入选全国建筑画展，并收入画册。这是中国建筑学会数次建筑画展中，山东省获奖最多、影响最大的一次。

1986年，省建委专家评审会现场。左四为山东省建委总工方运承，左五、左六分别为建筑系教师张润武、俞汝珍

2000年，建筑学专业评估之前邀请部分校友座谈后合影，前排中间为张润武先生

张润武先生访问波兰，与国际著名规划专家、波兰科学院院士、什切青工学院教授彼得·萨伦巴先生合影

1986年，我国第一代建筑师唐璞先生来访，右起为滕新乐、唐璞、张润武、穆永照

1986年，国际著名规划专家、波兰科学院院士、什切青工学院教授彼得·萨伦巴来我校讲学

四、内引外联，加强学术交流

学术交流是人才培养与学科建设发展的重要支撑。这方面，过去非常薄弱。建筑系成立伊始，我们采用内引外联的方式促进国内外的学术交流。先后邀请波兰著名城市规划专家萨伦巴教授、日本神户大学早川教授和天津大学聂兰生教授等国内外著名学者来我校讲学，增强学术氛围，拓展师生眼界。1987年12月邀请当时活跃在学术界的知名学者——民航总局设计院总建筑师布正伟、中国艺术研究院研究员肖默、北京建工学院教授王贵祥来院作为期一周的讲学，在当时省城建筑界反响很大，各有关单位，设计部门人员踊跃参加，场场爆满。这是专业成立以来第一次大规模邀请外地专家讲学，十分成功。

作为迈出国门的第一步，我直接参与的两次出访交流，对日后的对外学术交流意义重大，我也留下了深刻的印象。第一次是随山东建筑教育代表团出访波兰。当时我院城市规划专业创办不久，迫切需要学习世界上的先进理论。恰逢波兰什切青大学萨伦巴教授来访，他是国际上著名的城市规划专家，曾提出著名的"城市发展门槛理论"。萨伦巴教授还是联合国教科文组织负责为第三世界国家培养城市规划人才的专家。1986年来到山东建筑工程学院作学术报告。为此，山东省城乡建设委员会上报山东省政府批准，派出以山东建筑工程学院院长姚传玺和山东省城乡建设委员会副主任潘家隆为领队的"中国山东建筑教育访波代表团"一行五人，于1987年10月乘

波航直抵波兰首都华沙。这是山东建筑工程学院自1978年恢复本科建制以来第一次参与国际外事活动。

位于波兰西北部边境的什切青是这次出访的目的地。什切青北临波罗的海，地处奥德河下游，是波兰最大的海港城市。什切青大学就坐落在城市之中，没有围墙也没有校园大门，完全融合于城市之中。在什切青期间，代表团拜访了学校校长，参观了建筑系史馆、资料室，并作了主题为"中国传统建筑和山东古建筑梗概"的学术报告。双方签署了波兰什切青市和中国山东省互派进修访问学者的协议书，为以后建筑系尤其是城市规划专业的对外学术交流迈出了第一步。按协议要求，建筑系于第二年指派张企华老师赴什切青大学进修深造半年。

在波兰期间，代表团还考察了波兹南和克拉可夫等几个城市。作为这次赴波考察的终点，代表团一行重点考察了克拉可夫著名的雅盖隆大学建筑学院。该学院重视建筑学专业学生的艺术素质培养，他们严谨的学院派教学风格和对学生的高标准要求，给我们留下了深刻的印象。考察的同时，我们还收集了该校建筑系规划专业大量的作业资料。回国时，我们取道苏联（当时尚未解体），到达莫斯科时正值十月革命70周年第二天，我们瞻仰了红场上的列宁墓。

第二次是应中国台湾"中华民俗艺术基金会"邀请，赴台进行学术交流。1995年，"中华民俗艺术基金会"邀请大陆13位从事中国传

1990年代外教参与教学

1986年，柏林工业大学史密特博士前来讲学

1990年代，荷兰内梅亨教授与建筑系师生进行交流

统建筑、传统民居研究的学者，赴台进行一周的学术交流，考察的城市有台北、南投、彰化、台中等。期间，大陆学者在台北"中华工商学院"举行了学术报告会。我在会上介绍了"胶东的海草民居"，与会者很感兴趣。对我们来说，这次交流还有一件憾事。因为我们建筑系的学生单勇和王俊东（建筑学8731班）曾经在1988年海峡两岸建筑系学生设计竞赛中获得金奖第一名，竞赛的主办单位是台南成功大学洪四川教育基金会，这是以土木、建筑学科为主体的国际著名高等学府，所以，我们非常想借这次赴台的机会会见成功大学建筑系的人士，了解有关建筑学专业教学更多的信息。为此，我们提出不去南投参观日月潭了，想用这一天的时间去成功大学访谈。但因为当时的政治环境，最终我们没有成行。

与台中东海大学的学术交流在一定程度上弥补了这个遗憾。东海大学是20世纪40年代末由大陆撤到台湾岛的十几个教会大学重新组合而成的。其中，有济南的齐鲁基督教共和大学（齐鲁大学）。东海大学的校史展馆中陈列有这些教会学校的校旗和校徽。这让我们这些来自山东的学者倍感亲切。东海大学校舍非常有名，1960年尼克松（后为美国总统）曾为其奠基，总体规划由著名美国华裔建筑师贝聿铭主持，东海大学建筑系首任系主任陈其宽先生具体负责新校园的建筑设计和工程建设。校址选在一个地形起伏、沟壑纵横的荒地上，校园不追求庄重气魄，更不讲求布局轴线对称，整个校园掩映在绿林原野之中。各学院组合为一个个四合院落，散布在校园的绿荫草坪中，每栋院落建筑尺度恰如其分，灰瓦坡顶，原木本色构建，都是一色现代化的仿唐宋风的传统建筑，使人们感受到中华数千年建筑文化的传承。这些四合院沿一个微坡台地形成一个无形的空间序列，上为中正堂，下为教堂草坪。教堂是这个教会大学的主体建筑，它处在校园大部分地方都可以看到的大草坪上，而不是在全校的最高点上以体现对全校的统领地位；也没有处在任何道

2000年，张润武先生在台湾进行学术交流

路、轴线上来集结人的视觉焦点，只是平静地处在校园最宽阔的空间里。没有高大的台基，没有高耸的十字架，只有巧妙的地面铺装沿着教堂造型的空隙，向远方、向上天……，这就是贝聿铭先生自己最为得意的作品之一。

各大系馆学院基本都集中在这个中心地带，唯有建筑系馆跳出这一组群，是一处摩登手法的建筑组合体。东海大学建筑系馆最具特色的设计是其五年制建筑学设计课教室。这是一个沿地形由低而高的锯齿形屋顶形式的建筑物，从外观看完全像是利用了一个纺织厂的车间改造而成。进入教室内才真正体会到设计人的初衷。在这个"厂房"里，每层（也就是每年级）所占据的教学空间完全相同，但每个年级的学生人数逐年递减，残酷的淘汰制让那些不适宜学习建筑学、创造能力欠缺的学生尽早转学适合他的其他专业。到五年

级毕业时，教室就变得人少空间大。同学们可以施展自己的才华，装饰自己的小窝。一个个很有个性、文化味很浓的小设计室千奇百怪，展现着使用者自己的个性，充分体现了建筑学专业学生在创造能力方面的优势。全系学生共同在一个屋顶下学习，可充分发挥"小先生"的作用，高年级学生可以利用课余时间对师弟师妹进行辅导，其一举一动是低年级同学的榜样范本。低年级同学在似懂非懂的情况下提出的一些看似幼稚的问题，又往往促使师哥师姐的设计更加深入、更加新颖时尚。东海大学一直坚持小班制，开办时每班20人，30年后每班也就是32人，绝不盲目扩张，强调建筑学教学的特殊性。

在中国台湾，同根、同源的感觉很浓，最突出地体现在对中国传统文化的认知上。台湾教育一直坚持国学为本。1966—1976年的"中华文化复兴运动"是对挽救中华文明的贡献。每年孙中山先生的诞辰日设为"中华文化复兴日"，以使维系中华传统文化的事业得以永续。中国人、中华文明，传统文化、传统建筑始终贯彻于台湾地区的高等教育之中，并得以发扬光大，这是值得我们大陆高等教育工作者们学习的。

![左图]

从2001年开始，张润武先生与王德华老师带领学生调研济南传统民居

2009年与妻子在济南世博园

张润武教授主要成果：

主持编写了《齐鲁文化大辞典》、《中学文艺鉴赏辞典》建筑篇、《山东古建筑》、《中国近代建筑总览——济南篇》、《图说济南老建筑——近代卷》、《中国古建筑文化之旅——山东》、《古风——老宅第》、《图说济南老建筑——民居卷》、《图说济南老建筑——古代卷》等著作，参与编写了《建筑小品实录》第三辑、《中国古建筑全览》、《东亚近代城市与建筑》、《中外名建筑鉴赏》、《建筑百家言》、《失去的建筑》、《20世纪中国建筑》、《建筑百家评论集》、《建筑百家谈古论今》、《中国民居建筑》、《山东旅游文化》等书籍，在全国建筑学领域享有很高的专业声誉，也为学校建筑学学科的发展开拓了一片学术疆土。他先后被聘任为济南市规划建设委员会委员、山东省规划委员会专家委员会副主任委员、山东省住房和城乡建设厅专家委员会委员、中国建筑学会传统民居学术委员会委员、山东台儿庄古城保护文化研究会会长。

俯首甘为"鲁子牛"
——亓育岱访谈录

亓育岱先生

亓育岱，建筑学教授，硕士生导师、国家一级注册建筑师。1945年出生于济南市一个五代教师之家，1963年由济南育英中学考入天津大学建筑系，1968年至1978年就职于山西电力建设工程公司，1978年任教于山东建筑大学建筑城规学院，2005年退休。

亓育岱先生任教以来，先后为本科生、研究生开设了《画法几何》、《阴影透视》、《工程制图》、《设计初步》等基础课和《公共建筑原理》、《住宅建筑原理》等专业课程。主持和参与的《分段刺激教学法研究》、《建筑类课程作业评分标准的研究》、《阴影学CAI系统》、《十年磨一剑》等项教学课题先后获得省级3项、校级10项优秀教学成果奖。指导毕业设计，先后获得省级优秀学士论文指导奖3项，校级优秀学士论文指导奖5项。

亓育岱先生坚持理论联系实际、教学与科研相结合，先后完成了《山东古建筑调查》等4项科研项目，科研获奖24项，发表专业论文32篇，主编、参编出版专业著作30册，得到了业内同行的认同。

访谈背景：从2017年4月开始，在几年中对亓育岱先生进行了多次访谈。1978年，作为"七条好汉"之一的亓先生，参与了城市规划专业的创办，并和张润武先生一起，为1984年建筑学专业的复办，做了大量工作。受家庭熏陶，一生酷爱教学，被学生称为"恨不能24小时站在讲台上，不愿下课"的老师，在教学方法上作了大量研究探索和实践，其"分段刺激教学法"、"建筑设计作业评分标准"、"建筑设计初步教学法"沿用至今。访谈分多次进行，形成逐字稿10万字，现刊出部分，以飨读者。

访谈时间：2017年4月、2017年5月、2018年10月、11月
补充访谈：2019年5月
访谈地点：济南亓育岱先生府上
整理时间：2018年11月整理，2018年12月初稿
审阅情况：经亓育岱先生审阅，2019年7月定稿
受 访 者：亓育岱，以下简称"亓"
访 谈 人：于 涓，以下简称"于"
　　　　　张雅丽，以下简称"张"

1957亓育岱与父母姊妹的
全家福　　　　小学时期的亓育岱　　　1972亓育岱先生结婚　　　　　　亓育岱夫妇与孩子们

母亲的影响

于：*亓老师，您好。1945年，您出生在济南一个五代教师之家，在您退休后撰写的散文中，您不止一次提到母亲对您教师职业选择的影响。我们可以先从您的家庭谈起吗？*

亓：好的。我父母都是教师，母亲毕业于北京女子师范大学，在济南市岳庙后小学教书，这个小学是当时非常有名的小学，国民党时期市长、省长的孩子都在这儿读书。父母工作都忙，家里没人（照顾），我就提溜着裤裆，拖着鼻涕、带着尿布，不到5岁就跟着母亲在班上听课了（笑）。

于：*亓老的启蒙教育好早。您母亲当时教哪个科目呢？*

亓：印象中她好像什么都教，那时的小学老师是全才。当时我听课呢和别的学生不一样，因为很小就在课堂上，无聊嘛，就老是自己瞎琢磨，我一方面是听老师讲授的内容，另一方面我总加个问号，老师讲的内容如果让我讲的话，我该怎么讲。所以那时候我就对教学的表述和教学方法，产生了很强的兴趣，没事就自己当小老师，给小伙伴讲，当时也就五六岁（笑）。

于：*亓老应该是在家里耳濡目染产生的兴趣。您父亲是在哪个学校教书呢？*

亓：我父亲是在济南二中当老师，他是教生物的，毕业于北大生物系。在国民党时期呢，他在莱阳农学院当大学老师，后来国民党倒台以前形势乱糟糟的，他一怒之下就辞职不干了，失业在家。解放以后，又去了济南二中教生物。

于：*亓老真是书香门第出身。*

亓：也算不上，我们家人很多，十口人。兄弟姐妹六个，我排老五。

于：*在亓老的档案资料上了解到，您是育英中学毕业的，成绩一直很好。高考志愿选择建筑学专业是个人兴趣还是受家人影响呢？*

亓：当时，我邻居家有一位大哥就读于天津大学建筑系，他每次放假回家，我就看他的作业。哎呀，看得我眼花缭乱的，很是羡慕。

当时最想学的是数学专业，所以高考填报志愿时，我报的都是数学系。高考数学试卷，我半小时就做完了。做完以后就拼命地检查，检查得不厌其烦。到了最后，快交卷了，我一看试卷反面，还有一道题呢。这下就丢了15分。尽管前面部分我都是满分，但是因为这个失误，我还是与复旦大学数学系失之交臂，稀里糊涂地上了天大。

于：*您是1963年考上的天津大学？*

亓：嗯，我们那年招了250个学生，要加试美术，从里边选25个上建筑学。虽然我平常喜欢画画，但画得不好，没有正规学过，仅仅是爱好，再加上小时候受邻居大哥的影响，就想考一下试试，没想到就考上了。一、二、三年级都非常顺利，在班里虽不是名列前茅吧，但能说得过去。可惜到大四一开学，"文化大革命"就开始了。

于：*当时您这一届学制是几年？*

亓：我们是五年制，我们前面几届是六年制。1966年6月开始一直

1966年，亓育岱与同学实习合影，后排右一为亓育岱

持续到春节，学校都在复课闹"革命"，这半年多的时间闹腾得厉害，好在后面就正规了。我大学实际是上了四年半。我们这一级耽误的时间不算长，基础部分全完成了，还算幸运。

"学"与"教"的碰撞

于：*我们对您在天大这几年的学习和生活很感兴趣。山建无论1979年规划学上马、还是1984年建筑学复招，作为亲历者，是您把天大建筑学教学"修剪"、"移植"、借鉴过来，论渊源，我们的建筑学专业跟天大有千丝万缕的关系。您认为哪些专业课、哪些专业老师给您的影响比较大？*

亓：对我影响最大的就是彭一刚[1]院士和许松照[2]先生。先说教我们画法几何和阴影透视的许先生，他可是咱国家这方面的权威，我非常感谢他。第一节课就给我留下特别深的印象，他不带讲稿，拿着粉笔在黑板上一画就是两个小时，我都看疯了（笑）。许先生和彭一刚院士是同班同学，听说上学的时候两个人都非常优秀，彭一刚先生搞专业教学，教建筑设计后来成了院士。许松照先生教画法几何、阴影透视这两门基础课，说实话，基础课不好教，也不容易出成果，这个谁都不愿意干，那时候许先生是服从党的分配，但他毅然决然多年以来一直承担这两门课的教学任务，"阴影透视"专业的全国统编教材，就是他主编的。

于：*阴影透视这门课，学生难学，老师也难教。*

亓：是的，大学第一节课就是许先生上的，当时他的板书，还有他的逻辑性、条理性给我印象特别深。我调到咱学校以后，出的第一本书就是《怎样画建筑透视图》[3]。

于：*这本专著是哪一年出版的？*

亓：1983年。叫专著也行，叫印刷品也行（笑），出版的层次不高，由山东科技出版社出版，但对我来说呢，这是个起点。我1978年调到建院来，备课备了整整一年。当时上课的效果非常好，听说第一届规划专业的学生对我都很感激。这本教材里，有汲取许老师的教学经验，也有我自己的东西。因为许老师毕竟是名牌院校的教授，课程培养的目标和我们不一样，咱的培养目标是实用的，所以我就抓住"实用"这个点，在章节内容上由深入浅，让学生能迅速入门，在工作实践中学以致用。另外，画法几何、阴影透视培养的目的，不仅为了画图，还为了增加空间概念，增加学生对空间的理解，这是最根本的。了解空间也不仅仅是为了了解而了解，而是为设计服务。许老师讲授这部分时，更加学术化一些，他延伸了，不但可以应付学习和后期的工作，也能够为研究打下基础，他讲的已经完全超出画法几何本身的内容。我针对咱们学校的具体情况，在许老师的基础上降一格，比他更实际（笑）。后来证明这个教学方法的效果很好。

于：*您这是继承了许先生的衣钵，为后来建院阴影透视的教学打下了基础。那彭院士上课是什么特点呢？*

亓：彭先生对学生从来不讲情面。学术是学术，私交是私交。他严格到如果某个同学的作业没做好，他能把它撕了（笑）。说到严，还有我们设计初步的一位老师，我们全班有一次设计初步课都不及格，全部被叫住剃了光头，他看学生如果画得不好，二话不说拿起墨汁就往图上一倒，你自己看着办吧。我二年级的设计课都是彭老师改的，他指导的时候非常认真，一对一、手把手地教，就像手工艺人一样，师傅带徒弟。他当时先把图改了，然后讲道理，耳濡目染从他那里面学了不少知识。

于：*您印象比较深刻的是彭先生给您改过哪一次作业？*

亓：是幼儿园设计。彭老师说设计得不合理，给我撕了（笑），当时年轻气盛，也是各种不服气，总觉得自己设计得好。

天大当时在建筑四大院校里，是以严谨著称的。我们到三年级、四年级，要去承德避暑山庄进行测绘实习。学生每年都去，慢慢把承

承德避暑山庄与佛对话

亓育岱先生的专著《怎么画建筑透视图》

大学期间参与建筑测绘

高中亓育岱参演话剧《七十二小时》剧照

德基本上给"吃"遍了。到了改革开放以后，出了一本厚书，是承德避暑山庄整个的复原图。如果有一天它被拆掉了，也完全可以按照图纸盖起来。

天大校训就四个字："实事求是"。纵观天大历届的毕业生，从政的很少，大多是在踏踏实实搞地设计。

于：天大这五年，您由少年到青年，可以说是您一生中非常重要的阶段，您很幸运，接受了一个较完整的大学教育。"文化大革命"只中断了一个学期的课程？

亓：至少有一个学期。那时候就我和同学两个人在张家口实习。我们是建筑设计，谭永清[4]他们是搞结构设计，我们是春节后去的，到7月份设计完成才回到天大，这时"文化大革命"已经开始一个月了。我们回来都看傻了，院长、书记、教授都戴着高帽、贴着条、挂着牌子挨斗，校园里到处都是大字报。

于：您在天大建筑系这五年，除了学习，业余生活丰富吗？

亓：当时天大在校生至少8000多人，在那个年代已然是庞然大物了，不比清华、北大规模小，校园占地也非常大，那时候校园里有一个特别大的湖，我们可以在湖里游泳，每年还可以吃湖里的鱼，捞上来每人一条，你想8000人，每人一条那是多少（笑），大学的生活挺愉快。

那时候大学业余生活非常丰富，系里的学生社团很多，有乐队、摄影、绘画，什么都有。那个年代，大学生活比现在还要丰富活跃，每个礼拜六必有电影会放，一些在外面不能公开放映的电影学校就能放。

于：隐约能感受到那个时代火热的大学生活，您当时参加了哪些社团？

亓：当时我是班里的文艺委员（笑），作为文艺骨干，我参加了话剧、京剧等好几个社团。但我不擅长体育，上高中的时候，别的科目几乎都是满分，只有体育勉强能及格。池国基，就是建院原来教务处处长，天大化工系毕业的，比我高两届。他就是天大乐队的头儿，用你们现在话讲，池老当年是文艺青年（笑）。

山西十年盖锅炉

于：五年的大学生活结束后，您去了华北电力建设公司山西分公司。为什么会去山西？在那里，您是从事跟建筑专业相关的工作吗？

亓：我们毕业分配是工宣队负责。他们对我印象挺好的。"你这个山东小孩那么朴素，不会变质，把你留在天津吧"，本来我是要留在天津的。班里一位同学，他是天津人，说"你反正也回不了老家，咱俩换换吧"，他当时被分配到了山西。那时候我也不懂啊，反正一颗红心两手准备，党让干什么我就干什么。我就和他互换了。到了山西以后，那时还在"文化大革命"期间，建筑专业的学生几乎无人问津，成了"魔鬼"专业。大家都认为建筑学专业就是搞艺术，搞艺术的多不靠谱（笑），所以分配到山西以后呢，就被发配到穷乡僻壤的地方盖锅炉去了。

于：（笑）这个跟当时的国家经济建设情况有关系。

亓：是，当时讲究的是节约，单位领导认为，建筑学纯是浪费，搞什么好看不好看，美感不美感啊，尽讲一些形而上学的东西，讲一些美学的东西，他们理解不了、接受不了。华北电力建设公司山西分公司，名头挺大，我们这一年就分配了180个大学生，听说当时国家政策是要把我们这些人存到三线保护起来，说是这么说，具体情况咱就不清楚了，口号这么说的（笑）。这180个人里面，光建筑学就20个人，清华5个、天大5个、南工5个、同济5个。我们当时一起下工地，那时候党让干啥就干啥，让盖锅炉就盖呗。有的干起重工、有的干瓦工、有的干电工。我比较全面，除了车工以外，电工、起重工、瓦工、汽轮机工等我都干过。我那时就死心塌地干锅炉专业了，拼命地研究锅炉的热度计算，锅炉的整个系统，我几乎钻研得跟动力系毕业的差不多了（笑）。

于：（笑）你们是在山西的哪些地方"盖"锅炉呢？

亓：那个地方的名字听着很怪，山西省巴公。巴黎的巴，公公婆婆的公。在非常偏僻的太行山区里，属于小三线，就在山里面。因为我们是流动的，哪儿需要建电厂，我们就去哪，建完了我们就走。我在山西走了四个地方，巴公、太行山区、霍县、娘子关。霍县就在临汾大槐树。娘子关电厂、太原热电厂、山西大同热电厂，我跟着单位把山西转了个遍，也挺高兴。在山西参加了十个锅炉的建设，山西哪里需要盖锅炉，我们就迁到哪里去。我们这个单位大概有4万多人，你想我们这么多人，那所到之处，片甲不留啊，什么野鸡、野兔都给我们吃光了（笑）。

于：档案资料显示，您在山西待了十年。

亓：是的，十年。从23岁到33岁，一待就是十年。这十年，我现在回想起来，有坏处也有好处。专业是落下了，但是非专业的实践知识我增加了，我总是这样劝自己，得一分为二地分析，不能自暴自弃。所以我就评价这十年是有得有失。后来就是因为我跟爱人两地生活确实太困难了，当时国家有号召，尽可能解决夫妻两地生活问题。我就趁此给调回济南到建院来教学了。

俯首甘为"鲁子牛"

于：您1978年调到建院时，学校应该是百废待兴，城市规划专业也在筹备中。在您的记忆中，学校当时是什么样的状态呢？

亓：那个时候，全院教职员工都在一个合堂大教室里工作，那合堂教室也不大，一共五十来个教职员工。当时学校是四系一部，"四系"分别是土木系，给水排水系，暖气通风系，机械电子系；"一部"是基础部。

学生很少，也就几百个人。校园也小，刚进来的学生说这哪是大学，不如我们中学大呢（笑），一共90亩地，就那点小地方。那时候我校和山机[5]墙上挖个洞，两个学校来回串，到山机一看，无论从校园还是师资比咱强多了。但那时候有一个好处是老师敬业，1979年刚招第一个规划班，班里一共招了25个学生，两个女同学23个男同学，两个女生还有一个半道休学了，就剩一个女孩子了。那个时候老师和学生打成一片，晚自习都在一块热烈讨论。

于：您作为"七条好汉"之一，是规划专业创办的拓荒者和亲历者。在当时师资和设备一穷二白的情况下，这个压力很大吧？

亓：压力肯定有，但是年轻嘛（笑），初生牛犊。同济大学的规划（专业）在全国应该是最早的，但咱们也不晚，当时清华、天大、南京工学院[6]等名牌院校也还只有高年级的规划专门化，并没有规划专业。1978年开始筹办规划（专业）的时候，咱们当时一共是七个老师，七个老师中只有吴延一个人是规划（专业）的，其余六个都是建筑学的。所以当时制定教学计划时，培养学生都是以建筑学基本功为基础，所以这一级学生基本功打得特别扎实，到了二年级、三年级专业课开始之后呢，这个班几乎是邀请同济大学的专业老师来授课，咱们的规划专业就是同济分院（笑），学生基础打得牢。

咱们的建筑学师资不比名校差多少，包括已经调走的刘天慈，他跟缪启珊是同班同学，都是南京工学院的。还有毕业于华南工学院的蔡景彤、毕业于清华大学的戴仁宗、毕业于大大的我、毕业于同济大学的王守海和吴延，都是名校毕业，基础比较扎实。专业课呢，原封不动地照搬同济大学，而且讲课的老师都是同济大学的，所以这个班出类拔萃是有原因的。咱们建筑城规学院应该说底子非常好，第一届同学也特别争气，都很好学，学风比较好，真是起了老大哥的作用。

从1979到1983年，这五年招的都是规划专业的学生，所以我和他们混得烂熟，直到现在，哪个同学当时坐在教室的哪个位置我都记得一清二楚。

于：1984年建筑学恢复办学以后，1985年成立建筑系，您开始担任建筑设计教研室主任。

亓：是的，1984年开始招建筑学了，我才和规划"离婚"了（笑）。当时系主任是师兄张润武，他让我干教研室主任。我其实什么职务都不想干，只想老老实实当老师，我没有官欲，从小母亲教育我，干个技术活就行了。可是，师兄提出来了，我又不好拒绝。我和张润武师兄的关系很密切，我们俩合作了很多东西。我允诺他说，你要当系主任一天，我给你跑龙套一天，你什么时候不干了，我立马辞职（笑）。

于：能动动您，看来张教授确实极具人格魅力（笑）。1984年建筑学正式恢复招生之前，您跟张润武教授作了哪些准备工作？

亓：申报环节，包括申报材料我没有参与太多，教务处的同志做了大量的工作。批下来以后，整个建筑学的教学计划是我哥俩策划的，把名校的教学计划都搬过来了，分析研究，最后根据咱们的师资力量和地域特点制定了培养目标和教学计划。

于：当时制定教学计划、教学大纲花了大概多长时间？借鉴了哪些学校的？根据我们学校的特点，又作了哪些调整呢？

亓：3个月左右吧。制定教学计划、教学大纲不是一件简单的事情，大家为此付出了艰辛的劳动。走出去调查研究，以开办规划专业五六年的教学经验和模式，则是借鉴南工[7]、天大、同济等名校的建筑学专业，特别参照了跟咱们类似的省属院校，像北京工业大学、北京建工学院的，吸取他们的特长，在此基础上，初步制定了咱们自己的教学计划。

咱们的特点就是加强专业基础课的教学，强化充实专业基础课"建筑初步"的教学，让新生一进校门就受到严谨的培养。由老、中、青三个层面的教师组成教学组，由简到繁，由工程文字到形体创造，循序渐进。

于：1985年4月，学校进行专业组合调整成立了建筑系。专业从无到有，再到完成学院建制，您作为专业拓荒者之一，是不是甚感欣慰？

亓：是啊，1978年我到建院，当时只有7个老师在酝酿筹备规划专业，1979年开始招生了。1980年、1981年开始陆陆续续引进老师，比如同济大学建筑系毕业的王德华，城市规划专业毕业的殷贵伦、闫整，前后脚都来了。1982年咱们还来了一位"大人物"，谢刚，他是东南大学78级的高材生。到1983年，来了第一批改革开放后的研究生。一个俞汝珍，她是同济规划毕业的。一个是周今立，是哈尔滨建工学院的。还有张润武，他是双料研究生，"文革"以前被迫中断学业，后来他又重读天大的研究生。同年，还有一个大好的消息，刘甦、赵学义，咱们自己培养的79级规划班的高材生毕业留校了。所以我们的师资力量应该说在1983年已初具规模了。在这个

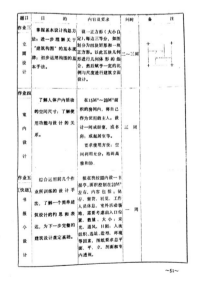

亓育岱关于建筑设计课程的思考

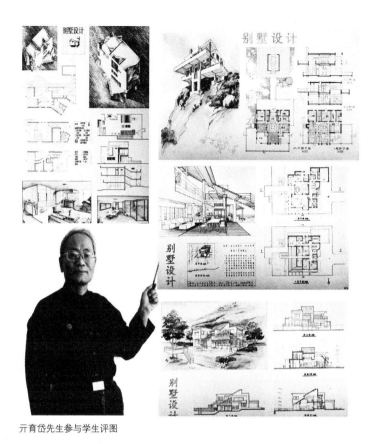

亓育岱先生参与学生评图

作。再往后，就是美术实习。这块就把美术这条"腿"先支起来了。为什么要求建筑学的学生都要加试美术，至少学生得喜欢画画，有没有天赋是另一回事。这就是这个专业艺术的"腿"。

咱们专业另一条"腿"就是画法几何。这是所有工科院校的必修课。画法几何延伸出去，就是阴影透视。

技术的另一条"腿"，我们叫建筑构造，这条"腿"就是帮我们把原来学的那些知识，也就是把房屋细节的做法、材料，都教给大家。这两条"腿"呢，中间加了一个"关节"作为联接，这就是建筑设计初步。

于：所以建筑设计初步的作用是把艺术和技术沟通起来。

亓：是的，建筑设计初步就起到这么个作用。这是我们直接的专业技术课，从内容构成来讲，第一，建筑学（专业）的学生字要写得稍微漂亮清晰一点吧，不然拿出来让人笑话了，是吧？所以，设计初步有一个课题是字体练习，包括仿宋字、大字黑体字等各种字体。现在的学生，不大在乎这个了，用计算机什么字体一下都出来了。过去学生这个字要写得好才行。

于：这仿宋字和黑体字，是建筑设计初步里很重要的一部分吗？

亓：是，一个课题，一个很大的课题。

于：我前年做伍子昂先生回忆录访谈时，蔡景彤先生回忆说，1959级建筑学专业第一年招生的时候，咱们学校里的学生基础差，伍先生当时就要求首先要把仿宋字练好。

基础上，我们决定筹办建筑学专业，应该是水到渠成。这些都为学院的成立做足了准备。

我的三个贡献

五个循环

于：亓老，您刚才提到，我们教学计划的突出特点是加强专业基础课的教学，您还重点提到了工程文字的训练。在当时没有计算机的时代，咱们的专业基础课教学主要在哪些方面下功夫呢？

亓：首先是美术，美术上不去，建筑学专业就别上了，什么也画不出来，这可不行。美术的知识体系分几个层次，第一个体系就是素描、静物、几何形体、石膏像，然后再是风景，这是第一个阶段。但是光有黑白的不行，后来就有水彩，再往后会有水粉、模型制

亓：是，这是咱们的传统，我们当时教学任务里这块抓得很重。一开始都让张润武主任抓这个事，因为他的仿宋字写得特别好。咱学校写得最好的是第一任主任蔡景彤，他写出来的就跟印刷的一样，基本功简直是太厉害了。咱老校"山东建工学院"那个老的校牌，就是蔡景彤老师题写的。后来搬新区，就镶在新校西边一面实体墙上，那算是咱的祖传宝贝了。

这个字体是一块。然后是线条练习，这绝对是基本功。我们上学的时候用鸭嘴笔，可把人累死。一个鸭嘴，把墨水滴在里边，然后调节粗细，慢慢晃，尤其夏天，一出汗，那纸就湿了，墨水一掉在上面，这张纸全完了，真苦啊。后来逐渐开始就不用鸭嘴笔了，用针管笔。

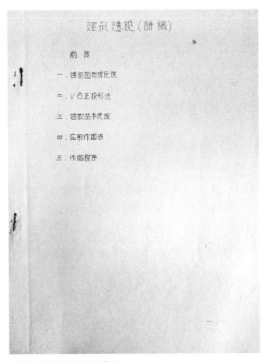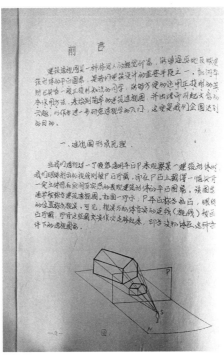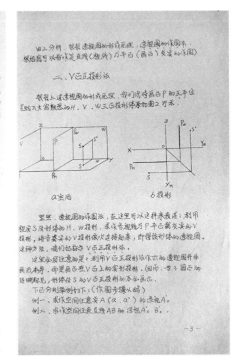

亓育岱老师的阴影透视讲义

鸭嘴笔画出来的图，比针管笔漂亮多了，但要求功底特别好。线条练习，除了练习工具以外，线条的粗细、各种线型的作用，这都是设计初步要练的。下一步练习，就是渲染了。水墨渲染你们现在也不做了吧？我们上学的时候，这是基本硬功，水墨渲染量非常重。比如陶立克柱头、知春亭，我们都得渲染一遍。几乎每天都泡在教室不出来。天大和清华一样，都是学院派的教学体系，要求特别严格，画得不好，老师二话不说拿墨往你图上一倒，"你看着办吧"，那只能重做了。我们班有一个同学，一个作业重做了七次，最后才勉强交图。那时候老师特别严，也造就了学生的基本功非常扎实。我也是用这种方法来训练79级学生的。

还有一个水墨练习，用来锻炼学生对单色的认识。从深到浅，从浅到深，它也是个空间过渡，用色彩来表现空间。但是世界万物不都是黑白的，所以下一步就是水彩渲染。水彩渲染基本功过了以后，就尝试实体渲染，像知春亭，不单纯是用线描的，要用墨和颜色，最后的效果跟照片一样。这些是基本功，我们对学生要求很严格。

于：这对学生的美术功底和耐心程度要求是很高的。

亓：是，一定要耐心、耐心、再耐心，建筑设计是很艰苦的。这个过程完了后，我们就给大家讲一些简单的建筑设计的理论，像构图理论。我用的是彭一刚先生写的那本《空间组合论》作为教材。当时的学生，很用功，他们把那本书，描得可以以假乱真，基本功能达到这个程度。早期的学生因为没有计算机，只能这样训练。现在学生靠计算机来完成渲染，当然这些都不在话下了，计算机可以做得又快又好，但是手头功夫却不行了。

下一个阶段，就开始搞一个综合性的练习，把这些知识综合到一块，做一个小的设计。比如茶室、传达室等，很小的一个，从这开始过渡到高年级的建筑设计。

所以美术的"腿"和技术的"腿"都综合在了"建筑设计初步"课上，从而逐渐把学生引到建筑设计这个环节了。

于：那当时在建筑设计课程设置上有哪些思路呢？

亓：我们的设计课程，从我那会上学的时候就是这个思路，到现在为止，依然是这个思路。大一上的"设计初步"基本上过程就是这样的。进入二年级就进入专业阶段，最强最重要的一项就是建筑设计，这是我们的大课，从一年级末到毕业，这门课是主导，占了学生80%的精力。同时，展开一些外围的课，像三大力学、水暖电都需要涉猎一下。从二年级开始，越来越能够接受一个真正的设计题目，从二年级的设计一直到毕业设计，我们采取的是从小到大，从简单到复杂，所谓小到大，不光是面积上，一开始比如设计一个小的别墅，一、二百平方米或者几十平方米，面积很小，功能也不会太复杂。慢慢过渡到中型的、大型的。一开始是假题假做，后来真题假做，到高年级就真题真做，真刀实枪地玩命了。像我在天大读书的时候，大三大四就直接给河北师范学院做规划和设计，真刀实枪地做。我们的学生也是这样。

但这个过程必然是一个一步步打基础的过程。建筑学的训练到最后，慢慢就过渡到非常复杂的宾馆、火车站、医院、影剧院等大型的、复杂的设计了。

亓育岱老师指导建本九六级毕业设经计

每次我给一年级同学作专业介绍时，我说别看着挺吓人的，但不要怕。建筑设计的本质是什么？它是人的生活行为和生产行为物质化的过程。航空港复杂吧？是复杂。住宅，简单吗？也不简单！它们设计的本质没有区别。设计住宅是什么过程呢？你要先了解你的生活需求，进门怎么样？有玄关，有客厅，有厨房，有厕所，你把这个流程弄顺了，把它物质化了，这个设计不就完成了吗？这就是物化过程。航空港复杂嘛？你认为复杂，为什么复杂？因为你没怎么坐过飞机啊。没坐过怎么办？想办法坐一次。坐一次，怎么安检，怎么进去，怎么出港，这个流程就搞清楚了。所以，你设计的航空港实际就是要完成这个流程，这和住宅没有什么区别。只要你抓住了设计的本质，建筑设计就是一件很简单愉快的事。但是要求有强有力的手段，另外这不光是满足物质需求，还有精神需求呢。进你家一看，乱七八糟，那不行，要给人美感，给人享受。所以从二年级到毕业设计是个有机系列产品。我们的教学计划安排和师资，都是根据这个理念来的，不是无中生有的东西。

于：所以设计是为生活服务的。

亓：是的。从具体内容来讲，作业分几大块，一个是居住建筑设计，比如别墅、住宅、度假旅馆等。这些都属于居住类建筑，这是一个大问题。这块的研究，好多名牌大学都研究得很深很透，把人的行为模式化，形成一个非常流畅的功能、流线。再一个大类，是公共建筑。满大街除了居住建筑，其余大部分就是公共建筑，比如影剧院、商场、体育馆、航空港、火车站、汽车站，这都属于公共建筑。咱们国内有个错误的倾向，就是设计院都愿意抢着做公共建筑，不愿做居住建筑，这也是教学里边有所忽视的。但是我觉得住宅设计，可不是像人们想象的那样简单，它也是一个很复杂的东西。需要对功能、人和住宅的关系摸得很透，因为这是为人设计的。我很早就注意到这点，所以在教学安排上有所调整。

咱们学校81级毕业生申作伟，大伟集团的董事长，他获得了全国的住宅设计金奖，这个全国金奖可不容易。所以我们在教学计划里面想办法注重居住建筑部分，因为我们周围70%以上的建筑是居住建筑，你看建大花园周围，看不到几座公共建筑，是吧？住宅建筑和老百姓的生活息息相关，不能忽略。

我从1984年开始一直到2005年退休，这几十年，从设计初步一直带到毕业设计，从大一带到大五，带了这样五个循环。这有好处也有坏处，坏处是什么呢？我什么都教，给学生讲方案样样通，但是样样不精（笑）。但也有好处，因为当时我是教研室主任，把建筑设计整个教学系统规律摸得透透的。理顺了之后，我专攻住宅设计，这一下就过了30年。我为什么专攻住宅设计呢，就是为住宅设计打抱不平（笑）。"授人以鱼，不如授之以渔"。最有价值的知识是关于方法的知识，学习要讲方法，教学更要讲方法，教师不要说学生自己能说的话，不要做学生自己能做的事，学生能想明白的事尽可能让学生自己去想，教师的职责更在于传授获得知识的方法[8]。

于：5年，从大一带到大五，而且还走了这5轮，用了25年的时间，

您真的是把人生最宝贵的黄金期全部贡献给了教学。

亓：我也收获了学生的爱。2008年的一场车祸，我这个腿断成了七段，现在活动还受影响，我假装没有影响（笑）。从车祸受伤以后，养伤的过程中胡吃乱喝，光休息不动，结果胆囊、胰腺、内脏又都出了问题，后来又因为当时车祸的时候脑袋撞到柱子，形成一个血管瘤。后来又破了，突发脑溢血，等于是植物人半个月，住了九次院，手术了七次，打吊瓶打了六百多斤。这期间，刘甦、仝晖、赵学义，前前后后咱们的学生去了大概一百多号，都挺关心我的。

我作为一名教师，有三点值得说，算是我的贡献（笑）。第一点，就是上面讲到的把教学顺序理顺下来，把这个过程摸得透透的，我觉得这对学生有好处。第二点，把精力放在教学法的研究上，独创了"分段刺激教学法"。第三点呢，就是早期计算机在设计中的应用。

分段刺激教学法（以下为张雅丽访谈）

张：我们学校到现在一直沿用的"分段刺激教学法"，是您独创的吗？

亓：是我独创的，根据自己上学亲身经历的经验。学生搞建筑设计有这个特点，刚接到任务时很兴奋，觉得要做得比贝聿铭还要强，哈哈哈（笑），兴奋点很高。但第二个礼拜开始，准备搜集资料做方案之后，（情绪）慢慢低落下来，一直低落到明天要交图了，又兴奋起来，奋斗一晚上，把图交上了。整个的曲线，上来下去，最后有一个小起伏，这个曲线所覆盖的面积呢，我从数学角度上来讲，就是咱们在设计中有价值付出的能量。

我想能不能这样，把任务分成好几段，每一阶段都是重复这个过程，最后经过几个阶段的重复之后，面积之和肯定要大于原来。这个理论是这么出来的，也借鉴了一些其他学科的方法。我实验了几届学生，效果都挺好，至少是出图的效果和质量提高了，大家总是处在兴奋与低落，兴奋与低落……这就是分段刺激法[8]。已经用了好多年了，效果不错。

张：直到现在，我们也是这个样子的分段，第几周干什么事情。

亓：我跟你说，这个分段刺激法在学生工作以后，比如到设计院，仍然有效。一个礼拜定方案，一个方案分好多阶段，每个阶段定一个目标，完成了再下一个阶段，每个阶段都重复这个过程，这个

过程是人的自然本能地体现，任何人做事都有这个特点，他不可能一直处于高处。一开始兴奋再到（低落），然后再兴奋再下来，再兴奋再下来，到设计院也是这样的，目标定好了，你的兴奋点就来了，而且目标是多重的，每个阶段有一个阶段的目标，第一阶段完成了，就不要再重复了。比如第一阶段不是创意吗，然后第二阶段深入，最后第三阶段出图，出图的时候全部精力要放在如何提高出图的质量，现在有些同学都要出图了还在修改方案呢。前几段都没完成，最后阶段也完不成，现在有计算机出图了，能蒙混过关，这儿挑一个图贴上，那儿挑一个图贴上，这一大批都上去了，把缺点都盖住了。过去不行啊，先得打稿，水墨水彩往上画，一遍一遍，着急也不行，得等它干了里儿才行，当时有的同学交图时还拿着湿漉漉的图往上交呢。

张：其实现在我们也有这种情况，到了最后，我们也不是没有出完方案，是画的时候觉得那个方案不大好还想再改。

亓：这就是第一阶段没结束就进入第二阶段了。

张：嗯，差不多，就是没有完全利索地做完，老是觉得时间很赶，还没有完成一样。

亓：赶是应该的，但是必须限定在一定的度以内。我当时带第一届建筑学的时候，一个学期给学生布置了八个设计题目。为什么要这样做呢，因为每个题目有每个题目的特点，每个题目解决每个题目的问题，第一个题目我解决总平的问题，其他我都放着。总平解决之后第二个题目解决平面，第三个题目，主要是放在造型，第四个题目是综合。这样的话，就能不断地深入。

张：但是我们现在学生的情况是画草图画得都不全。你问他电梯、楼梯在哪，他就点一下，然后需要老师来脑补（笑）。现在的孩子就是综合素质很强，口头表达能力很强，但基本功差一些。

亓：可能手头功夫差了一些。

张：像我们读书的时候，画得不好，老师直接撕图。我们教师现在还很照顾学生的情绪，不敢撕图，甚至是当面严厉批评也有所顾虑（笑）。

亓：（笑）我最大的缺点是恨铁不成钢，能把学生批得一塌糊涂，但我不批那种自卑感很强的学生。凡是骄傲抬头的，我才使劲批。

教学名师亓育岱先生在授课

而自卑感很强的学生，我会加倍鼓励他。我对79级的学生要求非常严格（图19），但他们毕了业之后都非常感谢我。因为咱们学校招的孩子，农村的居多，县城的也比较多，建筑学修养相对来说稍微弱一些，也就造成了他们很强的自卑感。尽管在中学阶段是数理化拔尖的好学生，但一入学马上就会感觉落伍了。为啥，因为美术跟不上。有的时候，入学考分越高的，这方面就越弱。

张：对，真的是这样。

亓：自卑感过强的学生，甚至会想要逃离这个专业。那时我就开始下定决心，我要教这个班，我就要对这个班的情况摸得一清二楚。他是哪的人？他父母是干什么的？有什么特点？我都记得很清楚，可以说99级以前，每一届学生谁坐在哪个位置，我都能记得很清楚。第二，对于教育学生我是下了一番功夫的。我认为我的作用是激发他们的创作热情，把路子找对了，就对了。

老师要会刺激学生，而且要刺激得恰到好处，别让他灰心。刺激到他忽然灵机一动，要努力了。要把握这个度，这也是从我老母亲那里学来的。

张：我知道亓老师出生教育世家，真的是家庭的影响。亓老师纪念母亲的那篇佳作，我拜读过。记得刚入学的时候，亓老师当时给我们新生入学后上的第一堂课，一是要处理好自己的心理落差；二

是要提高自己的审美，讲到有的同学原来审美的底子不好，红的恶心，绿的刺激（笑）。

亓：我当时说话比较随便（笑）。

张：没有没有，很深刻。我现在已经入这个门十年了，亓老师的话真是铭记于心。还有一句话不知道当讲不当讲？

亓：你说（笑）。

张：当时跟我们说，这个设计课为第一要务，其他的一些课程要懂得时间的分配，不用样样要争先。

亓：也对，也不对，哈哈哈（笑）。

张：但这个设计课一定要抓住，所以大家都是去熬夜，为了图纸精益求精。每次上课之前，像我们这一级的时候，还有那种提心吊胆的心情，真的是哆嗦着给老师看图，就非常希望得到肯定。那时候我们也能感觉到老师对于我们心灵的呵护或者是心理的疏导和引导，在我们成长的旅程当中非常的重要。

阴影透视教学

于：您说您早期恨不能24小时都站在教室里，跟学生打成一片。同时我们耳闻，您又是出了名的严师，学生都挺怕您的（笑）。

亓：说得也没错，我白天上课严厉，但晚上到教室就能热闹成一片（笑）。

于：在我们所做的预访谈中，好多学生对您教授的"阴影透视"这门课程评价很高。关于这门课的教学，您有什么经验可以传授给年轻老师吗？

亓：教阴影透视这个课确实有窍门，我有我的独门秘籍（笑），不管是再差的学生，我上两个小时课，马上就让他茅塞顿开，其实就是那张窗户纸怎么捅破。我们在理论推敲的时候，必须要按照高中的立体几何和平面几何思路，把它的逻辑推敲得滚瓜烂熟，确信无疑这个结论是正确的，把研究的过程、空间分析的过程本身弄得非常透，反过来到作图，做题的时候，一概抛开这些，因为这个结论我已经确认200%的正确，只用这个结论作图，这就等于模式化作图。

别的老师教，可能没弄清这个事情，只说作图需要空间想象。有时候这脑子怎么能想象得出来呢？透视这么复杂，从这儿到那儿都是用灭点，高灭点、低灭点，透视里边还有阴影。二次投影就出来了，那阴影就是平行投影是吧？阴影是平行投影，但是透视里边呢，又变成透视状态。这样讲，学生听得脑袋特别大。第一个理论部分推敲不够深入。第二个作图的过程又把理论分析拿来怀疑自己的空间想象，当然就不行了。这张窗户纸的诀窍就是"模式化制图"。

我的教学诀窍是从许松照先生那里学来的。我在教79级的时候就拿来用了，纯是拿来主义，就成了模式化作图，机械化了，根本不加思考，一会儿就做出来了。为什么能这样？因为我早就研究过了，如果前一步搞不清，这个就没法实行，但是工科院校的学生，高中的几何肯定不成问题，证明过程就是小菜一碟。如果后期做的时候把想象和作图混为一谈了，那就容易搞不清，越做越难，越难越不好做。

学生在课堂上大部分时间都在消化老师讲的东西，即使消化了，下了课他也容易忘。我必须当堂把我讲的东西落实到作业上。当堂就解决，没有课外作业学生负担也小。我从93级一直上到97级，后来是范校长接了这个课，再后来就是何文晶。范校长是工民建专业的，他为教这个课特意去同济大学进修了一年，他进修的那个画法几何是俄罗斯式的，更严谨了，难度非常大。

何文晶当年上学的时候，有一次阴影透视课刚下课，她和吴倩就坐在那儿哭。可把我吓坏了，她俩说，她们在高中时是这样（大拇指），我上了建筑学之后成这样了（小指）。我说不着急，慢慢来吧，都有一个过程。我就给她讲，现在国家的教育体制，转专业是不大可能，再坚持一下。后来再上透视课的时候，课堂上连讲带玩，要做的全都弄完了，一般没有课外作业。这两个孩子阴影透视学得很轻松，后来都考上研究生了。何文晶是她那级的佼佼者，总坐在靠窗户第二排第二个位上。后来，小姑娘留校也教这门课，她来请教我怎么教，我们还互相讨论了一下，确实是个好老师[9]。

于：当年的小姑娘，现在也是四十多岁的中青年教师骨干了。从许松照先生到您再到何文晶老师，老师带徒弟，是真正的薪火相传。

计算机的应用

于：亓老，刚才您给我们分享了您的两个贡献。上面您提到第三个贡献是较早进入用计算机设计的领域，这是1980年代中期吗？这在当时，您应该是第一个吃螃蟹的人吧？

亓：我是咱们系里第一个进入计算机领域的，第一个用计算机给同学讲课的。那时候，还没有CAD呢，我自己编程去画透视图，然后教给学生。我第一个试点的是仝辉那个班，我带他们毕业设计，当时他们一般是用很简单的苹果机来画透视图。那时候3ds max、sketchup，CAD都没有。

我给他们编程，编出程序来教给他们怎么做怎么做。当时编程用的是小霸王中华学习机（笑），现在看来很幼稚，但当时也是付出了大量的劳动。然后过了三四年，CAD出来了。我是第一个介入CAD的，给咱们设计院、建筑学院的师生开CAD课，从那以后咱们学校的CAD水平就呼呼地上去了，相对来说，咱们学校毕业生的CAD和3ds max，跟四大名校比，咱也不弱。

这个风气形成以后，就慢慢形成了一个传统。我把他们给"熏"出来了，当时我带不了所有毕业班，只能带其中一个组，而我这组就是用计算机来画图，别的组都很羡慕，后来慢慢也形成一个风气。这也是我的一个贡献。

我写的那篇关于CAD透视图作法的论文，外审交到东南大学审去了，专家评审反馈意见说，用最低档的机器和最传统的理论解决了比较复杂的问题。这个评价我觉得挺中肯的，正是在整个教学过程里边我把握的经验：就是用最简单的方式，把透视里边最难理解的东西搞清楚，再把它们给解释出来。这就是我对学院的三个贡献。当然，说起来有点"老王卖瓜，自卖自夸"了（笑）[10]。

热火朝天的教研室

于：亓老，从1984年到1996年，您做了12年建筑设计教研室主任，这段时间，您正值壮年，是精力、体力、智力、经验最丰富、充沛的12年。当时，您带领教研室年轻教师，一起做过哪些令您难忘的事情呢？

亓：牟桑老师是1982年来的，他是美术教研室主任。我是建筑设计教研室主任。缪老师是技术教研室主任。张企华是规划教研室主任。1984年，我们四个主任各行其是，带着一群刚毕业的年轻人，可谓干劲十足。

我们设计教研室周四例会前，都有文体活动，个个都是京剧爱好

1989年，建本8541班实习合影。右起为赵学义、谢刚老师

者，刘甦绝对是票友，他的京剧唱得好极了，甚至可以上台，他爷爷、他爸爸都唱，爷仨拉着二胡一起唱。我也算是个样板戏爱好者。还有谢刚，谢刚的唱腔也非常好。在我们仨带动下，教研室其他老师也都喜欢京剧了。到礼拜四教研活动，我们开场白先来段京戏（笑）。

于：（笑）这个好，气氛一下就上来了，凝聚力就形成了。你们当时都唱什么选段？

亓：我是以样板戏为主。刘甦和谢刚唱老戏。教研之前，先来一段，之后再开会，再该说什么说什么。我们那时候的教研活动主要是研究教学，比如这个作业怎么评分等。当时我的主张是看学生作业就要看过程，不要太注重结果。有的学生一入学很差，现在有进步了，这得高分鼓励他。这样呢，成就了一批学生。后来毕了业哭着感谢我，这样的评分标准对他们是个激励，另外这也是因材施教。每个人心智成熟有早有晚，要给这段成长一个时间[11]。教研活

动主要讨论作业、评分、下一个题目怎么布置、学生有什么问题，都是很具体的事情，不光唱京剧，哈哈哈（笑）。

于：亓老，您带领教研室的老师做过哪些设计作品？

亓：20世纪末，我和刘甦最得意的作品就是老校区的图书馆。那是我们两个的设计，我做的平面，刘甦做的造型，这个作品获得了全国设计三等奖，这在咱们省里是头一次，打破了省内的空白。那个设计做得很有特点，确实是做到了新老结合。既保留了原环境，没有破坏，又形成了更宏大的新环境。

于：对。那个图书馆的室外阶梯，我印象特别深。其实占地面积不大，但是给人感觉像广场一样，视野开阔。

亓：是，看起来很大气。我和刘甦合作设计的作品有好几个，有一个是咱们老校东南门的农行，有一个是山师东路上警察学院的教学

快乐的建筑设计教研室，从前往后分别是：
王德华、赵学义、亓育岱、刘甦、董明

楼，也是我们俩的合作。合作的东西不算多，但我觉得都经得起推敲。我搞完了图书馆设计后，就从教研室主任的位置退了下来。说实在的，这个图书馆得奖，90%的功劳是刘甦的。没有他成不了这个气候，他的能力确实强。

于：当时您会鼓励老师们参与实际的工程实践吗？

亓：我个人参与的大概就有几十项，是不算少的。因为我觉得有实践经历才能总结出东西，给同学上课的时候，才有的可说。过去讲"老师给学生一桶水，你得有一缸水"。当时我要求，凡是这种设计活动每位教师必须参加，教研室互相讨论嘛，好坏都得参加，对老师是一种训练。但最后决定权是大家投票，体现公正公平，心服口服。

于：这个传统非常好。当时设计作品有获奖吗？

亓：我第一个参加的就是住宅设计竞赛，那是1979年我刚来，获得省里一等奖。后来，我和刘甦、赵学义合作参加全国青年住宅设计竞赛，获得全国第六名。我们后来陆陆续续也得了不少奖。

当时带学生参加一些竞赛获了奖，那是比自己得奖还高兴。后来毕业了，他们自己做的项目得奖，我更高兴。

1995年咱们年轻老师获得了台湾合作一等奖，本来是非常振奋的一件事，但受那时政治环境所限，一说是台湾的奖，就把获奖的事给压了下来，那次是咱们学校的建筑学专业第一次获国际一等奖。

注释

[1] 彭一刚，1932年9月3日出生于安徽合肥，建筑专家，中国科学院院士，天津大学教授、博士生导师，天津大学建筑设计规划研究总院名誉院长。1950年彭一刚考入北方交通大学唐山工学院建筑系；1952年随校调整到北京铁道学院，再调整入天津大学土木建筑系；1953年从天津大学毕业后留校任教，先后担任教授、博士生导师；1995年当选为中国科学院院士；2003年获得第二届梁思成建筑奖。彭一刚长期从事建筑美学及建筑创作理论研究。
[2] 许松照，天津大学建筑系教授。
[3] 亓育岱. 怎样画建筑透视图[M]. 济南：山东科技出版社，1985.
[4] 谭永青，1942.02~2012.10，男，山东省临朐县人。中共济南市委原副书记，济南市第十二届人民代表大会常务委员会副主任、党组副书记，济南市人民政府原副市长、党组副书记。1994年被建设部授予"优秀市长"奖。为受访者亓育岱先生天津大学工民建专业校友。
[5] 山机，原"山东省机械学校"的简称。1948年8月在博山一小学旧址成立了"华东财办工矿部山东工业干部学校"，1949年7月学校更名为"华东工业部山东工业干部学校"，1951年命名为"山东省人民政府工业厅中等工业技术学校"（社会上称"工业中技"），同年6月，济南校区（历山路以东，霸王沟以西，和平路以北，中鲁宾馆以南）开始建设，并于10月2日迁入新址。1952年3月，学校更名为"山东省中等工业技术学校"，后几经更名。1958年，经山东省人民政府批准，济南机器制造学校升格为"山东机械工业学院"（社会上称"山机"），学校设本科（招收高中毕业生，学制4年）和五年一贯制专科（招收初中毕业生，学制5年），分专用机械系、通用机械系和公共科，并附设中专部（招收初中毕业生，学制4年）。1998年与山东建筑工程学院合并，2006年改名为山东建筑大学。
[6] 南京工学院，东南大学的曾用校名。创建于1902年的三江师范学堂。1921年以南京高等师范学校为基础建立国立东南大学，下设工科，其后工科又经历国立第四中山大学工学院、国立中央大学工学院、国立南京大学工学院等历史时期；1952年全国院系调整，以原南京大学工学院为主体，并入复旦大学、交通大学、浙江大学、金陵大学等学校的有关系科，在中央大学本部原址建立南京工学院；1988年5月，学校复名为东南大学；2000年4月，原东南大学、南京铁道医学院、南京交通高等专科学校合并，南京地质学校

1987年，建筑设计教研室部分教师合影照。右起为刘甦、亓育岱、王德华、赵学义、董明

亓育岱先生为讲课比赛获奖教师颁奖

1985年，建筑系教师参加山东省体育中心投标，右首第四位为亓育岱先生

并入，组建新的东南大学。

[7] 同6。

[8] 亓育岱先生关于"分段刺激法"教学的相关论文：《关于城规专业建筑基础训练的浅见》，1983年，建工学院《教学通讯》第五期；《建筑设计课程教学改》，1986年，建工学院《高教研究通讯》第一期；《建筑设计课程教学改革》，1986年，建工学院《高教研究通讯》第一期；《"分段刺激教学法"剖析》，山东建筑工程学院学报，1995年第四期；《设计类课程设计作业评分标准的探讨》，1997年，《建筑高等教育改革与探索》；《建筑设计课程教学改革》，1986年，建工学院《高教研究通讯》第一期；《建筑学本科专业整体培养方案的研究》，山东建院优秀教学成果一等奖，2001年；《建筑学学生创造潜能的开发研究》，山东建院优秀教学成果二等奖，2001年；《建筑设计课教学研究》，山东建院优秀教学成果二等奖，1992年。

[9] 亓育岱先生关于"阴影透视"和"画法几何"教学的相关论文：《影学CAI系统》，山东省优秀教学成果三等奖，1997年；《画法几何与阴影透视多媒体CAI系统》，山东省优秀教学成果三等奖，2001年；《建筑设计教学改革与实践——由感性走向理性》，山东省优秀教学成果二等奖，2005年；《十年磨一剑，利剑须开刃》，山东建院优秀教学成果二等奖，2005年。

[10] 亓育岱. 建筑透视动态模拟程序[J]. 山东建筑大学学报，1990，4：59.

[11] 亓育岱先生关于建筑课程设计作业评分标准的相关论文：《建筑课程设计作业评分标准的研究》，获山东建院优秀教学成果二等奖，1993年。

2006年10月，亓育岱先生退休

闲暇挥毫

亓育岱教授学术成果：

一、论文

1. 建筑师CAD应用软件构思之一《工程图学学报》（核心期刊）1997年2-3期

2. 在无序中寻求环境共生《建筑学报》（核心期刊）2003年10期

3. 因地因需因时的设计《山东建院学报》2000年3期

4. 阴影学CAI系统教学实践《高等教育改革研究》1998年

5. 设计类课程设计作业评分标准的探讨1997《建筑高等教育改革与探索》

6. "变层高住宅"的分析与选择《山东建筑工程学院学报》1997第二期

7. 地方建筑风格的形成和发展《山东建筑工程学院学报》1993第二期

8. 计算机渲染图绘制技巧《山东建筑工程学院学报》1994第四期 独立

9. "分段刺激教学法"剖析《山东建筑工程学院学报》1995第四期

10. 建筑ＣＡＤ建模系统生成的构想 1996 首届中国计算机图形学学术会议录用

11. 关于城规专业建筑基础训练的浅见 1983年 建工学院《教学通讯》第五期

12. 建筑设计课程教学改革 1986年 建工学院《高教研究通讯》第一期

13. 五层居民楼——苏联建筑的财富 1989年 建工学院《建筑译丛》第一期

14. 建筑透视动态模拟程序 1990年 《山东建筑工程学院学报》第四期

15. 济南近代建筑分期及其发展脉络 1991年 中国建筑工业出版社出版论文集

二、著作

1.《注册建筑师考试手册》山东科技出版社 1998年

2.《中国民族建筑》江苏科技出版社 1999年

3.《画法几何学》中国建筑工业出版社 2002年（2003年出版网络版）副主编

4.《怎样画建筑透视图》山东科技出版社（1986年初版）2003年出版网络版 主编

5.《老年人建筑设计图说》山东科技出版社 2004年 总主编 主编

6.《淄博民居》中国摄影出版社 2005年 文字主编

7.《中国近代城市与建筑》"济南篇" 1993年中国建筑工业出版社

8.《齐鲁文化大辞典》（建筑篇）1989年 山东教育出版社出版

9.《中学生文艺鉴赏辞典》（建筑篇）1990年 明天出版社出版

10.《农村建筑规划与施工》1985年 山东科技出版社出版 插图

三、获奖

1. 阴影学CAI系统 山东省优秀教学成果三等奖 1997年

2.《画法几何与阴影透视》多媒体CAI系统 山东省优秀教学成果三等奖 2001年

3. 建筑设计教学改革与实践——由感性走向理性 山东省优秀教学成果二等奖 2005年

1980年代如饥似渴的学子们

WELCOME DOCTOR PETER THOMS

穿针引线人
——吴延访谈录

吴延先生

吴延，男，1937年出生。1956考入上海同济大学城市规划专业，1961年毕业。先后在山东省城建局，济南市规划局以及济宁市规划局从事城市规划设计及管理工作。1979年调入山东建筑工程学院（后更名"山东建筑大学"）。1987年晋升副教授，1997年退休。曾在《规划师》等刊物发表论文，参与若干课题研究，获科技进步奖。

访谈时间：2018年11月、2018年12月
访谈地点：济南吴延先生府上
整理时间：2019年5月整理，2019年8月初稿
审阅情况：未经吴延先生审阅，2019年9月定稿
访谈背景：1979年，吴延先生作为"七条好汉"中唯一一位有城市规划专业背景的老师，在专业创办之初，做了大量工作。他作为前往同济大学的取经人，在两校之间的专业交流中起到了良好的穿针引线的作用。在几十年的教学生涯中，吴先生勤勤恳恳，淡泊名利，桃李满天下。

受 访 者：吴　延，以下简称"吴"
访 谈 人：于　涓，以下简称"于"
*　　　　　曹鸿雁*

一、同济"偷艺"

于：*吴老，您好。您是1979年调到建院的吗？*

吴：我是1979年3月份从济宁市规划局调来的，当时系里正在为第一届城市规划专业的招生着手做准备。

于：*经过十多年"文化大革命"的折腾，当时学院的人力、物力和办学经验应该说是严重受损，就当时教研室的实际情况，大家对创办城市规划专业有顾虑吗？*

吴：从教师资源来看，"文化大革命"前的教研室成员当时只剩下

两名"元老"级的教师蔡景彤和缪启珊。1978年至1979年筹办"城规"专业期间，陆续分配和调配给教研室的教师有王守海、张新华、戴仁宗、亓育岱、刘天慈、蒋泽洽和我，只有我一个人学"城规"的，其余的人全是学"建筑学"的。并且，我们大多数人只有工作实践经验，缺乏教学经验。至于教学大纲、教学计划、教材、资料、模型、图纸，什么都没有，真是一穷二白。

蔡景彤先生当时负责这一块，因为我是同济大学城市规划专业毕业的，认识一些留校的同学，那年4月份，我就被蔡老师派去同济大学学习。

于：*您一来，就被委以"偷艺"的重任了（笑）。*

学生时期的吴延   同学笔下的吴延

吴延先生的速写作品

吴：（笑）那个时候刚刚粉碎"四人帮"，同济正逐渐走向正规。我去了以后，就住在学六楼招待所里，在文苑楼上课。

于： *您在同济待了多久？*

吴：半年左右，主要就是学习、搜集资料，包括教学大纲、教学计划、教案等。同济也是刚恢复招生，管理不严。我就到他们的教研室，看到规划的示范作业都在处理，我就拿回来。有时候，老同学去上课了，让我在教研室休息，我就把教学大纲全部都拿到了手（笑）。

另外呢，我把第一学年两个学期的作业，先自己做了一遍。这些示范作业，我有的会画，也有的不会画，不会画的就去临摹。咱们第一年就参考了同济的这些题目。

我们是在"一穷二白"的教研室开始工作的，绝对是，也只能是全盘的"拿来主义"。我们把当时同济大学"城规"专业有关的教学计划和资料全部移植过来，这对我们的教学影响很大，我们城市规划专业与同济大学有着扯不断的"亲缘"关系。

于： *亢育岱老师评价您在两校之间起到了很好的穿针引线的作用。当时的师资，"七条好汉"中只有您一个人是学规划的，压力大吗？*

吴：压力是蛮大的，那时候张企华（注：吴延爱人，建筑系第二届系主任）还没从济宁调过来，我暂时是单身状态，几乎是把所有的精力都投入了到教学中。

教研室根据自身的条件，制定的教学思路，是比较务实、比较科学的，从全国为数不多的几所有城规专业的院校来看，它们的教学计划里面，一年级、二年级基础课程的安排与建筑学专业差不多是相同的，都是到了三年级才开设城规的专业课。因此新生入学后前两年的基础课程，咱们的力量还是挺充足的，六位老师都是来自全国几所知名的大学，包括清华大学、南京工学院、天津大学、华南工学院和同济大学。这样的思路，就打了一个时间差，为专业建设赢得了两年时间，同时，学校继续争取外部力量的补充。这样的好处是，在主要训练学生城市规划设计能力的同时，适当加强对学生建筑设计能力的培养，以便学生毕业后不但能够从事城市规划设计，同时也能从事建筑设计，为社会服务的范围将会更加灵活和宽广些。

当然，前面讲到教研室的被动局面只是存在于79级学生入学初期，随着师资力量逐步增加，局面便大有改观了。譬如有些课，我们当时开不出来。那怎么办呢，学校就请专家进来，集中一段时间上课，学校从其他知名大学、设计单位、省内外请来了一些专家教授、总工程师、学者，给学生们讲课、做学术报告。同济大学的阮

吴延先生的速写作品

1983年，城本794班毕业实习在北京天安门广场合影留念。后排左三为孙登峰老师、左四为外聘教师滕剑秋

苦练基本功——吴延老师1984年留影

仪三讲授"中国城建史"、路秉杰讲授"中国建筑史"、丁文魁讲授"园林绿地规划"、王本铨讲授"外国建筑史"；南京大学的王本炎讲授"区域规划"、王世福讲授"城市环境保护"、苏群讲授"城市工业布置基础"、苏红讲授"城市对外交通"，还有哈尔滨工业大学的陶友松等多位知名教师前来授课。

后来证明，当时的思路还是正确的，79届学生毕业以后，无论在城市规划设计上，或者在建筑设计中显示出来的能力，都如我们当初希望的那样，得到了社会普遍赞许，许多人都成为各个单位中的骨干力量。

二、历史的必然性选择

于：吴老，您当时把同济大学城市规划专业相关的教学计划和资料移植过来，后面分配到教研室工作的大学生和研究生，也多数是来自同济。我们在这个专业上与同济大学有着剪不断的"亲缘"关系，经常有人开玩笑说建院是"同济分校"。这种"亲缘"关系的形成，除了您刚才讲到的"人缘"、"地缘"的原因之外，还有其他内在原因吗？您当时去同济"偷艺"只是历史的偶然性吗？

吴：我想主要有两个原因，一个当然是因为我是同济大学的毕业生，会比较熟悉。只要到老师那里去一趟，说我来捡宝来了，他就笑着说，这里是"垃圾箱"，什么都有的，你自己挑想要什么东西吧（笑）。

另外一个重要的原因呢，应该说是学科归属和定位的因素。很多学校的城市规划专业属于理科，不属于工科。可我认为，城规专业培养的学生是要能够出方案的，光能说是不行的。我们现在讲多规合一，最后所谓的"合一"，就是统筹。怎么能够协调统筹好，规划"大的"和"小的"之间，战略目标和具体的实施策略之间，不能总打仗，还是要落实在具体的方案上。总规还是工科属性，不能出方案，不能落地，这是不行的，我们不是搞纯理论研究的。

咱们这个传统是跟同济大学的差不多，所以咱向同济学习，也是一个顺理成章的事情。一个是由上面讲到的人缘、地缘熟悉的原因，另一个就是学科背景的接近性。同济大学的规划专业也是属于工科的，跟我们在气质类型、办学的出发点、办学模式等方面，应该说是一个大系统的，是一脉相承的。咱们很大程度上参考同济的，同

时也是看到他们的优势所在，同济的城市规划是国内最早的，工科院校里它是最强的。同济大学的规划专业，从苏联时期就开始了，所以它的办学经验、资料积累、师资力量以及课程完整性，都是其他学校不能相提并论的。

于：*咱们专业的学生有什么特点呢？*

吴：咱们的师资，还有生源，虽然专业起点不高，但咱们在专业评估的排名还是很靠前的，我想有很多因素，但是最重要的是我们的

1986年9月，吴延、周今立、吕学昌等老师完成博山西城区详细规划设计。吴延老师代表项目组，向中共山东省委书记梁步庭汇报方案

1981年夏，工本78级、城本79、80级部分学生参加德州市苏禄王墓景区规划设计

南京大学苏群、王世福老师（中排左五、六）前来授课时与城本794班同学合影

学生比较刻苦，朴实。像我孙女现在上大学，整天在图书馆点上一杯咖啡加一块三明治，价格都挺贵的。咱们的学生就不一样，肯吃苦，很务实。我退休后常住上海，每年上海的校友会都会喊我参加，咱们的上海校友都干得很好。上海不是遍地都是黄金的，找不到工作的有的是，破产的老板不知道有多少，但是我们在上海的校友创业还是比较成功的。可见从建筑城规学院出去的学生，是有立足之地的，这个立足之地，是对我们教学的一种肯定。

三、朴素的师生情

于：*吴老，学生们对您感情都很深，我们在做预访谈的时候，很多当年的学生，都提到了您对他们的指导和帮助。*

吴：79级的学生里，年龄相差很大。最小的范玉山和最大的李军生，相差13岁。我有一次到他们宿舍去，当时是几个班级住在一个屋里，大通铺，范玉山和他的班长吴哲友睡在一个被窝里。我说你俩怎么睡在一个被窝？他讲"俺害怕"（笑）。他入学的时候才14岁，还是个孩子嘛。一年级的下学期，我在课堂上讲课，他就在那里擦黑板，擦完转过身来，从口袋里掏出一包花生米儿给我。

794班的同学有几个年龄比较大、比较懂事的，整体的班风就上去了，班里一共有24名学生，我们就像师傅带徒弟一样的，手把手地教。这二十几个人坐在哪个座位上，我都记得很清楚，谁坐在谁边上，谁在谁前面。79级这个班齐刷刷地都不错，都很好，各有特点。79级城规专业我们共收了25名学生，入学时有两名女生，其中一名很快就因病休学了，因此全班最后只剩下一个"女儿"。按照建筑学的招生规律，我们对选报城规专业的新生进行了美术测试，要求他们画一个脸盆。从他们画的作业中，可以看出除了个别学生，全都是没有美术基础的。在以后的学习中，反映出他们的文化基础知识同样参差不齐。但是尽管这样，全班学生学习热情很高，学习普遍十分努力，包括那位14岁的小朋友在内。

1979级是建工学院恢复高考的第一届，学生年龄悬殊很大，我们学校还出现了一对父子在一个班的（笑）。

88级有个学生叫张玉鑫，现在雄安新区，担任管委会副主任，以前是上海市规划设计研究院院长，这是咱规划88级的学生。

有一天晚上宿舍都熄灯了，教室灯还亮着，我进去一看张玉鑫在那儿画图，我说，这个图最好用马克笔画才出效果。当时刚有马克

1992年，城本8841班毕业答辩合影。前排左起为答辩老师赵健、吴延、闫整

退休后的吴老

1988年，吴延先生带领学生赴淄博承担乡镇规划

1999年7月吴延与张企华夫妇合影

笔，都是进口的，他说买不到。我就上楼把马克笔拿给他，让他画。后来他当上上海市规划设计院院长，还跟我提这个事儿，他的爱人也是咱们的学生，跟他同班的。1990年以前的学生，无论是哪

个班的，我基本能记住名字。学生学得大都很扎实，很用功，晚上有晚自习。我们老师晚上也都到教室去，给学生辅导。一个晚上就在自习室里过去了。

为建筑而生的绘画
——陶世虎访谈录

陶世虎先生

陶世虎，男，祖籍上海，1948年出生于南京市。内蒙古师范大学艺术系毕业，教授。1979—1989年在山东建筑工程学院（山东建筑大学前身）任教，1989—2001年在山东艺术学院美术系任教，2001—2008年在青岛大学美术学院任院长。山东省美协顾问，山东省美协水彩画艺委会主任，国家艺术基金评审专家。山东省高校教学名师，享受国务院政府津贴。曾任中国美术家协会第六、第七届理事会理事，中国美协水彩画艺委会副主任，山东省美协副主席。早年从事油画创作，作品《黎明》被中国美术馆收藏；不惑之年后专攻水彩，作品在全国性美展中多次获得金、银、优秀奖，被中外多家艺术机构收藏，《长白晨曦》被外交部驻美国大使馆收藏。并有多篇论文刊登于《美术》等学术期刊。2005年，教学成果"当代水彩画教学与创作实践研究"获教育部"国家级优秀教学成果二等奖"、"山东省高等教育教学成果一等奖"。

高慧，女，陶世虎先生夫人。1949年出生于天津。1968年从天津到内蒙古固阳县插队，1980—2001年在山东建筑工程学院（山东建筑大学前身）任教师、资料员、学报编辑部主任；2001—2009年青岛大学期刊《复杂系统与复杂性科学》编审。

访谈背景：在早期规划专业的美术教学中，陶世虎教授作了大量开拓性的探索。他开创建筑画课，重视实习写生，通过美术课使学生培养起对美的感受能力、空间思维能力、手头表现能力，为学生将来从事规划建筑设计工作打下了坚实基础。

访谈时间：2018年11月
补充访谈：2018年12月
访谈地点：青岛陶世虎先生府上
整理时间：2019年5月整理，2019年8月初稿
审阅情况：经陶世虎先生审阅，2019年9月定稿
受 访 者：陶世虎，以下简称"陶"
　　　　　高　慧，以下简称"高"
访 谈 人：于　涓，以下简称"于"
　　　　　赵　健，以下简称"赵"

一、艰苦的日子，高涨的热情

手记："我是1979年年底调来学院的，担任刚刚开办不久的城规794班美术课教学。后来又教过城本814、825、836、84室内班，建本8531、8731班，直至1989年底调离。那些年是我年富力强的阶段，又赶上国家刚结束了十年磨难，冰河解冻、大地回暖，被禁锢的师生们正张开双臂，拥抱科学的春天，教育的春天，那时的老师们终于甩掉了"臭老九"的帽子，迸发出积抑太久的能量，全身心地投入教学。"

陶世虎先生与夫人高慧女士

于：陶老师，高老师，你们好。非常感谢在百忙中接受我们的访谈。我们从这张照片开始切入，好吗？这是张企华老师让我带给你们的，照片上的场景您还有印象吗？

陶：一个沙发和一个小橱子？这是静物？

于：（笑）不对，高老师可有印象？

陶：这是张企华家！这个橱子是我做的漆工（笑）。

高：哦，是的，想起来了，陶世虎那时在建院给二三十位老师家刷过油漆。应该是1979到1981年，"文化人革命"刚结束，国人开始向往好日子，风行自己找木头打家具。

陶：当时很多老师住筒子楼，屋里陈设十分简陋，不少老师想方设法找点木头打点家具。立撑是木头的，大的立面就只有用纤维板，为了更像木头的，就找人在上面画木纹，然后涂透明漆。我是画油画的，木纹画得很自然逼真，老师们口口相传，都来找我，我当时30岁出头，也就不好意思推脱，报酬就是一碗面条（笑）。当时"文化大革命"刚过去，木头是紧缺物资，统购统销。一般你不在林区，不是管木头的头头儿，根本弄不到木头。那个年代是要票证的年代，肉票、布票、粮票，啥都要凭票，有的老师就到学院的建筑工地偷点木头（笑）。

于：您漆工做得很好，这个小橱还在张老师客厅里摆放着，一直在用（笑）。陶老师，您是1979年由内蒙古师大调到咱们学校来的，当时是什么契机？

陶：当时要创办城市规划专业，没有专职美术老师，先是美术馆的陈老师在这里带课。我知道这个消息，就过来试讲，上了两节课，然后就调来了。那个时候人事科是位姓刘的科长，罗家椿校长主持工作，他是位人很善良的老哥哥，方脸，大眼睛，亲自听了我的课，立马拍板，调我和爱人来建院任教。

于：当时通过什么途径了解到建院城规专业缺美术老师的信息呢？

陶：是戴仁宗老师介绍的情况，他前几年已经去世了。我大学毕业分到内蒙燃化局的一个工厂，但长期被借调到内蒙古师大教学，同时在内蒙总工会的出国艺术团画布景。燃化局下面有个设计院，戴仁宗、郭楠，当时都在这个设计院工作。我和郭楠熟悉，郭楠喜欢画画，设计能力很强，后来调到青岛市建筑设计院，现在的青岛市政府大楼就是他设计的。赵健了解。

高：青岛设计院的总工。

赵：五四广场的设计师。

陶：我通过郭楠认识了戴仁宗老师。1978年戴老师先调到建院，说建工系要成立规划专业，正缺美术老师，你要不要来试一下，爱人也可以一起调动。当时是10月份，学生已经开学了。我试讲完以后，人事科的刘科长说："你别走了，我们现在上课正缺人，你直接上课就行了，档案人事的事儿，你都不用操心，安心教课。"我就和张建华几个刚调来的年轻人，一起临时住在一宿舍的五号楼。这样直到寒假才回去，那是1979年，高慧在呼和浩特教书，女儿贝贝还不到一岁。

高：我跟女儿是第二年的暑假才过来。

陶：我来的时候，规划专业只是建工系的一个教研室，和土木专业教研室共用一个大教室办公，中间用一个巨大的绿布帘隔开。专业教师只有缪启姗、亓育岱、吴延、王守海、刘天慈、戴仁宗、蒋泽洽这几位老师，张建华和牟桑来得稍晚。蔡景彤是建工系的系主任。

于：当时学校的办学条件是什么情形呢？

陶："文化大革命"动乱刚结束，百废待兴。当时的教学条件很简陋。学校经费不足，后来买了一些石膏。上课就去买点水果，让学生画静物，学校给报销。

高：有时画静物，是从家里拿，我们家的那些瓶瓶罐罐都拿去画过，包括从内蒙带来的奶壶……

陶：794班的画室是在建院红楼二层的两间办公用的小屋子里，画静物时同学们坐得挤挤挨挨的，老师辅导都困难；814班画室则是在校卫生室楼上堆放旧桌椅的大仓库里，没有灯光，没有教具，没暖气，冬天生炉子，遇上倒风，教室里就浓烟弥漫。

高：那大楼冬天多冷啊，冻得都伸不出手，学生们就像在冰窖里头画画。

陶：那时的教学甚至没有教学大纲、教学计划，万事从头起！

二、一切从零开始

手记：当时正值"实践是检验真理标准"大讨论尘埃落定之时，实事求是、从实际出发的理念统率着高校教学改革。此时规划专业的美术教学也完全以专业需求为导向。建筑与绘画同宗同源，都蓄含着人们的美学追求，表述着人们的审美意识。作为专业基础课，美术教学的目的，就是为学生将要从事的规划建筑设计工作打基础，通过美术课使学生培养起对美的感受能力、空间思维能力、手头表现能力等，更重要的是提高学生的美学修养和审美品位，这是当时美术课课程安排的指导思想。

陶：当时教学计划、教学大纲、教具什么也没有。我就买了几个石膏，后来又从浙江订了一些石膏教具。我当时想不管是钢笔画、水彩水粉画，无论风景画、建筑画，一开始简单的造型能力是学生要具备的。

于：咱们学生入学时美术基础怎么样呢？

陶：咱们79、80级的学生虽然经过了美术加试，但也只是象征性地考了一下。后来几届建筑规划专业招生不加试美术了，绝大多数学生入学时在绘画上基本是从零开始。记得814班同学第一堂美术课上，老师让他们每人画一个脸盆，多数人是在大纸的一角，画了一个盆底儿为横直线的涂鸦，到毕业时发还给同学们，引得他们捧腹大笑。近日见到814班学生时还提起此事。但是只要师傅领进门，

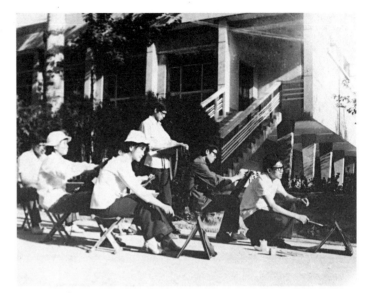

陶世虎给城本814班上美术写生课

学生进步会很快，全靠老师认真教和学生拼命学。那个年代的人都比较单纯，我跟吴延老师天天晚上都去教室辅导，他辅导设计初步，包括仿宋字，我就辅导绘画。我们当时整晚整晚就泡在学生那儿，学生也很用功。

于：解决了造型素描问题之后，接下来是带学生出去写生。咱们规划专业、建筑学专业的写生与美术专业的写生有哪些区别呢？

陶：考虑到学生将来是从事城市规划建筑设计的，所以当时课上没有因循美术院校以人物为主的教学模式，而是以建筑风景写生为教学的主体内容。一年级第一学期在室内画几个石膏静物写生，解决一下造型素描问题之后，大量的是风景写生课，且多是选择有建筑的风景。那时我们跑遍了济南的大街小巷，大明湖、千佛山、剪子巷、芙蓉街、医学院、山大校园……凡是入画的景致都印满了师生们的足迹。写生画法有铅笔、钢笔素描、速写、水粉、水彩等，依次循序渐进，多种工具画法也给了学生以新鲜感。一大早到景区坐下，总要到中午一点多才离开，返回学校食堂已经没饭了，是常有的事。在师生的共同努力下，同学们对形体的把握，对空间的理解，对色彩的认识都在快速地提高着，课堂作业几乎是一张一个样。美术课的成果体现在专业课上。到了三四年级，大多数同学能够准确地用笔用色表达自己的设计意图。毕业后到了设计单位，我们学生的设计能力、手头功夫与重点建筑院校的毕业生相比也毫不逊色。

于：*陶老师，您当时有狠抓一年级学生的钢笔速写吗？*

陶：是的，我当时主要强调他们画速写，通过手把手教，自己拿起笔，当场示范。从大一开始，就在黑板上贴上大纸画给他们看，起稿应该从哪儿着手。多画速写是快速提高学生观察能力和造型能力的捷径。从一年级入学开始，我就要求他们利用课余时间画速写。建筑规划专业的学生大多聪明刻苦，都能完成一周10幅至20幅速写的课外作业。像申作伟、张书明、于大中、李志宏、吴宝岭等，都是周日跑出去画速写，画上了瘾，超额上交作业。794班的同学几乎是个个手头功夫都很强，宋连威20世纪90年代撰写出版的《青岛老房子》一书中的精美小插图，显示了他的速写功底。更值得骄傲的是刘甦的《瑞士老城区速写》被中国建筑工业出版社出版，精准的造型、流畅的线条、得当的疏密、多变的手法，浑然天成的整体效果，堪称后学们的楷模、建筑风景速写的范本。

当时济南好的景点，我基本上都带学生去了。芙蓉街小巷、剪子巷这种小街景，济南老房子、民宅、洪楼教堂、医学院里的各种洋房、趵突泉、黑虎泉、大明湖更不用说了，反正是济南大街小巷基本都转遍了。这就是我们的活教材。在外地写生时，一大早天不亮，我就起来，到宿舍去喊：起来，起来，起来！（笑），带学生们去画日出时的光影色彩。

于：*都到宿舍去喊吗？*

陶：有时候也不用喊，学生都很自觉，因为路上要耽误时间，所以不能按照正常上课起床，还得坐车。我记得他们坐公交车车票还可以报销，每个学生五分钱，但是有的学生很调皮，自己画月票，你别说，画得还挺像（笑）。

于：*当时学生对出去写生积极性高吗？*

陶：出去写生时，他们画画有点模样了，所以积极性挺高。另外，

城本804班美术写生合影，前排左二为魏本良老师

陶世虎照片

我管得很严，要求大家散开像个扇形一样，挨个散开坐，我就在旁边盯着看。每次都是拖堂拖到12点多，学生有时候回去午饭都吃不着。早上起来6点半就走，中午总得1点半才能返校。我觉得我们教出来的学生，他们的美术水平，丝毫不亚于同济大学的学生。像81级的同学，必须完成一周20张钢笔速写。有了量的积累，像于大中他们这帮孩子线条都画得很溜。我们教出来的建筑学学生，不比艺术院校的美术考生画得差。你看刘甦的画，一般绘画专业的学生都画不了的。

陶：那时的老师想教，学生想学。记得吴延老师教设计初步课，作美术字样本时，反复研写几十遍，精益求精，那时的学生犹如枯木逢春，真的是如饥似渴地学，班干部都是刻苦学习的模范。794班吴则友曾说：我就是背着麻袋来装知识的！一次在大明湖写生，我指出了他画的毛病后，他一气之下撕了作业，当天下午就跑到我家来表示抱歉，说："老师，我不是生你的气，是生我自己的气，画不好太着急了。"

三、采风与写生

手记：重视实习写生环节。外师造化、中得心源。外出集中实习写生是快速提高学生绘画能力的最好机会。当时学院及系领导都十分重视实习环节。我曾带学生去过青岛、泰山、曲阜、镇铟岛、承德、北京等地。

陶：采风，收集一些形象，越偏僻的地方民风民俗越完整。有一次，我一个人去过沂蒙山的布袋峪，全是山里的羊肠小道。后来，我看过一部纪录片讲生活在南美洲的美国人爱运动和探险，走的也都是这样艰险的路，路上说不定还会看到豹子被老虎咬死的情景。当时我去的羊肠小道，也基本是这个情形（笑）。

于：带学生去吗？

陶：自己先提前一周到两周去踩点，安全的话，回来再带学生去。没课的时候，我在学校开了个证明，骑自行车去济南南面的大涧沟踩点。总共是40里，柳埠到大涧沟20里，大涧沟到济南20里。

高：那时候都是骑自行车去。

陶：当然，现在这里成了房地产的热点了。当年，我自己一个人先去的时候，就睡在村里，床就是几块土坯，垫个木板，被子都是黑的，臭的，就这么睡着，上面老鼠爬来爬去。

后来魏本良老师也跟我一起带学生去大涧沟采风，魏老师走得早。他挺能吃苦，比我还能吃苦。

于：当时学校很重视出去写生吗？

陶：对，学校每年组织两次写生。学生在外实习常常是早晨五点多钟起床，画日出时的辉煌，天黑了回到驻地，还要集中讲评每个同学一天的画作。记得814班在青岛实习时住的是工棚，蚊子小咬很多，条件较差，但同学们干劲十足，几乎是披星戴月，个个作业颇丰，满载而归。一天晚上我在工棚里讲评时晕倒了，同学们吓坏了，忙把我放倒在木板通铺上，倒水找药，惊魂未定，第二天早晨却又在日出前提着水桶，背起画包出发了。836班我只带了一次北京实习课，聪明的王亚军每天抢着帮我背画具，我做示范时，他总是坐在旁边，目不转睛地看我如何调颜色，如何表现。由于是集中强化训练，一次实习结束，每个同学的绘画水平都能有个质的飞跃，每次实习作品展览都足以使师生们振奋好多天。外出实习不仅使学生们的绘画水平得以快速提高，还使年轻的学生们有机会接触社会，了解社会。8731班在镇铟岛实习时，同学们帮助旅馆老板画广告，和驻地渔民建立起了良好的关系。临走时，老板送给学生们不少海鲜，大家顺手做了一顿美美的告别晚宴。

高：经过"文化大革命"的折腾，大家憋了那么多年，到了1979年，教书育人的劲儿都出来了。

陶：当时，课堂教学是一个作业一讲评，外出实习是每天一讲评，师生互动，就画说画，做法是让全班同学将自己的作业一字摆开，首先大家观摩，让同学们有一个整体概况的印象，然后聆听老师的具体讲评。老师首先解析全班同学该课题完成的整体情况，综述大致的进步点和不足点；然后选出两三张优秀作业，针对画画，详细讲评好在哪里，欠缺是什么；最后请同学提问，结合作业——具体解答。从提问中，老师也可以了解学生学习的疑点难点，以便及时调整下一步的教学计划，讲评的目的是让学生通过形象思维，深刻理解老师所讲美术理论的真实内涵，并结合具象比较，明白自己的差距所在；通过褒奖优秀，提高同学们对绘画的兴趣，激发大家的上进心。

高： 那个时代的学生就是想学，愿意学。像吴泽友说的，我就是背着麻袋来装知识的！这是最典型的学生。所以，那时候老师都是拼命教。

陶： 后来我调到了（山东）艺术学院，同事们都说我上课太认真。我说比在建工学院教学可差远了。在建筑系，我真是全部心血都扑在学生身上。当时自己的创作意识没那么强，我自己出的东西作品不多，全部精力都在教学上。改革开放的前十年，也是我人生30到40岁最好的年龄，画完中国美术馆收藏那一张油画以后，基本上我没搞多少创作，精力基本都用在教学上了。

这十年就是在建院这十年。后来我在艺术学院教过十来年，在青岛大学教过十几年，40年教学生涯里，建筑大学的这段经历是最宝贵的，也是最投入、体会最深、感情最深厚的一段经历。我这一生要总结的话，我是全省名师、全国名师、拿过全国教学二等奖，但我最感恩的、最有体会的，就是建筑大学这十年。

四、独一无二的建筑画课

手记："开创建筑画课。20世纪80年代，全省只有两所院校开设规划建筑专业。当时在蔡景彤主任的倡导下，我在794班三年级开设了建筑画课程，那时全国也少有先例可供效仿。"

陶： 79级水彩、水粉、素描、速写全部都学了。我又提出一个建议，要求再加半年建筑画，当时蔡景彤主任非常鼓励我的想法。我提出这个建筑画是别的学校没有的，是建院的特色。

于： *授课时间是一个完整的学期吗？*

陶： 对，一个学期。第一次开建筑画课是在79级，赵学义画的是济南的电信楼，他画了一张电信大楼鸟瞰画。刘甦画的是青岛的基督教堂。我当时的原则是"抓两头，带中间"。李力的绘画技术基础比较差，上大学前没学过画画，所以一直加强辅导，有时会辅导他到第二天天亮。我对隋永华印象深，他画的街景画，白房子、黄房子，都很有意境。

高： 隋永华后来搞规划，威海市第一条主干道，就是他做的设计，整条街两边的建筑都是白黄的浅色调子。他说这个审美还是在陶老师课上给熏陶出来的。

陶： （笑）他是794班美术课代表。隋永华偏爱淡雅清新的白色调子，在毕业后运用于威海的城市景观设计和规划建设之中。

于： *审美的种子，在那个时候就已经扎下根了。*

高： 对，他自己也说过这样的话。你看整个威海市都是浅调的，很美。

陶： 他是土生土长的威海人，威海市在他的眼底一点点建成的。他先是搞设计，后来任规划局长、建委副主任、建委主任。他说陶老师给我们美育教育，包括对色彩的认识，对他后来把一个小渔村建设成一个很像样的旅游城市有直接的关系。所以，我敢自信地说，我的学生美术功底，不比任何名牌大学差。

于： *陶老师，当时您是怎么想到要开建筑画这门课程呢？*

陶： 当年我在学校图书馆看过几本日本的建筑画册。发现他们重底子，有水粉的、丙烯的、透明水彩的，大多底子是暗的，建筑是亮的，我觉得挺好看。日本房子都是三四层高，不是高层建筑，日本灯光夜景很多，挺美。我就感觉有一层底子，建筑画能画成这样，很好，就尝试着跟戴老师一起，因为有时候他搞设计也要画效果图，我就帮他画。效果不错。

后来，我开始大胆探索做底色等多种画法，比如传统的渲染画法很慢，同济大学的做法就是一点点揉，到碗里加一点水再揉，接着反倒过来，太慢了，而且不好渲染均匀，我就告诉他们大刷子怎么刷，也可以做成底子，可以加白底子也可以加色彩的。

我要求学生不要依赖建筑照片，而是在各自建筑风景写生的基础上，融入自己的理解和想象，进行建筑画创作。794、814班学生的建筑画作业十之八九有模有样，并已初步显现了各自的绘画风格。像刘甦的建筑画整体流畅、大气、节奏感好，赵学义的作品注意细节，丰富，耐看。

高： 那时候陶世虎在建筑系是年轻人，完全是摸索创新的状态。

于： *陶老师，这个课程在当时有其他学校成熟的模式可以借鉴吗？*

84级室内设计专业学生美术实习。前排左一为陶世虎，右一为周长积

陶世虎先生画作

陶：完全就是自己琢磨，别的学校都没有上建筑画课。先是蔡景彤主任、后来是张润武主任，他们都很支持我。在当时电脑没有普及的时候，因为建筑设计课最后要交一张效果图，所以这门课对专业很有帮助，我提出加半年的建筑画课的建议，系里很支持。

高：我记得王冬等在省设计院的同学说，我们（山建院毕业生）手头功夫不比他们南工、清华得差。

于：陶老师您平常跟建筑学的专业老师交流得多吗？

陶：因为每周四下午系里都安排政治学习，系主任、书记布置完了，老师们就在一块研究下教学，聊聊天，然后在一起下棋、打乒乓球。那会儿教研室活动就是这样，我们与建筑、规划的老师都在一起活动，彼此非常熟悉。

高：陶世虎当时教学思路十分清晰。

陶：我当时的思路就是这些学生毕业后不是画画的，而是搞规划建筑的。有的老师安排学生上人物写生课，我的观点就说"没用"（笑）！不要画那么细，给学生搞那么多调子也没用，他们知道几个面，黑白灰就行了。

高：当时主要是考虑这些学生将来是要做规划建筑设计的。

于：陶老师，您的理念是上课的内容、写生、所有的这些美术教学环节都是围绕着建筑学、规划专业的设计服务的？

陶：对，当时的初衷是这样。现在都是用电脑，1990年代的之前都是手绘，特别1980年代，设计院要给甲方汇报，就是给甲方看建筑表现图，就可以确定这个方案是否可以中标，那会儿必须要拿着漂亮的建筑画才可能中标，不然不容易中。

高：我记得蔡景彤曾经跟我说过，每个人都应该有自己的主攻方向。跟我建议说，陶世虎要主攻建筑画。

陶：我提出来加半年（建筑画），蔡景彤和建筑学的老师都很支持。在我的眼里一直有这个概念，学生来的时候没基础，又不像艺术学院美术课的课时量充足，一个礼拜少则四节课，后来加了，一周也就两个半天，有时候挪在一起才一整天。只靠两年美术课，这个远远不够，学生绘画基础太差，加半年接着画，向建筑画靠，为

陶世虎先生画作

学生毕业后进入设计院，表达设计意图，打下较坚实的基础。他们同意了，这个办学的思路还是对的。主要是领导同意，要没领导支持力度，这半年的课是开不了的。

建筑画课开创了我们山东建工学院美术课的一个特点，融会贯通，（绘画与建筑）搭起了一个桥梁。这样的话，一些课是建筑学的老师和美术老师一起上。学生起码知道了在颜色上、从艺术的角度怎么创作。因为建筑画比较死板，要画的相对艺术味更足一些。因为学生头疼的，不是建筑怎么画的问题，倒是配景觉得头疼，例如人物、汽车、树木、灌木丛怎么点缀？这些可能是纯建筑学、规划方向老师的弱点，配景会刻板程式化一些，美术老师的介入可以让设计更多元化一些。所以，后面几届学生，马克笔出现以后，我就教马克笔，马克笔画法效果也挺好。我的原则是不拘一格，水粉也行，水彩渲染也行。像刘甦的作品，就是渲染的，整个水彩渲染，透明的。我记得很清楚，他画的基督教堂，渲染那个沉淀的效果挺好看。如果是水粉画法，就不能沉淀了，只能薄画法，不能厚画法，不然到时候线条打压不上去，即便用铅笔线条或者钢笔线条也打不上去。

赵： 陶老师当年要是不教我们建筑画，我们这些人后来可能真的大部分都不会画，建筑画课对我们专业的发展影响是很大的。

于： *陶老师，我想具体地了解一下这半年关于建筑画的教学计划和安排。*

陶： 教学计划是这样的，一个是学生采风，一个是学生速写收集资料。出去采风的时候，记录下来，开始学生没有相机，只能速写，慢慢地，随着时代发展，家境好一点的，可以拍点照，再一个就是构思，跟创作的过程是一样的。整个建筑画先有构思，你想画什么，想表现什么。每个人思维不一样，构思不同，这个构思让学生在课上先要讲出来，再做草图训练，表现出来。有的人是鸟瞰，有的人平视，有的人是大场面的，有的人是单体建筑。都可以的，规划专业，例如赵学义搞的是街景，都挺好。

于： *学生不光是他们在构思阶段是开放性的，并且在表达手法上也是开放的，可以用各种技巧来表达？*

陶： 对，我希望最好的效果是不一样的，建筑学的老师可能要求会程式化，美术老师是期待更多元化、能张扬个性的作品。

于： *这个建筑画就是您这两年的美术课上下来，最后的一个结晶。*

陶： 是的，一个总结。

于： *陶老师在美术教学上真是动了很多脑子。*

高： 我感觉，那时候陶世虎是跟着学生思路走。例如某个学生考虑用水粉，要画鸟瞰的，他就把这个思路给提升一下，帮学生把自己的创意表现得更完美一些。是这样一个教学的模式。

陶： 教学相长，学生的一些点点滴滴的火花，也经常会启发我。实

陶世虎先生画作

要总结的话，我觉得这个"教学相长"可以作为山东建筑大学美术教学的特点之一了。因为学生年轻有活力，也会给我很多火花，所以我在建筑画教学当中，总是处在不断探索的过程中，没有程式化的东西，没有他人经验可借鉴，更没有条框束缚。

我是油画专业毕业，在业余时间坚持创作，后来被中国美术馆收藏的画作《黎明》，是以济南战役为题材的油画，就诞生在建院四楼的一个空教室里。因为得调研采风，那张画整个折腾了半年。后来我开始画水彩画，成为全国美展的评审专家，专攻水彩这个行当。现在看来也是跟建筑学院这十年的教学有关。

刘甦的那本建筑画册子，国画系的老师都说，速写画成这样，我们搞美术的学生都不一定能画出来。瑞士风景的鸟瞰图，它并不是一个房子一个房子表现出来，而是要把那种感觉画出来。这本书，你看过吗？

践教学就是这样，因为我们总的来讲，美术教学是实践教学。很多东西不光是老师教学生，学生的火花也会影响到老师，所以一句话概括成教学相长，互相都有好处。

于：我看过。

陶：他那本书的画，让国画系的老师看了以后都吃惊。

陶世虎先生画作

五、学建筑规划的需要"眼高手低"

手记:努力提高学生的美学修养和鉴赏能力。这种修养和能力属于人的内在素质,它的提高依赖于实实在在地多看多读好的作品。而当时艺术资料匮乏,老师的责任就是要把自己多年的艺术知识积累传授给学生。

于:当时是什么样的情况,让您想起来给学生加开美术鉴赏讲座呢?

陶:我觉得画画,除了画画的技术能力,还有一个就是审美能力。当年学生的中小学是在"文化大革命"十年中度过的,美学教育几乎为零,也看不到好的作品。所以我想通过名作欣赏,让学生逐步学会将绘画艺术和建筑艺术共同的美学特质有机地结合起来,将逻辑思维与形象思维自然融为一体,从而提高学生的艺术素养。

高:陶世虎有一句名言,说学建筑的人一定要眼高手低。

陶:你可以画不了,但起码要懂的什么东西是美的,什么是好画。因为建筑本身也是艺术品。一定要眼高手低!而且后来也证实了这一点,当初美术好的,后来他们建筑设计的能力也相对较强一些。

我认为只要是学生美术修养、美术能力高,建筑设计起码不会差。你看,两者很多都是有共同的地方,比如,形体的疏密、复杂与精细、整体与局部,这都是一回事。当代的建筑更是这样的空间概念。当时在这种教学思想的认知上,才加了一些美术鉴赏课。

于:当时您有哪些具体的做法呢?

陶:我当时的做法主要有:一是办世界美术史讲座。让学生系统认识美术发展的历史轨迹,明晰各流派形成的渊源。二是搞美术名作鉴赏。包括拿画册让学生研读和放映名作幻灯片,边看边讲,引导学生掌握欣赏艺术作品的切入点和立足点,了解造型艺术的规律。另外,我还办过个人写生作品展,让学生们能够近距离观摩老师是如何观察自然,升华对象,表现对美的感受的。

当时没有专业书,我只能在浙江美院买到一些幻灯片,已经是很珍贵的资料了,回来再增加一些别的素材。我给学生做讲座,让他们知道哪些是名作,什么是美。记得一次在学校礼堂讲到拉菲尔前派达德玛的作品时,我指着画面上的贵妇人脱口而出,"这位女同志……",引

陶世虎先生在创作

起了学生哄堂大笑。在1980年代初的环境下,有的领导还接受不了,觉得哪能画出这些东西,赤裸裸的,都不穿衣服(笑)。

高:当时,陶世虎为了努力提高学生的美学修养和鉴赏能力,在学校小阶梯教室里讲西方美术史,连楼梯上都坐满了人了。可以说,当时这些讲座开了建院的先河。

手记:第一是强调画速写;第二是以建筑风景写生为主,为教学的主体内容;第三是重视实习写生环节;第四是开创建筑画课;第五是坚持作业讲评;第六是努力提高学生的美学修养和鉴赏能力。我归纳出来的这六条,可以概括当时美术教学的特点,现在想一想,应该算是比较全面的。

六、不要口头上做事情,要良心上做事情

手记:我曾多次和同学们讲,我的座右铭是清清白白做人,认认真真教书,并且努力身体力行。相对而言,1980年代的人是单纯的,向上的。老师教得认真、愉快;学生学得刻苦、开心。

陶:宋连威也出了一本书,钢笔速写,徒手画青岛老房子。这本书对青岛来讲,也是留下了一笔记忆。

我采取过多种方法教学，学生都知道怎么用钢笔来画块面，怎么用碳铅或者炭精棒削成扁状的来画块面的，怎么来处理用线的画、铅笔的画、铅笔素描等的技巧。我经常表演给他们看。晚自习要辅导，因为美术课毕竟没那么多，只能利用晚上的时间给学生做示范，手把手地教。所以老师这么投入教，学生又那么投入地学。过去的学生真是又单纯又想学，师生之间很合拍。

高：当时学生对知识真是如饥似渴！

陶：在教学方法上，我采取抓两头带中间的策略。对基础较好的学生重点辅导，课堂上在同学的围观下，边画边讲，在其作业上略加几笔，使之出彩，使之冒尖，从而带动中间；对一时还不大开窍的同学，下大气力，手把手地教，有时甚至从头到尾地画一张完整的作业给他看，然后让学生半写生、半临摹地完成功课，这样后进的同学很快就能追上全班的进程。记得794班完成最后一张建筑画作时，我辅导李力，就是通宵达旦，最后他的建筑画作业效果就真的是后来居上，现在他已经成了毕业生中的佼佼者。

赵：陶老师还记不记得，您有时中午顾不上吃饭，高老师就拿了面条给您送去，陶老师说凉凉再吃，结果经常到最后也没空吃。晚上又辅导我们到深夜。

陶：我这个人是一根筋，比较极端，做事情比较仔细。做什么事都要好，教学也是这样，倒不是我觉悟多高，就是这种性格。送人的画也要画好，不好就撕掉。

于：追求完美，追求极致。

陶：所以得心脏病了嘛。一年有一两百个晚上不睡觉，熬夜画画，我40岁以后，就这么过来了。现在看来有点傻。

高：有年春天，他一个多月没出门。一天我们骑车外出办事，路过护城河，他看着摇曳的柳条说：呀，树都绿了。他经常一画就好几个礼拜，呆在家里，不下楼。

陶：现在画画就是消磨时间。建筑学院这十年，也是改革开放的前十年。

高：那时候全国上下都是意气风发，憋着一股劲，环境很宽松。

陶：那时候思想也很活跃，包括影视、诗歌。

高：那时教研室多团结啊。搞山东体育中心设计竞标时，陶世虎负责搞模型。建筑规划教研室全体齐心协力，熬夜加班。那时候熬夜没饭啊（笑），我就熬粥带着咸菜萝卜干送去，大家围上来吃，有说有笑。

赵：陶老师跟我们打成一片，也没什么老师架子。

陶：跟哪一届学生也是这样，没有老师威严，因为也就差十几岁。后来到了李勇那级，我40岁了，也这样。于淼那时候谈恋爱老被团总支书记批评，我就说学习好就行，管这干啥（笑）。

高：陶世虎对学生就和对孩子或者兄弟一样。现在这些学生对陶世虎也特别好。

陶：人和人都应该这样，老师和学生的感情是一情换一情，作为一个优秀教师，不要口头上做事情，要良心上做事情。

高：我记得张润武主任说过，学生从你那得到东西，心里是有数的，哪个老师让学生得到了，学生会记你一辈子，真是这么回事。

七、压裂的写字台和两盒阿诗玛香烟

高：美术学习时间是两年半，所以学生跟陶世虎的感情特别深，一是他们像师徒，手把手地教画；二是在一起的时间特别长。

陶：美术课属于实践性教学，师生关系有些类似师徒关系，另外可能是美术专业出身的原因，本身就自由，不像工科毕业的老师那么严肃，也就更容易跟学生打成一片。上课时，我们是师生关系；下课后，打成一片，是朋友关系。有一次，到泰山跟他们一起游泳，跳到水里连裤子都掉下来了，因为没穿游泳衣（笑）。

郭旭辰就说，他最大的收获就是给我当助教。后来他建筑画也画得很好。85级，我带他们去镇锣岛写生，我跟他们班处得很好，给学生做大厨，喝酒，会餐。在承德避暑山庄，白天画画，晚上讲鬼故事。

同样，学生也给了我很多的帮助和温暖，妻子念夜大时，8731班的女生轮流来家陪伴我年幼的女儿。

因我在内蒙展览馆吃过"官饭"，工资钱省下了，托人在南京买了台13寸黑白电视。1979年有电视的家庭不多。当时我家是刚做的家具，内蒙带来的，没上油漆呢，正准备自己油。794班的十几个同学挤在我家看中国女排世界杯夺冠，四个大小伙子坐在新打的写字台上，为郎平们鼓掌欢呼，竟然把台面压裂了一条大缝！（笑）

高：以前我们家在宿舍筒子楼里，那时是系里师生的欢聚点，因为全系里只有我家有一台黑白电视机。一到礼拜六，戴仁宗全家，刘天慈全家，陈希远带着妞妞，都到我们家看电视，那时候正在播《庐山恋》呢（笑）。

于：*那是1980年代初？*

陶：1981年，郎平打女排世界杯的时候。

陶世虎先生画作

高：床上，桌子上都是人，后边的就坐在写字台上，结果就给坐裂了。我还记得有一次在大明湖写生，吴则友那次画得不好，被陶老师批评了，一气之下就把画撕了。但下午一点多又跑来我家说：老师，是我不对，撕画不是冲陶老师，是气自己。

陶：我这人脾气也不好，比较急躁，对学生也比较严格。有一个学生可能就是因为我批评得太凶，说得太直。后来他给我来电话，是个烟台的孩子，说要转系了。

高：他不是因为你的批评才转系，他入学的时候分数特别高，数理化非常好，但形象思维东西实在弄不了，学不了这专业。

于：*这么多年了，陶老师对这事还记得这么清楚。*

高：对，陶世虎总觉得对不起这个孩子。

陶：1989年我为参加第七届全国美展夜以继日地搞创作，8731的孟磊松、李勇、吴青、王彦等五六个同学，凑钱买了两盒当时最为奢侈的阿诗玛香烟送来，说到我家来看画，其实是来送烟的。记得当时一盒阿诗玛是五块钱左右。

高：陶世虎那时候只能抽得起大鸡烟，大鸡烟一块二。阿诗玛五块。当时一个月工资也才30多块钱。

陶：反正当时买了两盒烟，悄悄站在我后面，看我画了一会。等我闲下来了说："陶老师，给你两盒烟。"

高：陶世虎在那儿画画，后边站着几个大小伙子，他们班那几个大个儿。我看孟磊松还有吴青，手背后边，手里边拿着两盒烟。

陶：我当时说了他们，让他们把烟拿去退了，但心里挺感动的。1996年我在上海搞画展，也是这帮建院的弟子赶去资助、祝贺。

八、不忘初心，方得始终

于：*陶老师，您就读内蒙古师大时，正值"文化大革命"。这段时代背景，对您的专业学习有产生什么样的影响吗？*

陶：那个年代主要是靠自学，因为那个时候西方的东西在课堂上讲得就很少。我买了个破自行车，没事就骑着车出去。因为"工农兵学员"程度参差不齐，农村来的娃娃，有小学文化程度的。我是老高中毕业，还是重点中学出来的，基础扎实。什么辩证唯物主义，我连背都不用背，每次考试都是第一。我很少去上政治课。

高：那时候胡博是他的系主任。同学见陶世虎不上课，去找胡老师告状，说陶世虎不上课，在宿舍里画画，胡老师说你们要是不上课政治也能考五分，也可以不去。30年后，校庆时候，系主任还和当时的书记说，我看中的陶世虎强吧（笑）！

陶：大学因为和三个同学一起去看全国美展，差点受处分，在全系大会上被点名批评。那个时代的一些画家，虽然画的是那种极左的内容，但是实际画法还是挺成熟的。我第一张参加全国美展的作品就是画的粉碎"四人帮"。

高：陶世虎那时候画大油画，画的画跟这面墙一般大！

于：*陶老师，您是在大学期间就开始画这么大幅的油画了吗？*

陶：嗯。

高：那时候他很出名。1977年内蒙古解放30周年的时候，陶世虎受命画了一幅特别大的宣传画，在人民日报、光明日报上刊登，在全自治区张贴。

陶：内蒙古师大一共招了大概6届（"工农兵学员"），我是第一届。

1993年，城本794班毕业10周年聚会。张润武、陶世虎老师即兴歌唱

六届里边出了几个高材生，赵文华、孙志军还有我。

高：同学老师们公认陶世虎是最优秀的。他基本是自学成才，这个美术史熟悉到什么程度呢，在大英博物馆参观的时候，老远一看，他就能讲出那是谁的画、什么样的创作背景。我走过去一看，那英文上解释的还真跟他说的一样。

于：*您中小学接受过正规的美术教育吗？*

高：他初中上的是南京艺术学院附中，学了一点国画。

陶：小时候就喜欢，十岁参加全国儿童画展，当时的作品就在四个国家进行过展览。

陶：现在都讲不忘初心，改革开放初的十年是我这一生当中最好的十年，当时建院的气氛非常正。我还记得大家看胡耀邦在"全国教育大会上的讲话"，都很激动，那是最好的时候。大家都有一种春天来了的感觉，当时，大家都没有钱的概念，也没有经济头脑。

于：*那个时候人的思想普遍是很积极向上的。*

陶：也很单纯，也没有说谁钻到钱眼了。

高：当时大家觉得春天真的来了，全身心地教给学生知识，再也不能像"文化大革命"时期那么折腾了，因为我们是深受其害。我觉得（山建）建筑学之所以上升这么快，跟整个老师团队这种踏实的教学态度有关。

赵：跟这些老先生的教学有很大关系。

高：蔡景彤和张润武都起了重要的作用，两位主任都有着非常扎实的学术根基。

陶：我还有一个体会，艺术院校是自由开放一点，从艺术技术水平来讲，层面要高一些。但从严谨治学，以及对待学生的态度、管理学生的水平，包括学生自身的素质来讲，建筑院校的师生要更胜一筹。我们的学生学得快，尽管绘画的技术基础差，但他们学习能力还是蛮强的，理解能力还是蛮快的。

高： 总的来说学生努力，老师也努力，那时候也没有评职称一说，也没有奖金。一个月拿38块钱，拿了十年，然后49块钱。每个月11号发工资，月初没钱了，戴仁宗曾跑我们家去借，借上10块钱、20块钱撑到发工资。

陶： 那会儿的人是比较简单。

高： 但是教学生都很认真，能力有大小，但心都用在了教学上。

陶： 大家晚上都去辅导，经常就碰到一块了。有的学生做建筑设计，有的学生做设计初步，有的学生画素描，一个晚自习教室里，老师各辅导各的，互不干扰，也能互通有无，所以老师关系也都好。

辅导完了就下棋、打球，那会儿也没什么新闻，更没有茶余饭后的笑料，娱乐更少。大家都很简单，很单纯。没有经济头脑，也没有钱这一概念。特别是高校，那时外面已经热火朝天地开始追求经济效益了，社会上出现很多个体户、万元户，但大学还很安静，还是一片净土。

高： 老师们以前每一个月拿着这三四十块钱，就挺满足的了！评职称是1990年代才评的。

高： 陶世虎是1995年评的职称，第一次评正教授。在山东艺术学院，有两个油画教研室，陶世虎是一室主任。他对二室主任说：如果这次系里只给一个正高指标，今年你先上，两个指标，咱俩一起上。因为二室主任人很好，画得也好，但是中专学历，年龄比陶世虎大一点，获奖少一些。陶世虎觉得今年评、明年评都无所谓，那个老师到现在对陶世虎都很好。

陶： 我在中国美协水彩画艺委会干了4届20年。第一届是委员，是年龄最小的。后来是副主任，是资历最老的、年纪最大的、干的时间最长的。再后来被评为全国教育名师，享受国务院津贴。现在说起来，都已是过眼烟云。

沅芷澧兰
——张企华访谈录

张企华先生

张企华,女,1942年11月出生于上海。高中毕业于上海市第三女子中学。大学毕业于同济大学城市建设专业。1988年赴波兰什切青工业大学留学,区域与城市规划专业,导师萨伦巴教授。1965年分配到山东济宁市城建局任技术员。1977年调至烟台城建市政工程处任技术员晋工程师,随后任技术科科长。1980年底,调至山东建筑工程学院(即现"山东建筑大学")任讲师,1987年晋副教授,1993年晋教授至2008年退休。历任规划教研室主任、建筑系系主任、高教教研室主任。

曾获山东省科技进步奖二等奖2项、三等奖1项。1988年至1998年任山东省政协委员,1998年至2008年任山东省政协常委。民革全国代表大会代表。曾获全国优秀教师奖章及证书。

访谈背景:从上海繁华的大都市到偏僻艰苦的"小三线",有良好教育背景的张企华先生将最好的年华贡献给了基层市政工程。15年的实践经历和磨练,为她在山东建筑大学的教师生涯提供了丰厚给养。她取母校同济大学之教学经验与资料,采世界规划大师萨伦巴教授思想之精华,打造了"城市规划道路设计"精品课程,为山东省内外输送了一批批优秀栋梁之材,并获"全国优秀教师"称号。张先生任建筑系系主任期间,在教学、科研、实验室建设等方面做了大量基础性工作。访谈分三次进行,形成逐字稿6万字,现刊出部分,以飨读者。

访谈时间:2018年11月、2018年12月、2019年1月
补充访谈:2019年4月
访谈地点:济南张企华先生府上
整理时间:2019年5月整理,2019年8月初稿
审阅情况:部分内容经张企华先生审阅
受 访 者:张企华
访 谈 人:于 涓

一、"小三线"的十二年

1965年9月,我大学毕业后,工作分配面临三个面向,面向基层、面向三线、面向农村。我选择了去济宁城建局,当时济宁属于"小三线"。

我先到省里报到,住在省人事厅的招待所,当时快过中秋节了,管学生分配的工作人员过来给大家分月饼,有个同学没接住,月饼滚到地上,"咣当"一声响,竟然没碎,还转了一圈(笑)。

到了济宁,从火车站出来,发现没有公交车,坐了一辆平板三轮车,就是人在后面骑,前面有块平板的那种车子。整个城市,没有

童年时代的张企华

少女时代的张企华

大学时代的张企华

刚参加工作的张企华

年富力强的中年张企华

任建筑系主任期间的张企华

憧憬未来的青年张企华

自来水，没有沥青路，也没有路灯。

那年我22岁半，第一次离开家，心里有点蒙。

那几年生活是蛮艰苦的，1965年济宁是灾区，当地人都吃地瓜干、吃救济粮。不过当地人都很实在、热心。那时大学生本来就少，女大学生就我一个人，单位给我分了一个单间。有一年济宁预报有地震，传达室的老大爷说，你这几天别自己住宿舍了，你到传达室去，有什么事好相互照应，我给你点上炉子。当时济宁烧烟煤，大爷就给打了一个礼拜的煤，把传达室烧得暖和和的。

我们局长人也很好。当时我穿的裤子，是上海的裤样，是裤腿很瘦的裤型。当时正在破四旧，有人到街上去剪裤腿。局长怕我吃亏，他就让政治处的女同事跟我说，让我换上裙子，别再穿这个裤子出去。可是我换上裙子，也不行，因为我都是花裙，当地人只穿黑裙的。那时候买布要布票，布票不好弄，局长就赶紧让政治处的同事给我借了一条。

后来单位领导找了一个"红卫兵"的袖章，让我上街的时候戴着，像保护牌一样。那时"红卫兵"不是每个人都可以当的，成分不好的，是没有资格的。回想这些，虽然是小事，但在当时，很好地保护了我。

"文化大革命"那几年，有几个工人师傅叫我每天到工地上去，说你到工棚里来坐着，谁也不能把你怎么样，所以我经常就在工地蹲一天，"文化大革命"没受罪。别人被揪出来批斗，那些事情我都没有经历过。

但在济宁的那12年，专业基本就停滞了。"四清"运动开始的时候，组织上要我到农村去，刚准备要走，局里又通知我，说济宁市要建一条沥青路，让我去修路，不要去农村了。当时，建设厅派下来一个工作组和我们一起，做了济宁市第一条沥青路。

那次修路让我印象深刻，是因为可以上宾馆吃饭，比食堂的伙食好不少（笑）。另外，我学了不少东西。在小地方，当地人会认为一个大学生应该什么都懂，什么都会（笑）。工人问三合土，怎么个配比？三合土？我从来没做过，哪能讲得出来。谭庆莲说你去查定额，说完他就出去了。我就把定额找来，抄了一份给工人。反正就是这样一点一滴地学。

二、我们规划专业的根在同济大学

1980年12月，我调入建院，那一年38岁，假如按30年工龄来计算

的话，正好做了一半。当时，记得还跟父亲开玩笑，说我一半工龄做完了，还有一半，做完了回去陪你（笑）。

我去人事处报到后，马上开始着手准备第二年春季的课程。我有自己的计划，想趁春节回上海，到母校的老师那里去取取经。

上大学时，徐循初老师（已故）教授"交通运输"课。杨佩昆（健在）老师教授"城市道路交通"，后来他成为我国交通工程学科的创始人之一，也是这个专业的第一个博士生导师。他们都是我的恩师。我给山建开课前，向二位老师讨教过很多次，他们提供了许多的资料，包括讲义、作业和研究的成果，如杨先生研究的"冲突点法计算交叉口通行能力"等。

这些不但让我个人受益匪浅，也给予我们学校极大的支持。还有一位老师范立础（已故）院士，他教授"钢筋混凝土结构"。我校后来使用的教材中凡是涉及到桥梁工程方面内容时，每每我向他请教时，他都会把相关备课资料毫不保留地提供给我。

当时还面临一个问题：学生没有教材，怎么办呢？同济大学"城市道路交通规划"只有一本讲义，徐老师编的，这本书当时还没有出

1982年，同济大学丁文魁（右五）教授来校讲授"城市园林绿地规划"课程，课后与城本804班同学合影

张企华在同济大学毕业留影

1985年，张企华老师参加徐州市交通规划评审。右起为张企华、徐循初、汪光焘、蒋国镇

版发行，因为统编教材在后，我们开课在前。我只好一页一页地抄下来，带回去交给教材科去油印。79级规划专业用的就是这本油印的讲义。

我特别感谢杨佩昆老师，1982年一天傍晚，我去杨老师家拜访，当面向他请教"车辆通过冲突点交叉口通行能力分析法"。道路交叉口的通行能力计算方法，教材里面采用是"停车线法"，杨先生研究出的"交叉口冲突点法"，是结合他在美访学时的经验，首先在国内推行的"新式交叉口法"的研究成果。杨先生毫无保留地给我进行了讲解，还送了一摞油印材料，嘱我认真研读，有不理解的地方再跟他讨论。这部分内容对规划专业学生并非是重点，但作为教师了解学科前沿动态，这是必要的。我们常说要给学生一杯水，教师就要有一桶水，就是这个意思。

所以说，咱们规划学专业的根应该是在同济大学。

三、初为人师

我刚接教学任务时，两手空空，虽然有十多年工程的实践，但毕竟高等教学要求有系统性和更严密的理论依据，还要对本学科前沿有所了解，这些方面对一个从工程人员转行到教师岗位的人来讲，显然是急需要补充学习的，"城市交通规划"教学基本上分为两部分，前面部分主要是道路几何设计，都是很经典的基础理论。设计方法就是要求熟悉规范，还有手册的使用，因为我做的具体实践项

目多了，很熟悉，在济宁和烟台主要是做路。15年的工作经历，在济宁也好，在烟台也好，其实是奠定了基础的，有了这些工程经验的积累和历练，到了讲台上不至于慌张。应该说，这部分马上开课没有问题。第二部分就是综合交通规划，这部分我是一边教一边抓紧备课，时间还能赶得上。再加上母校老师们的指导，和带回来的资料，心里有点底气了。

我也去弄了点薄膜，买了一套马克笔，给学生做幻灯片。当时我发现，各个城市都有自己的特点，比如武汉有长江桥，徐州是铁路分隔，如果没有去过，很难把这些拿出来给学生讲。所以只要有机会，我就争取带学生去实习。

交通规划不只是传统意义上工程设施的规划。这也是这门课列为城市规划专业必修课的原因。教材前半部是路桥等设施的规划和设计，后半部分是现代交通工程理念指导下，与我们城市规划原理设计互动性很强、关系十分紧密的综合交通规划。在课下，我就不断地拓展、钻研，因为自己有一桶水，才能给学生一碗水。我把读的专业书和理论，吃透了、理解透了再教给学生。比如那个时代，有人认为道路交通不就是车、不就是路吗？其实不止，它是和土地使用、经济发展密切相关的，有工程的内容，还有法规的内容。我就把我理解的这些东西，结合做过的工程实践项目讲给学生听。

当时，国外有一个理念，叫"4E"，其中教育（education）是first，"4E"工程才是真正的交通。在1980年代初，这都是很新的理念。我上课在讲基础理论原理的时候，更侧重一些方法和方法论的传达，也喜欢把当时国外的一些较新的规划理念介绍给学生。比方我们说公共事务程序，交通规划的事务程序就可以借助4E理念来分析，画一个图和三条线来表示，那中间是交通，三条线分别是法规、设施和土地使用。交通是和土地使用有关，和法规有关，和教育有关，甚至还和生态有关，是一个复杂的共同体。

比如说，工业的出行肯定和居民出行不一样，人的出行的增长和货运出行的增长也不一样。所以都是与我们城市规划专业之间是密切相连的，交通要解决的是控制问题，怎么来解决道路畅通的问题呢，路多了不一定能解决问题，这不是单纯的交通专业的问题，一定是规划的问题，一定要解决的是这个区域的土地使用情况怎么样，是不是挂得很紧、结合得很好的问题。

再比方说地铁站里都是高强度、高密度的人流，疏散是个很重要

的考量因素。当时我国综合的交通枢纽还不多。比如，在日本，飞机场的换乘，到处都有指示牌，指示牌就是语言，一门全世界通用的符号，那必须得学会看。看懂了指示，这是到哪里，那个是到哪里，这就是education的一部分。同时education还包括我们出行人交通素质的提高。我们的information这几年应该说变化很大，比如，过去我们叫交通违规是吧？现在是违法。这个是法律地位提高了，交通安全法成为大法。这些都是影响交通规划里面的因素。

"城市交通规划设计"这门课，当时有七八十个课时，是一个主干的专业基础课。这门课越来越受重视，从专业设置来看，是从无到有，而且很快就列为一级学科。交通专业现在是一级，它下面有4个二级学科，其中交通规划是一个二级学科，但是在我们城市规划专业里面是最重要的。

四、波兰进修

1980年代，联合国教科文组织有一个项目叫"发展中国家区域城市规划联合国青年培养计划"，依托于波兰的什切青工业大学，由波兰科学院院士萨伦巴教授主持，他是社会主义阵营下的规划大师，主要是为发展中国家、欠发达地区培养规划人才的。当时他提出一些新的规划理念，联合国就把第三世界的城市规划和区域规划的规划师培训，都放在波兰了。

1985年10月，为适应港口城市发展的需要，提高港口城市的规划水平，在联合国教科文组织资助下，建设部邀请波兰科学院院士、什切青工业大学萨伦巴教授在烟台举办"沿海开放城市区域与城市规划讲习班"。1986年，萨伦巴来我院讲学，讲课的内容主要有整体规划理论及应用、门槛分析理论、城市环境战略、沿海地区及海港城市规划等，还做了山东半岛北部地区的区域规划草图，让我们打开了理论和实践的视野。通过这个契机，我认识了萨伦巴教授。当时国内的规划还是一种"功能论"，就是功能分区，功能至上的规划理念。他在当时提出了生态（ecological）概念，确实是有前瞻性的。我很崇拜他，希望有机会能跟他进一步学习。

功夫不负有心人，1987年，建设部有了该项目的培养指标，我就想办法申请到了。

在波兰，一共半年多的培训时间，其中有一个多月是调研，也叫研究旅行，我收获很大。那时候我们不知道什么是生态，对这个概念的理解也是很肤浅的，还局限在"水资源不要被污染"这些认识上，因为对当时的第三世界来讲发展还是主要矛盾，而萨伦巴先生的生态理念是一个大的规划概念，这对我的固有观点冲击很大。我们去参观克拉科夫市，它是波兰南部最大的工业城市，有着悠久的历史，位于维斯瓦河上游两岸，也是联合国认定的历史文化名城。我们去看克拉科夫市的一个大型电厂，按理说电厂的污染对古城堡来讲，影响是很大的。但是他们的规划设计，很巧妙、很专业地规避了这些问题。我们还参观了一些港口城市，了解到港口城市发展的形态、模式，在导师的讲解中，在学理层面去探研它为什么是现在的形态，它形成的自然条件有哪些，或者说生态基础是什么。

这些理念在1988年，还是非常具有前瞻性的。一方面，当时我们大力发展重工业，其危害还没有显现出来，所以在那个时期去进行生态规划，对于未来的城市发展，是一件大事，是一件非常重要的大事。

另一方面，我觉得是方法论上的意义，这是一个整体性的概念，integrated planning，我们译为"整体规划法"，该方法论的核心思想是要把各种因素结合起来做一个全面的综合规划。直白地说，就是（规划）居住你不能只看居住，做道路交通（规划），你不能只看道路和交通，要和土地使用挂起钩来。学理上讲，就是要注意功能的结合，是空间、生态、社会、经济功能的结合，要将社会规划、经济规划与物质规划结合起来成为一个整体，成为一个综合规划；地域的结合，就是指国家规划和城市规划之间的结合，城乡规划的结合。所谓结合，也就是同步进行，萨伦巴教授说，是先做国家规划、区域规划，还是先做城市规划？这就好比是争论先有鸡还是先有蛋一样，永远不会有答案。国家规划、区域规划、城市规划必须同步进行，三者是一个互相对话的关系；地域规划与部门规划的结合，这个就是我们常说的条条块块的结合，尤其是在经济快速发展时期，很容易出现为了短期经济效益而不顾地域发展的可能性，不顾长远的社会、环境效益的现象；时间上的结合，不能只是15到20年的总体规划，必须做到远景规划、总体规划与近期实施规划相结合。

萨伦巴教授关于规划的方法论，对我的规划设计和教学都产生了很大影响。在波兰这半年的时间，感觉蛮紧张的。外语不算很好，所以就得比人家多下点功夫，当时全部都是英文教学，去之前在家都做足了功课，提前阅读了大量资料，总之，这半年收获很大，萨伦巴老先生教得很好。

1988年，张企华老师访问波兰，与彼得·萨伦巴教授合影

1988年华沙古城墙下

五、"赶着毛驴去接人"

改革开放以后，国家各个方面进入快速发展阶段。但总的来说，1980年代的教育改革相对是比较滞后的。我感觉教育是计划经济的最后一环，最后一个堡垒。我做政协委员的那几年，也呼吁过，对学校不能两头卡，既不给钱又不给政策，学校该怎么发展呢。

那时候老师们出差，距离再远，也没有坐飞机的，因为学校给报销的经费实在有限。亓育岱老师他们几位经常开笑话吐槽飞了一半下来，再走路去。当时房间是住不起的，就睡走廊，走廊人家也不给搭铺，办学条件就是这么紧张。

还有一件事情，我印象很深。有一年，系里的下课铃声时响时不响，致使教师走出教室的时间有早有晚。老师们都是用自己的手表掌握课时，但各人的手表不一定都是标准的北京时间。于是，每每遇有上级检查或者评估等事，要求教师准时下课，铃声问题总要被提到议事日程。该由谁来负责打铃呢？院务会议上一位说该由传达室即总务部门负责，因山工大就是传达室打铃的；一位说该由教务处负责，因为是上下课的课铃；还有说应由院办负责，因节假日都是院办负责通知各单位的。会议开半天，会后铃声也的确响起了几天，但过了一段时间后又不响了。据说是电路系统有毛病，需更新设备了，但是几个部门互相推诿，这点小事又被无限期搁置了下来。

到了1980年代中期，系里被允许可以搞一点创收，在政策上算开了一个小缝。王崇杰在这方面做得不错，他最大的特点就是投入、肯干、务实。给系里创收首次突破10万元大关。系里慢慢有了些创收，就可以给大家发点奖金，可以置办一些办公必需品，还可以搞些学术活动。请名校专家学者来做个讲座，最起码要给人家旅费，王守海老师开玩笑说，"我们没有车，打出租车没地方报，干脆学院喂一头毛驴吧，以后请人就赶着毛驴去接。"（笑）

那个时代，办学条件是很有限的。每年开学，建筑城规专业的学生要上美术课，申请画室是必做的工作之一。先由系里写用房申请报告，请分管院长（当时的校级领导）签字，再送教务处等待分配。如遇所分之房不适宜，例如南向房，光线不均匀或房太小等，再通过院长协调，有时还要在院务会议（由学院领导、院直各处室及四系一部领导等出席）上讨论。每学年的下半学期，面临毕业设计，因当时都用0号图板绘制方案，一间普通教室最多安

1987年，张企华老师参加滨州市总体规划评审会。左起为杨律信、张企华、崔功豪、夏宗玕、吴志强

1994年，俄罗斯建工学院代表团来访，前排中间为张企华先生

1995年，天津大学彭一刚院士来院讲学、指导教学工作，左一为张企华

排两个组，而一般毕业设计分为3~4个组，每组10人以下。于是又要提出用房申请报告，最后能分到的不是楼顶的"桑拿"房就是仓库临时倒腾的废弃房，窗户没有玻璃，房门没有门把手，这都是常有的事。

系里需要一间模型室，经过历届系主任多次申请后，终于把楼顶平台搭建的一间小房拨作模型室用。当时室内设计专业也归属于建筑系。模型室内，光家具制作课所用木材就堆满了整个房间。不得已，四楼系办公室的走廊，就成了临时的制作工场了。

大约1995年至1996年间，教育部开展高校本科教学评估。在多次院务会议后，学校终于划拨一间教室作为建筑系专用展室。虽是斗室一间，但系里的师生教学科研成果终于有了一个"专用空间"了。

国内著名高等院校的多位学者，如彭一刚、阮仪三、郑光复、鲍家声等来系作学术讲座时，先后一致提议建筑系应拥有独立的系馆。经系多次申请，学校领导在用房十分紧张的情况下，终于采纳了这些建议，将1号实验楼三层至五层的非建筑系用房外迁，调整给建筑系使用。我们当即在三层楼梯平台上设置了"建筑系馆"的标记和室牌。

在城市规划专业创办15年后，建筑系拥有了自己的系馆。馆内除了专用教室、行政办公用房外，有建筑物理实验室（带一台当时颇为稀少的苹果机），有用作学生第二课堂的资料室、展室、模型室以及利用墙面设置的展窗、展橱。即使在艰苦的办学条件下，当年师生的"教"与"学"的热情依然十分高涨。那是破冰后的春天，每个人都是兴奋的、向上的。当年的教师，寒冬三九穿棉袄上课；盛夏三伏，进教室时手执一块干毛巾，出教室时已成了浸透汗水的湿毛巾。尽管条件差，老师们可都认真备好每堂课，认真讲授每节课，认真设计板书，认真指导每个学生作图，认真辅导每个学生的设计。当年没有奖金，不设岗位津贴，甚至连3块钱一节课的课时津贴也是后来才施行的，但没有人计较工作的报酬。正是这一批又一批、一茬又一茬的教师，以他们一丝不苟、严谨治学、坚守岗位的精神，培养了一代又一代的学生走出校门、走向社会。

学生工作及教务后勤保障方面，尽管人少（办公室1名，团总支2名），但也同样默默无闻地工作。他们送文件、做报表、接通知、存档案、带学生实践、带学生早操，承担着大量繁杂的工作，每天光上下楼梯就要跑若干次，保障了教学秩序的正常进行。

六、系主任工作

从1993年到1997年，我在系里担任系主任的职务。经过上一届张润武教授的积累，系里的各项工作是秩序井然的状态。

我们的老师们大部分是每人一门或者两门主课，比如周今立老师教授的中建史，学生反响很好。他比较注意收集资料，当时经费少，不管哪位老师出差，他都会恳请带一套幻灯片回来，有的是在景点上购买的，有的是在火车站附近买的，他都用来充实授课内容。周老师比较有心，讲课很有逻辑性。这个阶段，我们主要就是教学资料的充实和教学方法的提升。

另一方面的重点工作，就是开始注重教师科研能力的培养和提高。建筑学的学科特点是，个人的论文数量多，但是课题做得少。我们城市规划这边主要是课题，因为规划与政策的相关性强，比较容易被政府认可，比较软，在申报社科、软科学方面的课题上比较占优势。1990年代，学校整个的政策也越来越好，大环境越来越开放，横向课题的数量也越来越多。王崇杰一直坚持在建筑技术方向上搞研究，也颇有建树。教学科研无小事，是系里的重中之重。

还有就是实验室建设，展室、模型室，都是从无到有，一是因为学科专业特点的需要，二是因为学科评估的需要。展室就一间教室，面积不大，师生的作品都挂在里面，有来检查参观、学习交流的，都去这个展室。还有一部分作品，就是利用走廊，把学生作业挂在

1993—1997年，张企华先生在建筑系担任系主任

1993年，张企华先生被评为"全国优秀教师"

优秀教师奖章

退休后的张企华先生

张企华先生任山东省政协常委

走廊两侧，一个是为了有点风味，第二也是补充展室面积不足的缺陷。再就是周兆驹老师的建筑物理声学实验室，我们这套设备是从丹麦进口的，当时在全省都是属于较为先进的。

科研教学、教师队伍、实验室建设，基本上步入正轨。我们那时候也有学科评估，但当时是不排名次的。

我任职期间，建筑学一直处在比较快的发展阶段，规划专业则进入了比较平稳的状态，当时规划专业的师资相对来说，已经比较稳定了，按照当时学校的要求，硕士生占青年教师的比例已经达标。但是建筑学师资相对来说比较弱，处在一个大量引进人才的阶段。后来，张建华去朝鲜进修了副博士，同时我们也引进了一些年轻的硕士。当时系里面的大体情况就是如此。

1988年，我当选为省政协委员，一共干了四届，两届委员，两届常委。我提过一些跟规划专业相关的、比较宏观的提案，比如区域发展。1996年，提案委员会又找我写了一篇发言，是关于环境污染的，据说反响不错。

七、给年轻师生的几句话

如今城市规划专业的毕业生遍布全省，有的甚至到了上海、北京、天津、广州等地发展。他们的成功，自身的努力固然是关键，同时也得益于对学校学风、教风的传承。40年来，我们成功实践了为地方经济服务的办学宗旨。今天办学条件大大改善了，物质的诱惑也更多了，面对这些变化，回顾办学的历史，淡化功利、脚踏实地、

坚守精神、克服浮躁，应是我们要代代传承的财富。

城市规划发展至今，更多的相关学科融入了体系之内。全球化经济背景下，城市参与区域合作与区域竞争是必然的趋势，现代科技和工业化水平快速提高，城市能源、交通、环境等问题和矛盾日显突出。这些变化对城市规划学科都具有很强的挑战性。因此，一方面要继续保持我校城规专业的经典特色，同时，要更广阔地吸纳新营养，这是学科向前沿发展的需要。这样就要有学术的包容、学者的包容和领导襟怀的包容，包容才能并蓄，才能构建更为民主的学术氛围。

张企华先生参加民主党派全国先进个人表彰大会

学"原子弹"出身的教书匠
——周兆驹访谈录

周兆驹先生

周兆驹，男，中共党员。1946年6月18日生于江苏淮安，1963年毕业于江苏省扬州中学，1968年毕业于中国人民解放军军事工程学院（哈军工）原子工程系，1981—1982年在山东大学、1986年在同济大学声学研究所研修。1968年12月—1978年6月在山东沂源柴油机厂工作，任基建办公室主任。1978年7月到山东建筑大学任教，在基础部讲授"大学物理"课程，后调学校教务处教学科；1985年到建筑系，主要讲授"建筑物理"课程，并为环境工程专业讲授"噪声控制工程"课程。1996年破格晋升教授，2002年起担任"建筑技术科学"硕士研究生导师，2009年退出教学岗位。

主要从事建筑声学与环境声学的教学和科研工作。在学术刊物发表论文80余篇，出版著作4部。曾获山东省科技进步二等奖2项、三等奖1项，教育部、建设部、中国公路学会、济南市科技进步三等奖各1项。积极参加社会技术服务工作，涉及厅堂的声学设计、工程噪声治理、建设项目噪声环境影响评价等方面。作为专家还参与了省内外众多重要工程技术的评审。

曾任中国建筑学会建筑物理分会理事、山东声学学会副理事长、山东智能建筑技术专家委员会委员等职。曾任国家环保专家库专家、山东省环保专家库专家、山东省建设工程评审专家、山东省政府采购评审专家。

访谈背景：周兆驹先生自1985年调到建筑技术教研室，在建筑物理教学、实验室建设、建筑技术科学专业硕士点申报及硕士培养等方面作出贡献。受大学时代的影响，周先生严谨、务实、求真、好学，用研究"原子弹"的精神，对待教学、科研和工程实践，在建筑声学和环境声学领域成为全国知名专家。同时，这位因教学要求严格而被部分学生戏称为"四大名捕"的教师，以其扎实的理论知识基础、丰富的工程经验、启发式的教学方法，培养了大批优秀学子。

访谈时间：2018年12月
补充访谈：2019年5月
访谈地点：济南周兆驹先生府上
整理时间：2019年4月整理，2019年5月初稿
审阅情况：经周兆驹先生审阅，2019年8月定稿
受 访 者：周兆驹
访 谈 人：于 涓

小学时代　　　　　　　中学时代　　　　　　　大学时代　　　　　　　参加工作

年富力强的中年　　　　　研究生导师　　　　　　退而不休

一、军校：原子弹科学家的梦

我出生于1946年6月，中学时代是在江苏省扬州中学度过的。这所学校历史悠久、人才辈出，从这里走出了江泽民、胡乔木等社会精英，更培养出了黄纬禄、吴征镒、吴良镛等一大批科学家。学校非常重视传统教育，经常有知名科学家回校探访，这对学生影响很大。我的科学家梦就是从这里开始的，对原子弹、人造卫星等充满了好奇与探索的冲动。

1963年8月，我以扬州中学高考理工科最好成绩的身份被选拔到中国人民解放军军事工程学院（俗称"哈军工"）原子工程系学习，开始了我的"原子弹"专业道路。入学不久，听了钱三强教授（现

在人们称他为"中国原子弹之父"）关于原子弹的介绍，更加坚定了我成为研究原子弹科学家的理想。当时我国原子弹尚未爆炸，深感自己肩上责任的重大。

哈军工于1953年创立，是现在的"国防科技大学"等高校的前身，陈赓大将为第一任院长。学校当时与北大、清华齐名，因此入学门槛高，对学员从生活到学习要求也都非常严格。我高中时一直是班上的学习委员，高考成绩也是我们中学最好的。但是进了大学一看，班上全是尖子生，对我刺激最大的是知道了有几个同学数学高考满分，原来班上同学都这么厉害，自己心里就有了压力，当然还有今后能否胜任专业研究工作的压力。大家无形中在进行着学习的竞赛。我曾经有一个学期未跨出过学校大门一步，整个假期都在图

书馆中度过，虽然有点苦，但磨练了我刻苦学习的意志，这也让我受益终生。

哈军工的教育非常有特色：一是课程多。我学的是研究提高原子弹装药效率的"内爆"专业，是理科专业，但也安排了工科的"机械制图"等课程，有效拓宽了专业面；二是授课深度大。我的专业并不是数学专业，但数学课基本是按照数学系的水平要求的，逼得我们只能多看参考书才能完成学习任务。记得学习"微积分"时，我同时看了十多本参考书，做了上千道习题；三是重视学员能力培养。譬如不少课程是在课堂讨论中完成的。记得上"爆炸物理"课时，老师推荐了两本观点不同的外国书当教材，他还写了讲义，说明自己的观点。上课时，他只讲20分钟左右，其余时间在引导我们进行讨论。同学们都抢着发言，并以将所提问题让老师回答不出来为荣。老师课堂上回答不了学生问题，我们形象称之为：老师"挂"黑板（笑）。这种教学方法逼得学生课前必须预习，必须学会深入思考。正是在这样的教学环境下，让我具有了较宽厚的知识基础，更重要的是培养了我的自学能力和良好的分析问题与解决问题的能力。

在大学里，让我印象特别深刻的还有一件事：有一次指导员到教室里检查卫生，他戴着白手套到讲台下面的搁板上去摸，看有没有灰尘。我们班是一个上海同学负责擦讲台，他是一个非常认真的人，不但将讲台外面擦干净了，还把讲台里面的搁板都擦得一尘不染。这件小事对我触动很大，做事情一定要一丝不苟，而且一定要表里如一。2018年毕业50周年同学聚会时，同学们又再次提到了这件事，可见这件小事对大家的印象有多么深刻。学校教育决不只是传授知识，更应注重学生品德的培养。普普通通的一件小事，就可能会影响学生一辈子，可惜许多学校的教育并没有认识到这一点。

二、工厂：不甘沉沦的岁月

"文化大革命"击碎了我的科学家梦。我父亲在某医学院读书时，曾随全班同学加入过国民党，这成了"有历史问题"；我同专业的另一个班的班长，他父亲刚解放时做过小买卖，也成了"有历史问题"。随着"文革"时对家庭出身要求的提高，我和他的保密等级都从"绝密"降到了"机密"，不可能再去核研究院或核工厂，因此被地方分配，并结伴到了山东。他后来回到上海，在大学教授金融投资方面的课程。哈军工非常特殊，高级干部子女特别多，到"文化大革命"时，这些干部几乎全被打倒了，所以这批干部子弟

也都变成了地方分配。需要地方分配的人数多，而好地方分配的名额有限，因此能够分到与家毗邻的山东省我就已经很满足了。

到了山东以后，本来我的身份是机密级分配，应该可去一个条件相对较好的单位。但是临沂地区毕业生分配办公室人员都是临时拼凑的，既不讲政策，也不懂专业，乱分一气。譬如说，他一看两个人都是学硅酸盐的，就让你去水泥厂，他去玻璃厂，其实正好把这两人专业颠倒了！学玻璃专业的分配去了水泥厂，学水泥专业的去了玻璃厂。当时明知不对也不敢违抗，必须服从分配，那时大学生被批为"臭老九"，社会地位低下。我原分配的单位名额被别人顶替了。在分配办留置多日后，让我去沂源，说沂源是备战的"小三线"。就这样，1968年12月，在"面向农村、面向边疆、面向工矿、面向基层"大学生毕业分配政策下，我到了与所学专业毫不相关的山东沂源柴油机厂工作。

工厂里有三分之一的人是从全国各地分配来的大、中专毕业生，学生们都被安排在车间劳动，接受工人阶级"再教育"。那时，工厂条件十分艰苦，大家只能"苦中取乐"，闹了不少笑话，被工人并无恶意地戏称为"神经病"，排了名次的"神经病"竟有20多个。

我被安排在"大件车间"，对柴油机的齿轮箱盖毛坯进行机械加工。加工机械都是专用设备，因此对我这个毫无机械知识的人来说并没有困难，只需靠体力按时搬运和装卸加工件。但也许是受到在大学里养成的习惯的影响，我不满足现状。在工作之余，开始学习柴油机、机械加工等有关知识，书是向其他学生借的。后来又学习电工和电力拖动知识。那时科技书籍十分匮乏，我给一位朋友寄了一筐苹果，他给我寄了一套内蒙古工学院油印的《电力拖动》教材。我是学俄语出身，英语是第二外语，在大学时学了不到两年，因此我还一直没有放下英语的自学。当时正是"知识无用论"盛行年代，大多数人都不看书，所以有时我常听到别人的冷嘲热讽，但我并不在意，只是担心会被扣上走"白专道路"的政治帽子，幸好一直平安无事。

这些机械知识和电工知识对我后来在教务处工作有很大帮助，在制定相关专业教学计划和听教师课时我不完全是外行了，这些知识对我后来从事的声学工程也很有用，所以，我经常对学生说，无论做什么工作都要做好，因为这些经历与获得的知识可能对你今后的工作很有用。我们不少学生有一种坏习惯，认为有用的课程就好好学，认为没用的课程就懒得学，甚至逃课，以致浪费了许多宝贵的学习机会。

在车间劳动了两年多时间，调到了厂基建办公室，后被任命为基建办公室主任。盖房子对我来说又是一件全新的工作，我甚至连"山墙"、"过梁"、"建筑模数"等建筑词汇都不懂。

但不懂就学呗！一是从实践中学，天天泡在工地，看厂房如何从基础开始盖起来的；二是从书本中学，买了建筑设计书和一些标准图自学。通过自学与工程实践，掌握了许多建筑知识，甚至还自己设计建造了一栋三层办公楼和两个单层厂房。在那个年代，建筑设计并不需要资质，也不需要审查。说来胆子也够大的，离开工厂后，反而有点后怕了。在工厂获得的房屋建筑知识为我今后从事建筑物理专业创造了条件。这段从事"基建"的经历，也是我调到济南后愿意来山东建筑工程学院的重要原因。

三、基础部：关于"匠心"的思考

1978年7月，在"拨乱反正"的大背景下，国家出台了要求大学毕业生"专业对口分配"的政策，山东省人事局一纸调令，让我走出了沂蒙山区、离开了工厂。原来我是要去山东大学物理系的，可那儿不能安排宿舍，加上有位长辈劝我："山东大学人才济济，你还年轻，什么时候才能熬出头？"我觉得很有道理，于是到了刚刚恢复本科办学的山东建筑工程学院，但没想到的是，竟在这个学校待了一辈子（笑）。

当时学校只有一栋教学楼，几十位教师，几百个学生，很小的校园。1980年，大学时的指导员来看我，他很怀疑这是一所大学，可谁能想到学校今天能发展到这么大规模呢？指导员已经去世了，如果他还健在，我一定会请他再来看一看今天的山东建筑大学。

刚到学校就站上了讲台，讲授两个班的"大学物理"课。我上大学时，年轻教师是不能上大课的，必须先做助教，而我现在必须在没有任何教学经验基础的情况下就上大课，因此如何上好课成了我思考最多的问题。

1979年以后，中央电视台有一个电大课程，里面有"大学物理"这门课，主讲教师的教学方法与传统方法不同。传统方法是先讲定义、定理，再讲例题。他则是先提出一个例题来，在解题过程中逐步深入，越讲越深，就这么一个例题，讲了一堂课，但把所有的知识都串起来了。这种启发式的教学方法对我触动很大，我在后来的教学里面也经常采用这个方法。

周兆驹先生和8531班的同学在一起

从1981年1月到1982年1月，我在山东大学进修"量子力学"、"电动力学"等四门理论物理课程，最低考了92分，最高考了满分100分，进一步筑牢了知识基础，其中"电动力学"课程虽然与我后来从事的声学内容完全不同，但其知识与研究方法对我后来从事声学专业有很大帮助。更重要的是，我是以一个教师的身份再来听课，与当学生时听课不同，对于教师授课方法有更多思考。

不少教师以"教书匠"自嘲。我当教师后，我对教书匠里的"匠"是很反感的，感觉好像手艺人一样。可自从我在山东大学进修以后，看法发生了改变。"匠"实际上是指要有手艺，要有匠心。一个老师如果没有匠心，这个老师是当不好的。对每一门课，从备课准备讲什么，一直到课堂上的表现，都是一个精雕细琢的过程。课堂上讲的每一句话都是要对学生负责的。应该说，在山大一年的进修，使我的教学水平有了质的提高。让我体会到：这个"匠"字含义深刻，只有具有"匠心"，才能当好教师。我在授课中重视语言精练和板书条理清楚，特别注意讲思路、启发学生思考，注意加大授课信息量和学生能力培养，最终也收到了良好教学效果。

我在教学过程中也有过苦恼，就是我们山东学生"太老实"。我在讲"大学物理"时，曾想采用课堂讨论方式进行教学。我列了一个提纲，发给同学以后，我只讲20分钟左右，然后进行讨论，但学生们都不说话，根本讨论不起来。多年后，我在齐鲁晚报上还写过一篇文章讲这个事，没办法，我也只好又退回到满堂灌了。

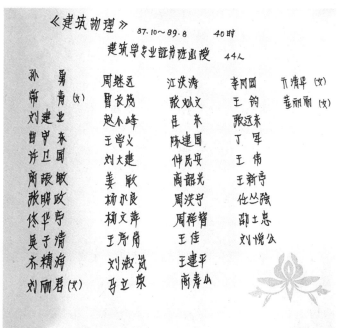

周兆驹先生保存着所有教过学生的名录

四、教务处：关于"教学工作量"的反思

从1982年到1985年，我在学校教务处教学科工作。那几年，关于教学工作量，我做了大量调研并制定了学校第一批教学工作量的具体实施方法。

这个方法大概是在1982年左右完成的，给教师的教学工作进行定量核算。其好处是鼓励了教师多承担教学工作。但同时我也意识到，如果死卡教学工作量，就可能会造成一些老师没时间和精力在专业和科研上提高。我曾经去调研过上海交通大学、浙江大学等高校，当时他们采取的基本都是"三三制"：三分之一教师上课，三分之一教师科研，三分之一教师学习提高（教学休假）。教师只有上课时段才需要完成教学工作量。但学校从科研编制里面随时都可以让教师回到教学岗位上来，很灵活。这种做法需要学校有足够的教师储存量，交大、浙大，可以做到，但我们学校做不到，我们学校的老师几乎全部都在教学。这种定量核算方式的最大弊端就是对老师过于限制，大学老师不是中学老师，他要有精力去做科研。当时在制定这个工作量办法时，我向学校的领导强烈建议过，要避免一刀切。我们虽然没法跟交大、浙大比，但是要有这种意识，在工作量定量的同时，要有一些补充措施来校正。针对我们学校的特点，不

周兆驹先生在教务处工作期间主编的《教学通讯》

一定搞"三三制"，但是，譬如说一些龙头专业有潜力的中青年教师，教两年课，学校给一个学期进修，这也可以。这是个长远之计，就像蓄水池一样，如果总是不蓄水，早晚有干涸的那一天。这些想法在当时看来，有点异想天开，因此也都不了了之。

后来，我转到建筑系当专职教师时，才体会到"搬起石头砸自己的脚"是个啥滋味（笑）。因为我回到系里后，就不是教学、行政"双肩挑"了，课时量要求就要翻番，我带了三门课，工作量才勉强够。经过十几年的发展，我们学校的建筑声学专业应该说已经较有特色，而且应该说我在建筑声学界当时还算有些声望了，我想把烟台大学一位贺老师调进来，组成建筑声学技术的团队。这位贺老师是北大的研究生，后来在同济大学读建筑声学的博士，是我国第一个建筑声学博士。他主要是看中了我们实验室有较先进的仪器和实验设备，还看中了我的工作能力。我们当时在想：一起打拼的话，团队的力量就可以把这个专业变成在国内相对比较强势的专业。但学校人事部门就是不同意，为什么？因为我的课时量都完成不了，再调一个人进来，不更完不成工作量吗？很长一段时间，我们学校不能在许多专业方向调进优秀人才，形成优势专业，和片面执行教学工作量制度有很大关系。

五、同济大学：初入"建筑物理"之门

1984年学校建筑学专业恢复招生，急需"建筑物理"课教师，我是学物理出身，又具备一定的建筑知识，因此是最合适的人选。此外，教了几年"大学物理"，我也感到以我们学校的条件在物理方面难以做出成绩，需要更换自己的专业方向。领导说如果离开教务处，行政职务没有了，工资可能会低。我说我宁愿低，也要回系里。在教务处的几年，我对学校建设有许多想法，也写了不少建议和报告，但大多石沉大海，非常失望。我也意识到我的性格并不适合于当干部，还是回到教师队伍里面去好。

为什么我不适合当行政干部？因为讲话太直，问题看得太尖锐。这些习惯都是过去在大学里面养成的一些坏习惯，当然你说是好习惯也行（笑）。我在工厂时就犯过这样一个错误，当时工厂里面在"拉练"，大家都在工作，厂党委书记却在供销科下棋。我就过去说："书记，工人在那儿拉练，拼命干活，你们在这儿下棋影响不好吧"。过后一个星期书记没跟我讲话（笑）。我现在岁数大了，也知道这个讲话方法是有问题的，应该在没有人的时候再去跟领导说，对吧？但是当时年轻，受"有则改之，无则加勉"、"知无不言，言无不尽"教育的影响深。现在看，就是情商有点低。

1985年我辞去了教务处的工作到了建筑系，并开始了建筑物理实验室的筹备工作。1986年上半年在同济大学声学研究所进修，当时同济已经有建筑声学的研究生了，所以跟着建筑声学的研究生在上研究生课程，师从钟祥璋、王季卿教授，他俩都是国内顶尖的建筑声

学专家。我还听了环境声学、建筑光学有关课程。在进修期间，阅读了同济大学图书馆几乎所有建筑声学专业的图书，并手抄了几大本有关论文与资料。之所以手抄，一方面是为了省点复印费，另一方面也是为了边抄写边学习。

对于知识的学习，我认为有两种方式，一种是书本学习，另一种非常重要的是在实践里面学习。年轻时我有一个很深的教训：有一次一个工人师傅拿了一个"可控硅"（一种电器元件）来问我是什么物件。"可控硅"当时刚刚出现，我在书上是见过"可控硅"的，当时看书上的照片就觉得它尺寸很大。师傅拿的那个东西这么一点点，我根本就没认出是"可控硅"。这个事情对我刺激非常大。好多东西在书本上学了，你按照书本上说的去干，心里会发虚，因为实际工作和书本，毕竟是有差距的，所以我很重视实践。在同济参与了实验室材料测试和厅堂现场测量，并尽可能多实地考察了剧场、录音棚、噪声控制等工程现场。

当时我的工资只有一百元，买书、坐车都需要钱，因此只能省吃俭用。记得有一次从苏州参加建筑声学的学习班回到同济大学时，口袋里只剩下一毛钱。在同济大学的半年，做了很多的事情，从早到晚都在忙：听课、做作业、参观考察、测试，还有辅导学生。日子就这么过来的。

通过辛苦的学习和向导师求教，我终于跨进了建筑声学、环境声学和建筑光学的大门。"建筑物理"课包括建筑热工、建筑光学、建筑声学三部分，为了胜任建筑热工部分的教学，我回到学校后，又去听了刀乃仁老师给暖通专业讲的"传热学"课，他原来是我的学生，我给他上过"大学物理"课，但这次我是他的学生。

六、建筑系：被称为"四大名捕"之一的教师

1986年下半年我开始给建筑学专业讲授"建筑物理"课，直到2009年7月退出教学岗位，在建筑系的讲台上站了23年，并带过课程设计与毕业设计，还为环境工程专业讲过"环境噪声控制工程"，给外系学生讲过"建筑概论"课。我之所以要讲"建筑概论课"，是为了完成教学工作量。教学工作量的制定有它的好处，也有它的弊端，其中一个问题是将所有教师都拴在了课堂上，这个前面讲了，对学校发展不利，对教师提高不利。

建筑学专业教学中始终存在"技术"与"艺术"的矛盾，本来是相互依存关系，却被人为割裂。我校建筑学专业学生普遍不重视技术

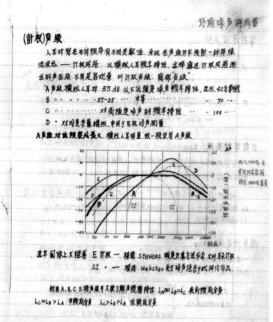

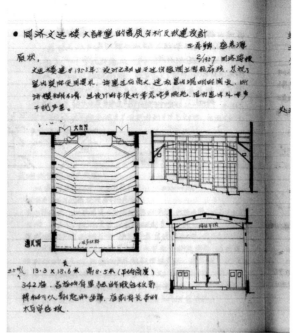

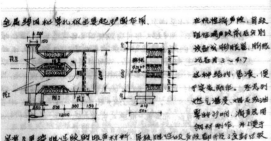

周兆驹先生在同济学习时笔记

方面课程，因此我在上建筑物理第一节课就得讲明白建筑学专业为什么需要学习这门课。我认为这门课的重要性在于：一方面，建筑设计离不开建筑物理知识，特别是随着时代的发展，人们对生活环境要求的提高，建筑物理知识日益显出其重要性；另一方面，建筑物理课程学习可以提高学生分析问题和解决问题的能力，培养学生严谨的工作作风。这些也是我的教学理念。

除了技术课程，我们学校教学计划里面人文课程也少，我曾跟学校提过多次。我大儿子是天津大学建筑学专业毕业的，我对照过两校建筑学的教学计划，天大教学计划里面人文课程的占比量要远大于我们。有一段时间建筑系安排有"大学语文"课，但是后来又没了，不知现在如何。当今建筑设计方案介绍有一种趋势，就是讲故事，看谁故事讲得好（笑）。当然，这个做法是否合理，现在不评价，但是最起码人家能把故事讲出来，这个讲故事的能力是需要有人文知识基础的。我们学校建筑学专业毕业生的后劲普遍低于清华、天大等校，与学生所学知识面较窄有很大关系。

我在讲课中尽量结合实际工程设计激发学生的学习兴趣，在保证知识深度和知识完整性前提下，尽量少用数学公式而多用建筑语言，收到好的教学效果。学生在考外校研究生时，"建筑物理"课程大都得了90分左右的高分。

我对学生要求很严，有两个方面的原因：一方面可能是我在求学阶段养成的严谨和严格的习惯，我希望每个学生都能脚踏实地学习，所以对学生要求较严；另一个方面是把学生当自己孩子，希望这些孩子们有良好的学风，以利今后更好发展。我的严格表现在平时作业批改上和考试上。

我不能容忍学生抄袭作业，发现有抄作业的，便在作业本上写上评语，甚至当面批评。为什么这么看重作业？一是因为你现在这么一点作业都不好好做，以后可能就变成小事不做大事又做不来；二是因为你不老老实实做作业，眼高手低，出去会犯一些低级错误。有学生到了设计院，在图纸上多写或少写一个零，多画或少画一条线，都可能引起施工中的大事故。所以，平时的作业不只是巩固所学知识的需要，也是训练学生严谨作风的需要。我在课上明白告诉学生，我为什么能看出抄作业的原因。我说其实很容易，如某个同学3×8得出32，后面五六个人都跟着写32，你肯定是抄的，至于谁抄谁的，虽然我从作业本上一般看不出来，但是我会把这几个同学都叫过来，询问解题思路，就知道谁在抄袭了。

学生考试，我管得很严。考试前，不会指定考试范围，因为课程重点和要求在授课时已经说明。考试形式，我一般采取的都是开卷考试，可以翻书看，以便减少学生死记硬背时间，更好检查学生对知识的掌握程度。有一次出了个"单位"的考题，就是写出某某物理量的"单位"。一般的学生马上就能写出，因为"单位"全列在课本第一页了。但是平时不看书的学生，从书前翻到书后，一直在找，这么简单送分题你都找不到答案，哪有时间再做后面的难题。监考的时候，我走路是转着身子走的，不会一直往前走，或者一直往后走。因为当你向一个方向走的时候，个别学生就会去作弊，他知道老师后面没长眼睛。但是我走路是转着圈走的，想作弊的学生就没有机会了。

有一次，一个学生当面告诉我，说我是"四大名捕"之一。虽然我早有所耳闻，但还是第一次直接听到。考试前常有学生直接问我，老师你今年准备抓多少人不及格？我告诉他，我希望你们都及格，并且能考个好成绩。但是如果你不去好好学，考试不及格，我也不能昧着事实给你及格；如果你希望通过考试作弊来及格，我更不会网开一面，只能按照学校规定办。我虽被少数学生冠以"四大名捕"之一，但我不后悔。培养学生良好的学风不仅是学校的大事，也是每个教师的大事。"教书育人"不是口号，是靠做出来的。其实，大多数学生也是希望教师严格，希望依靠自己努力取得好成绩的。我记得在教务处时，有位教师期末考试前出了十道题，言明会在其中选六道题当考试题，结果同学们考得都非常好，但学生们不仅没有高兴，反而到教务处来告那个教师的状。

七、硕士点：具有特色的培养方式

2000年是申报研究生授权点年，对硕士点为空白的建筑系来说，是一个关键年。当时，我们"建筑技术科学"教师人数虽少，但在建筑声学和被动式太阳房两个方面科研成果显著，发表了不少论文，出版了多部著作，还得了多项省部级科研成果奖，因此准备和"城市规划设计与理论"硕士点一起申报。

后来学校为保重点，告知建筑技术科学专业暂不申报了。到了申报材料的最后一天，学校又决定一起申报。记得接到通知时已经很晚了，我和王崇杰、崔艳秋等老师，还有宋涛等研究生处人员一夜未睡，整理出所需材料。当时学校里面的打印室已经下班了，学校外山师东路路东有一个小店，我一直在那看着人家，不让人家睡觉，硬是把材料给打印和印刷出来了，第二天就在规定的时间把材料报了上去。很幸运，建筑系申报的两个硕士点都顺利通过评审，建筑

周兆驹先生和研究生们在一起

周兆驹先生在实验室

系也进入到一个新的发展阶段。

当年全国设有"建筑技术科学"硕士点的只有11所大学，且都是著名的部属院校，像清华大学、同济大学、东南大学等，我们的办学条件无法与他们相比。2001年到2002年，在这两年当中我跑了多所高校，去考察学习他们的教学计划。考察让我傻眼了，人家专业门类齐全、师资条件好，设立的课程不愁没人上课。咱学校完全不同，按照外校的教学计划，将有多门课无人能承担。我意识到，不能完全照搬外校的教学计划，需要在保证质量前提下，结合我院和硕士点的师资情况、生源特点，制定自己的教学计划、教学大纲。硕士点2002年开始招生，在师资方面，我也做了很多的工作，例如请学报编辑部赵俊卿老师来讲声学基础。针对建筑学出身的学生数学基础差，与数学老师讨论数学教学内容等。

从2002年开始到2009年，我一共招收了6届硕士研究生，主要讲授室内声学原理与设计、噪声控制学、建筑声学测量技术、视觉与视觉环境等课程。我还带领研究生从事科研项目、工程设计，增长他们的实践工作能力。其中有一位研究生能够顺利进入中国建筑科学院物理研究所工作，主要就是研究所注意到了她较高的实践工作能力，当年该所连天津大学的研究生都没有接受。

我带研究生那几年，在学生身上花的功夫比较多，彼此的关系就像师傅跟徒弟。俗话说："一日为师，终生为父"，我们的感情真的就像家人一样。我两个儿子研究生毕业找工作时，我都没有费心，但我为自己的研究生找工作却操了不少心。我前后一共带过15名硕士研究生，我妻子很羡慕我，她在环境工程系教化学，到退休的时候硕士点也没申请下来（笑）。不过我也有遗憾，没有带过博士生，有几项值得继续深入研究的课题只能放弃。学校这个平台的确非常重要，没有博士学位授予权，极大地限制了学校的发展，也限制了教师的发展。

八、实验室：艰难的建设之路

建筑物理离不开实验室，1985年下半年到了建筑系，我就开始着手建设实验室。花了很大精力。面临的主要困难是：一没有钱，二没有房。学校对建筑物理实验室建设不能说不重视，但学校资金有限，需要先解决面向全校的通用性实验室建设，如物理、化学、材料等实验室，因此专业实验室只能退其次。建筑物理的消声室、混响室是要求较高的专用房间，在老校区曾有计划建立，后因种种原因也没有建成。

在这种困难条件下，采取了两条建设方针：一是先开设所需设备便宜的基本实验，再根据设备的完善情况，逐步添加提高性实验；二是设备要兼顾实验和科研的需要。所以我们的实验室有个非常鲜明的特点，既有很低级的实验设备，譬如"吸声系数测定仪"，只有三四千块钱一台，买了4台，主要用于学生实验；又有非常高级的测量设备，譬如"建筑声学分析仪"，买了1台，主要用于教学演示和科研。当时同济大学建筑声学分析仪也只有4417型，而我们是更先进的4418型，买的时候甚至动用了外汇，折合人民币十

2005年12月，周兆驹先生向专家介绍建筑综合实验室建设情况

术》、《环境影响评价实用技术指南》、《噪声及其控制》，参编《注册建筑师考试手册》。

主持或与别人合作完成了多项科研项目并收获了几项成果，其中，《模拟车间悬挂吸声体降低噪声强度和混响时间研究》获山东省科技进步二等奖；《酒厂瓜干粉碎车间噪声治理研究》、《高等级公路交通噪声衰减规律与控制对策研究》获山东省科技进步三等奖；《污水处理厂曝气系统噪声治理研究》获济南市科技进步三等奖。参与王崇杰教授主持研究的被动式太阳房项目，该项目获山东省科技进步二等奖和建设部科技进步三等奖。

无论是论文，还是科研获奖，大多数与工程有关，仅少量有理论研究成果，这是我对自己并不满意的地方。我有良好的数学、物理基础，并没有充分发挥出自己的潜力。是因为"文化大革命"对学业的影响、建筑声学的专业特点限制、工作后的环境条件限制，还是因为自己没有更高追求？或者兼有之吧。

在那个特殊年代，山东省技术职称评定停了多年，直到1992年我才评上副教授，但1996年破格评上了教授，该年还被学校授予"专业技术拔尖人才"。

十、工程实践：多面手的专家

在教学和科研工作的同时，我从事了大量社会服务工作。从1987年开始，主持了数十个厅堂"建筑声学"工程设计，包括：剧场、会堂、报告厅、体育馆、电影院、音乐厅、演播厅、录音棚等。例如：山东剧院、济南舜耕会堂、青岛黄岛会堂、山东省科技馆报告厅、日照大会堂、枣庄会展中心会堂、曲阜市孔子文化中心剧场、淄博市体育中心、成都铁二局体育馆、邹城市体育馆、济南铁路局体育馆、山东省电影学校电影院、桓台影城、山东电影技术厂录音棚等。

作为建筑声学专家，担任了济南省会大剧院项目管理声学总监，参与了从方案设计到工程竣工验收的全部建设过程；还担任过济南舜耕会展中心、威海群艺馆等工程声学顾问。参与了数十项重要工程的建筑设计审查和评标工作，如：济南奥体中心、德州大剧院、东营大剧院、枣庄大剧院、日照科技文化中心等。

主持了数十项"噪声控制"工程设计，如：济南污水处理厂曝气系统、济南钢铁集团公司发电厂、山东大学南校区供热站、博兴酒厂

几万块钱。正是这些比较先进的仪器设备，保证了我们实验室装备始终处于较高的水平。在考虑科研设备时，还注意了先进性和通用性、配套性，一些在二十几年前购买的设备，至今仍在发挥作用。

经过23年的长期努力，2008年新校区终于建立了半消声室与混响室，还购买了一批具有世界先进水平的测量仪器，标志着我校建筑物理实验室上了一个新的台阶，已在全国高校中处于上游水平。新校区实验室的建成还要感谢时任校长王崇杰教授的支持。

我在实验室建设过程中，为了省钱想了许多办法。举个例子，建筑光学里面用的"人工天空"，开始打听到是用玻璃钢做的，需要先做模，做模的价格很贵，但如果和其他学校一起做，就可大大降低购买价格，因此我到处去打听其他学校是否有要做"人工天空"的。问到天津大学时候，人家是用石膏做的，比较便宜！我又找到工厂用石膏做，可是石膏怕碰，工厂不敢接这个活儿，还得用玻璃钢。最终是和北京建筑工程学院合作做的。"人工天空"做好以后，我们从北京往回运，过去联系物流没有现在这么方便，费了九牛二虎之力才终于从北京运回来了。

九、科研：并不满意的成果

我写过一些论文和几本书。公开发表论文80余篇，绝大多数论文是独立发表或以第一作者发表的，1996年还曾赴英国参加国际噪声控制工程会议。出版著作《噪声环境影响评价与噪声控制实用技

粉碎车间、济宁电厂三期、山东汇丰集团公司试车车间、鲁能黄泰新型建材公司成型车间、济南鲁新建材矿渣粉生产线、山东公路（滨博、莱新、日东高速）等。

作为噪声控制专家，我参加了数百项省内外建设项目环境影响报告书审查或噪声治理工程方案论证。如：杭州半山电厂、重庆合川电厂、陕西府谷电厂、浙江玉环电厂、深圳坪山电站、广东顺德电站、武汉武昌热电厂、石家庄电厂、山东十里泉电厂、青岛电厂、山东平阴水泥厂、枣庄山亭水泥厂、济南遥墙机场、青岛流亭机场、烟台潮水机场、青岛地铁规划、济南地铁、济青高速公路、京福高速公路、京沪高速公路等。

近年来，我还学习了"电声学"和"舞台照明"等演艺设备方面有关知识，参与了多项有关工程的技术咨询与评审工作。如：滨州大剧院、菏泽大剧院、邹城孟子大剧院等。现在还担任着中国演艺设备技术协会演出场馆专业委员会委员、协会山东办事处副主任兼专家委员会主任的职务。

十一、退休：退而不休

从2009年退出教学岗位，至今已有十年了，但工作的脚步一直没有停止。由于可以不受教学任务的牵扯，时间更加完整和充裕，因此可以做更多的事。首先就是写书，我一直想将几十年的专业学习心得、科研成果与工程经验总结出来写成书，退休后有了条件。

周兆驹先生主持学术报告会

2007年8月，周兆驹老师退休临别赠言

周兆驹先生在工地

退休后的周兆驹先生拜访鲁迅故里

退休后的周兆驹先生在希腊雅典

2011年作为第一副主编，与他人合作出版了《环境影响评价实用技术指南》一书。由于该书包括大气、水、噪声、固体废弃物等各种环境要素的内容，因此涉及噪声方面的内容受到篇幅限制，不能满足我的心愿和有关专业人员需要，于是我又花了4年时间，独自编写了《噪声环境影响评价与噪声控制实用技术》一书，全书有83万字，在中国机械工业出版社出版。退休以后，还写了多篇论文。

退休后，也有了外出的条件，上面所提到的声学顾问、省外的技术评审会，大多数是退休后完成的。我还两次应邀去德国考察有关企业。这些年还应邀为一些公司、研究院讲授建筑声学、噪声控制、环境影响评价等方面专业知识或做专题报告。2017年在省科协第96期泰山科技论坛上做了有关道路声屏障技术报告。我还关心山东经济的发展，2014年提交的《关于山东音响设备产业化发展的建议》获山东省科协科技工作者建议征集三等奖。

退休后，也有了更多时间关心所参加的学术团体的工作，我也尽量做了一些工作。但按照有关规定，70岁以后不能再在学术团体中担任职务，因此现在已不再担任中国建筑学会建筑物理分会理事、山东声学会副理事长、山东智能建筑技术专家委员会委员等职。有个例外是中国演艺设备技术协会，我还在继续担任有关职务。

回顾我走过的路，可以用一句话概括：原来想当的是研究原子弹的科学家，实现的却是当了教书匠和声学技术专家。最有意思的是，我在外经常会被并不熟悉的人问道："你是在大学教书吗"，还有的人干脆就说："你是教授吧"，看来，生活已将"大学教授"几个字刻到了我的脸上（笑）。也许，我来到这个世上，就是为了做一个"教书匠"！

十二、寄语：努力才有未来

从32岁到这个学校，已经40年有余，从39岁到建筑系，也已有30多年了。回想自己所走的路，所获得的一些成绩是离不开学校和系（学院）这个"平台"的，我要衷心感谢学校和系（学院），衷心感谢那些帮助、支持和包容过我的人。

我亲眼见证了学校和建筑系的发展壮大。我看到了一代又一代的年轻教师的成长，他们"青出于蓝而胜于蓝"，比我们这一代人有更骄人的成绩。我在工作中也不断遇到我们的学生，他们大多数都很优秀。所以，我为山东建筑大学和建筑城规学院的成绩感到高兴。

毋庸讳言，我们学校在国内还不是一流学校。我在外省开会时，许多人（包括大学教师）甚至不知道山东还有建筑大学。但当他们认识我这个专家后，我相信他们就记住我们学校了，这从一个侧面说明了学校的未来还要靠大家的努力。

我们学院年轻的教师普遍具有硕士或博士学位，比我们这一代人有更好的基础。不少教师在做工程设计，我认为是很必要的，不仅可以增长自己的才干，而且对于提高教学质量是有利的。但教师的最基本任务是教学，是"传道、授业、解惑"，因此要在教学上付出更大的努力。多年的教学生涯也使我悟到：学生是教师最大的财富，因此在学生身上多投一点资是值得的。当我知道学生有所成就，当学生毕业多年后仍来探望你，就会充满幸福感。

从我自己的教学经历来看，发现随着学校的扩招，没有把精力花在学习上面的学生比例在增加。早先上课时，学生在抢教室的前排座位；后来上课时，学生挑教室的后排座位，还有少数学生干脆逃课。我不知道近年这种情况是否有所改善。我们学校本来条件就比国内一流学校差，同学们的基础也要差一点，但工作时用人单位要求并不会降低，因此本应付出更大的努力才对。在学习的路上，"种瓜得瓜，种豆得豆"，不可能不劳而获。同学们应该更加努力，没有努力就没有未来。

建筑城规学院已经成立60周年了，衷心祝愿她有更美好的前景！

采薇山阿
——牟桑访谈录

牟桑先生

牟桑，男，原名牟敦泽，1942年9月生于山东日照市大岭南头。1962年毕业于山东艺专。1979年调入山东建筑学院（山东建筑大学前身）建筑系任教，任美术教研室主任、副教授。2019年9月30日，因病去世。

擅长国画，兼及油画、水粉画。其国画人物作品《林黛玉魁夺菊花诗》、《红楼梦人物四幅屏》、《矫身剑影》等分别由人民美术出版社，山东人民出版社、齐鲁书社、山东美术出版社等出版。与人合作巨幅画《举世奇创》于1961年被《美术》杂志选为封面。作品多次被《人民中国》、《中国画》、《山东国画选集》等刊载，并多次参加全国美展、全国科普美展。国画作品远销日本、德国、美国、加拿大等地。为中国美术家协会会员、中国美协山东分会会员、中国科普美协会员。

访谈时间：*2018年11月、2018年12月*
补充访谈：*2019年7月*
访谈地点：*济南牟桑先生府上*
整理时间：*2019年4月整理，2019年9月初稿*
审阅情况：*未经牟桑先生审阅，2019年10月定稿*
受 访 者：牟 桑
访 谈 人：于 涓

我的灵感源泉

在我的印象中，家乡总是美好的。

在外漂泊这么多年，难忘家乡冬暖夏凉的宜人气候。我的童年虽是在战争年代度过的，但留给我的还是美好的记忆居多。也是因为战争，晚上了几年学，才得以和山水、自然多亲近了几年。

曾记得村子里那时还有很多粗大的柞树、槐树、杨树。穷人家都不修院墙，家家都用杞树围起来，每年春天杞子树开着白花，槐树也开着穗穗白花，香气散布到空中，处处都是浓郁的芬芳。村头的

年轻的牟桑

山岭上，大叔家的屋后还有柏树林子、松树林子。村子的中央有一条小河，因为源头有几个小水库，所以小河是常年流水，小河自然就是我捉鱼的好地方。几个水库冬天是溜冰场，夏天是游泳池，我游泳的本领就是在这游泳池里练出来的。那时的农民家家有自己的一块小菜园，从春到秋种的是菠菜、大葱、大蒜、芸豆、韭菜、萝卜、白菜、辣椒、茄子，它们虽然开不出多么鲜艳的花，但也招引了不少蝴蝶、蜜蜂在菜园里翻飞。在夏季里尽管草屋里并不热，雨过天晴，日落西山，人们茶饭过后还是抱着蒿苫不约而同地聚集到晒麦场上，看月亮在云中穿行，讲着神仙鬼怪的故事。农村的孩子不能总是玩，从七八岁起就得干活了。除了浇水种地瓜，耕地时帮着牵牛、刨花生时捡花生、割麦时捡麦穗等轻微劳动外，每日就是放羊、放牛。说是劳动，不过就是把牲口牵到山沟里或河边上，看着它们不要吃人家的庄稼，就完成了任务。我们这些放牛的伙伴就趴在草地上讲故事。总是学问不深讲来讲去还是朱洪武坐架筐、坏才刘科学、王大胆……那些老一套，但讲的人有声有色，听的人也屏息静气。等太阳躲进高粱地里时，各人找着自己的牛，各自回到自己家的草屋里去。

我第一次看见荷花是有一次骑着毛驴随父亲赶集路过丁家楼，村子中有条不宽的小河，河里长满了荷花。那天夜里下了场小雨，荷叶上存着不少水珠，水珠在荷叶上滚来滚去，晶莹透亮，荷花的颜色白里透红，很是诱人。当时还没听说过"映日荷花别样红"、"出淤泥而不染"的诗句，但那时的感受却非常深，这么多年以来，对那次偶见荷花而怦然心动的感觉仍然记忆犹新。

我的家离奎山有8里地，站在院子里就能望见那笔架样的山峰。因为好奇，六岁的时候有一天我独自跑去爬山，走到山脚下，山风刮得松涛像海上涨潮一样，令人毛骨悚然。只见一个樵夫在树林里砍柴，山鸡不时从头顶鸣叫飞过。奎山北面上去非常陡峭，爬山的"爬"字在这里是最恰当不过了，下山的时候又得特别小心，稍不留神踩空了脚就会滚下山崖。我后来喜欢画陡峭的山峰，就是这次爬山留下的感受。虽然以后又去过国内许多名山大川，但总不如那次爬山留下的印象深刻。

回忆起来，在走进学堂以前这一段时间是我大半生中最幸福最愉快的时期。那时对人生充满了向往，总是觉得人世间是美好的，或者说文艺创作者要深入生活。那一段时间是我的生活基础。直到现在，每当提起画笔，脑子里还是童年时的情景，芦苇、荻草、大雁、山雀、河滩、树丝……都是历历在目、清晰可见。

家父非常喜欢写毛笔字，在他的逼迫下，我从五岁开始写大仿。当时心里非常反感，不知道写这东西有什么用处。家里有很多古书字帖，也有不少画谱。每天应付完了写大仿的任务，就临摹画谱，大概就这样我喜欢上了画画。这种恶习很快就被父亲发现了，父亲是坚决反对我画画的，认为这是不务正业，归于三教九流、戏子吹鼓手之类。大约直到现在人们这种思想观念也没有改变，读书做官，光宗耀祖，才是读书的正途。因此为了画画经常遭到责骂和耳光，只是江山易改，劣性难移，好在功课还不错，也就逐渐放松了管制。

我的求学之路

我3岁学写大仿，5岁入学。1954年，我进了日照一中，在三级三班读书，从小学至大学，考试成绩一直名列三甲。学习成绩不错，物理、化学、历史、地理几门功课突出一些。后因战乱辍学在家放牛、学珠算、写大仿，10岁开始涂鸦画画，12岁时所作山水画参加全县美术展览，美术老师宋再起颔首赞之为"天才"。虽然仍不知道画画有什么用处，也不知道以后也能考大学、找工作，但对画画仍是非常痴迷。当时教师里会画画的人不少，教物理的老师孙志正、教历史的老师沈国权、教美术的刘伯葵等都能写善画。同学里一时也蔚然成风，如二年级的叶连品，三年级的安茂让、辛崇国，四年级的秦福性。学校的美术小组有七八个人，隔一段时间还搞个展览，一时还是很活跃。虽然因为爱画画经常受到一些老师的训斥和同学的嘲讽，但也得到一些老师的赏识。在刘伯葵、孙志正老师的指导下，逐渐掌握了一些绘画的基本技法和要领。

1957年在一中毕业，同年考取了山东师范学院。第一年教学还算正规（"反右派"是在课外时间），1958年"大跃进"以后，"极左"思潮泛滥起来，用功学习的同学成了批斗对象，罪名居然是走"向专"道路。同班同学不少受批判"插白旗"的，有几个同学实在忍受不了退了学。我因为"白专""红专"道路交替着走，五年的学习路程总算走了过来，虽说教学秩序极不正常，多少也算学了一些东西。当时任课的老师有宗维成、吕昌、阎友声、于希宁，学术造诣深厚、教课也极认真。因为我学习刻苦，各门功课成绩都不错，也很受老师的赏识。最赏识我的还是于希宁和阎友声、黑伯龙几位恩师。

18岁后常有作品在省、市级报刊发表，19岁时和同学刘龙庭等合作的国画《举世奇创》入选全国美展，得到国画大师叶浅予的好评，并在北京各大报刊上登载。

福如东海寿比南山（三开年历）

山东美术出版社

书号：八三三二·四三八

牟桑 画

八五年

牟桑先生画作

我的部队生活

1962年结束了求学生涯，面临的首要问题自然是找工作，虽说当时是国家管分配，但那时的口号是"到边疆去到农村去，到祖国需要的地方去"。我思想一直比较保守，也不知祖国哪个地方需要我。若分到新疆、内蒙古或陕北，我都愿意，只是家有七旬的父母无人照料；若分到农村去，荒山野岭的想再学画也就无处寻师。正是一筹莫展之际，海军招兵，体格检查，顺利通过，于是就穿上了军装扛起了半自动步枪，成了一名光荣的解放军战士。我在海校学了一年，公布成绩还是全连第一，考查了九族没有政治问题，顺利地分配到东海舰队舰艇上当了一名水兵。后来得知我还没到军舰以前，政委就已接到上级的电话，说你们舰上去了个大学生，你们要好好

改造他。因为我生性倔强，农民脾气，上船后动辄得咎，没多久就和班长干了起来。那小子，白眼珠多黑眼珠少，总是噘着嘴，身高体壮，两只眼睛整天盯着我的鞋后跟。最不能令他容忍的是，我有空就画速写，给战士画的像他们都像宝贝一样收起来，舰长也请我给他画像，有的作家在舰上体验生活也让我给他画像，舰队政委刘浩天竟要我给他画张大肖像挂在他的办公室里。后来参加海军美展又得了第一名，但随之而来的帽子也是现成的，什么单纯军事观念，不安心服役，名利思想严重，顶撞领导不靠拢组织，开会发言不积极、打扫卫生不彻底等。当时正是林彪当国防部长，"极左"思潮已泛滥成灾，不要说画画，就是钻研本职业务，也是有罪的。

在东海舰队服役期间，利用业余时间坚持练画，我的作品《哨兵》参加海军美展，为政委刘浩天所收藏。创作的《打靶归来》参加上海市美展，上海画院院长王个移看后非常高兴，撰文赋诗在《文汇报》上给以热情鼓励。

当时我认为，部队是个军事集团，不是培养艺术家的地方。眼见部队不是弄墨之地，1968年我复原回到济南进了工厂。刚进厂我问"革委会"的头头有没有桌子（办公桌），现在想起来这问题也问得很可笑，我的意思是搞图案设计当然得有张桌子。"革委会"的头头背后说这人当了5年兵还没改造好，再让他下车间锻炼锻炼。于是我又下到车间，好在和战士已打了5年交道，和工人也很快从感情上融洽了。当时正兴画"毛主席去安源"，工厂大门口也修建了个大牌坊，图案室虽有不少美工，但画毛主席像他们都不敢画，我就被从车间提出来，没想到画得还很成功，就此我完成了再改造的任务，离开了车间，进了图案设计室。原想可以画画了，谁知又想错了，在这里除了画几个简单的图案以外什么也不让画。

我的教师生涯

1979年山东建筑学院因缺少美术老师找到了我。虽然这里也不是搞艺术的地方，但当时住的房子实在太狭小了，我同学也劝说，夯好是个大学，有自己能掌握的时间，课外可以练画画，就此进了建筑学院，在这里处境比在工厂是好了一些，但也和中学的美术老师差不多。

1980年后，我的创作进入旺季，不断推出新作品，工笔花鸟《农林益鸟》参加全国科普美展，小写意组画《灰喜鹊》入选林业部"春回大地"美展，获部级二等奖。应山东美术出版社和人民美术出版社之约，连续创作出版了红楼人物四条屏；《林黛玉魁夺菊花诗》等十几种工笔人物画，人民美术出版社出版了《林黛玉魁夺菊花

牟桑在东海舰队服役期间与战友的合影

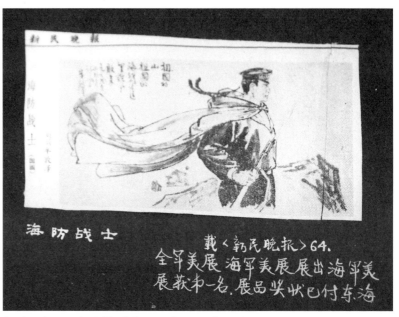

牟桑先生在东海舰队服役期间的作品——《海防战士》，该作品获海军美展第一名，后载于1966年的《新民晚报》。

诗》、《诸葛亮招亲》、《大公鸡》等工笔重彩作品。还出版了由刘汝阳主编的画集《花卉写生集》，后来又有油画、水粉画、素描、速写入选各出版社出版的画册和高校教材。同时期主编、出版了《全国高校建筑学科教师美术作品集》，其中收录了全国众多著名美术家、建筑学家及院士的作品。

50年来我的生活、从艺经历大致如此。50多年的从艺生涯令我悟出了不少人生的哲理，在漫长而曲折的艺术之路上，我始终奉行"生命不息，奋斗不止，克服困难，争取成功"的坚强信念。我一直以为：一个艺术家应该热情地讴歌人间的一切美好的事物：健壮的男人、美丽的女人、可爱的儿童、长寿的老人，高山、大河，不屈的苍松、柔弱的小草、艳丽的牡丹花、耐寒的雪中红梅……青春总是短暂的，画家、摄影家就是把短暂的美留下来，让青春永驻，把美好送到人间。我生性忠厚、诚实、善良，宁愿忍受他人的误解，也要为人们创造美，将我的生命燃烧，化作美丽的彩图。

我喜欢中国画始于家中的"芥子园"等画谱。随着眼界的开阔，对国画认识的加深，吴昌硕、任伯年、齐白石、徐悲鸿等几位大师就成了我学习的榜样，他们的成就成了我逾越的奋斗目标。尽管要做成一件事，需要天份，需要机遇，需要条件，需要朋友的帮助，

但更需要自己坚强的努力、顽强的奋斗。中国画画家，不同于运动员、演员、诗人、数学家、发明家。运动员、演员必须在三十岁前出成绩；诗人、数学家、发明家可以在年轻时就出成绩，而中国画画家却需要行万里路，借以丰富生活和加深对社会的了解和感受，需要读万卷书以提高自己的鉴赏、理解、想象能力，需要练好书法以提高对线条的掌握能力，需要会写诗以提高自己的文化修养，需要会治印……而这些都得付出极强的努力、极大的耐心。美术创作有自己的特点，绘画技巧的熟练当然很重要，这如同一个作家必须掌握丰富的语汇，熟悉语法修辞以及丰富的社会阅历。美术创作也是如此，不是课堂学到一些技法和理论就会搞创作，这是我多年以来的一点感受。

1995年后，因出版、发表需自费，我从此每日只是闭门读书、画画，自娱自乐，过着与世无争的生活。

我的创作经历

我的画作是在1958年夏天第一次见诸报纸的（《济南日报》），编辑见我的画不错，以后就经常约稿。到1963年，山东的报刊大都发表过我不少作品。但这些画大都为了配合政治宣传，为了活跃版面，

实在还谈不上创作。

1959年，山东省直接领导了黄河德山工程，让东平湖蓄水，就是黄河改道通到东平湖。这是一项宏伟的工程。当时的施工条件很原始落后，宣传部组织了文艺服务队到工地演出，作家、画家也去体验生活，搞创作。当时的黄河水流湍急，要想截流改道很不容易，前省委书记舒同亲临现场指挥截流，场面非常激动人心。回去后同学们都久久按捺不下激动的心情，我和同班同学合作绘制了巨幅国画"举世奇创"，此作品在北京展出后，引起了轰动，得到好评。作品成功之处有：场面广阔、气势恢宏，突破了旧国画很多程式束缚，人物画和山水画的结合比较自然，生活气息浓郁。北京的著名画家华君武、刘开渠、吴作人、王朝闻等二十多人，举行座谈会，给予了高度评价，叶浅予撰文（载《美术》1960.4）也给予了热情的称赞。文中说：……"举世奇创"吸引了不少观众，人们可以从不同的角度、要求欣赏它。但感到最大满足的，应该是有这种斗争经验的，因为他们最懂得在斗争中人们的感情、也最理解当时人和自然的关系。这幅画洋溢着饱满的斗争激情，也正确地处理了在斗争中人和自然的关系。要不是全身心参加到这场火热的斗争中去，很难产生这样的作品。因此，这幅画也说明了作者和实际生活斗争的关系。这幅画的处理方法和形象效果，是符合现实主义和浪漫主义艺

术要求的。我们如果对现实主义和浪漫主义相结合的创作方法还理解得不够具体的话，这幅画可以作为一个实践范例来研究……读了这幅画，使人感到极度愉悦。当然这画在技法上难免有不成熟，也存有当时的"极左"思潮的影响，但事情不是虚构的，画面内容是真实的，创作方法是正确的。

我始终认为毛泽东同志《在延安文艺座谈会上的讲话》是一篇伟大的、见解精辟、有高深学识的著作，每一个想有所成就的文学艺术家都应该认真研读，其中提到"生活是文艺创作唯一的源泉"是真知灼见。当然古人说的"读万卷书，行万里路"也有这个意思。脱离生活的文艺创作尽管技巧是完美的，却不会成功。

1963年，我创作了《哨兵》参加了海军美展，评为第一名。1965年我创作了《打靶归来》参加上海市美展。著名老画家王个簃撰文称赞，说：《打靶归来》是一幅画得比较出色的画，它塑造了海军战士出海练武的情景，体现出战士们为捍卫祖国的海防而时刻准备着。画面突出几个战士形象，他们在完成训练任务以后，正在乘风破浪，凯旋而归，展现在他们面前的是祖国锦绣河山。海鸥在展翅飞翔、手风琴奏出了《社会主义好》、"日落西山红霞飞，战士打靶把营归"等雄壮嘹亮的歌声，画面把观众带到了极为广阔而壮丽

首届城市规划专业794班美术写生

国家书画院副院长委任状

腰斩黄河组画（选）

的境界……作者以饱满的热情，有力的笔触，成功地描绘出了战士们的形象：英姿飒爽、神采飞扬，洋溢着一派革命乐观主义精神，在整个画面上充满了浓厚的生命力，强烈的时代气息，像《打靶归来》这样的画幅，当然不是轻而易举、一挥而就的……这幅画之所以那么强烈地吸引着观众的注意，绝不是偶然的，而是掌握了过硬的本领（1965年《文汇报》）。

1967年作品《曙光》参加了上海市美展；

1979年作品《农林益鸟》入选全国科普美展；

1983年到日照丝山体验生活，创作了《森林卫士——灰喜鹊》国画组画，入选林业部《春回大地》并获二等奖；

1980—1987年，创作的《林黛玉魁夺菊花诗》同时由人民美术出版社、山东人民出版社、齐鲁书社、小清河航运局、山师大80年挂历印刷出版，《金鸡报晓》《诸葛亮招亲》（工笔年画）由人民美术出版社全国出版发行。山东美术出版社出版了工笔仕女画、山水画，也多次被挂历采用。

1990年以后不再画工笔画，专攻写意画。参加了澳门地区、台湾地区、国内各地的一些画展，多次获得金奖。

1995年，由人民美术出版社出版了《花卉写生集》，主编了《全国高校建筑学科教师美术作品集》，由黑龙江科技出版社出版发行。现尚有《中国太湖石写生集》正在印刷中，由人民美术出版社出版。这段时间水粉画、油画、风景速写等被各种画集选用。

总体来说，到学校以后由于教学任务繁重，创作时间少，又脱离生活，思想枯竭，虽然不断地努力，笔墨技巧有所提高，却难以创作出富有生活气息的好作品。由于工作以及家庭的琐事，参加社会活动很少，社会职务只担任了中原书画院首席名誉院长、荷泽地区书画院名誉院长，大别山书画院艺术顾问，现为中国美术家协会会员、山东美术家协会会员。

现在回头想，我的画路较宽，非为逞强，而是一直找不到专业对口的工作，不断改行，为了谋生不得已而为之。我常画的题材有江南山水、雪山高原、陕北人家、富贵牡丹、窗前翠竹、白雪红梅、空谷幽兰、喁喁小鸟、酒醉老翁、献寿麻姑、多愁黛玉等。喜欢画仕女人物，她们造型准确，身体健康，形象端庄、俊美，神态安详，胖瘦适中，绝无矫揉造作、忸怩作态之嫌。我笔下的仕女人物有文化、有涵养，性格鲜明，心理活动细致入微，形象各异，线条流畅，努力去克服明清以来仕女画人物千人一面、身体单薄、瘦弱似剪纸人及程式化、概念化、模式化的弊端，画人

青岛风光（对开）
山东美术出版社

牟桑 张润武 董显仁 画
书号：8332·97

青岛风光（原作180公分×90公分）工笔年画 一九八三年山东人民出版社出版
牟桑执笔

物不但需要掌握其个性特征、故事情节的发展以及所处的环境，更需要对事物的深刻洞明和理解，这些是离不开深厚的文学功底的。我平时喜好古典文学，对人物的性格命运报以极大的关注和理解，再从绘画的角度加以表达，想努力创作出灵动飞扬、富有生命力的画来。

我特别喜欢画墨竹，老家卧室窗前手植一丛青竹，春夏秋冬都葱翠欲滴，每到傍晚小鸟聚集栖息，喁喁唧唧，富有诗意。我对竹子情有独钟，朝夕观摩，目识心记，所以下笔时总是胸有真竹。我还喜梅花，要求自己的梅花图，要有清洌幽远的暗香扑鼻而来，沁人心脾，不见其雪，却知其冷，未见其花，已嗅其香的境。

我在书法方面亦下了不少功夫。喜欢草书，曾得到关有声、魏启后等名家指教。先写《多宝塔》，后学《勤礼铭》、王羲之，而后是《自叙帖》，《祭侄稿》，争座位，一步步走过来。2008年5月，在香港举办的"海内外书法邀请赛"上获嫦娥奖、金奖。在京大评论家孙浩宁在《中国艺术》大型人物史志上评论说："艺术家'识'与'学'决定了作品的品位。牟老的作品之所以达到现在的艺术水平，正是在'识'与'学'这两方面下了功夫。通过对他的作品的研究，从笔法、用墨、章法布局来看，可谓心平气和，兴到笔随，随意挥洒，尽情尽兴。近看他的作品有儒雅自然、飘逸灵动的视觉魅力；远观则遒劲、朴实、厚重、洒脱；这种魅力，能使不从事

艺术工作的人也能感受到其中的如虹气势和强烈震撼力。"这个评价，我觉得是中肯的。

我的一点美术教学思考

我系836班美术课教学中增设了国画课，引起了一些争议。因此，我觉得有必要阐明一下我的观点。

中国画在中国产生于什么年代已无从考查，但还在唐朝就已达到很高的水平，民族风格就已确立，各种题材诸如山水画、人物画、飞禽走兽、建筑舟车的表现方法都已成熟，这是无可辩驳的了。自唐代以后，虽历尽坎坷但还是在发展提高着。在漫长的发展道路上，突出地形成了受欢迎的民族风格，顽强地保持了自己的独立存在。

在高等学府，国画课的开设不是一帆风顺的。1950年代有一段时间，在全国艺术院校的美术教学上全盘引进苏联的教材、教学法，全盘否定民族艺术的存在，贬斥中国画不科学，加之以不表现设影、立体感差、不讲焦点透视、人体解剖不严格等罪名。在"权威"的淫威下，大批国画家如潘天寿、李苦禅、于希宁等人离开了教学岗位。国画课被取消。其实说中国画不科学正说对了，因为艺术当然不是科学。它没有什么实用价值，它的功能不是实用而是欣赏，艺术和科学的关系尽管很复杂，但艺术只是利用科学的成果，利用它的新材料、新技术。有了电子琴可以演奏出新的音响，有了丙烯颜料可以丰富绘画的表达手段、有了钢筋水泥可以较省力地塑造大型雕塑作品，但艺术就是艺术，科学就是科学。绘画上人体解剖不严格、立体感不强并不意味着艺术魅力差，屎壳郎画得立体感再强也引不起人们的美感。剪纸是不讲立体的，但也不失为艺术。医生动手术找不准地方是不行，但绘画人物解剖不准关系并不大，像毕加索、关良的画，论其人物解剖结构，实在很难说严格，但照样是伟大的艺术作品，中国画是讲立体感的——特别是山水画，只是不表现投影，没有固定光源，透视多利用散点透视，这在艺术表现上却带来更多的自由，更灵活、更高超、更聪明……

经过多年的论争，在艺术院校中国画的教学在1960年代终于恢复了它应有的位置，获得了生存的权利。但在建筑院校，时至今日美术教学却没有中国画的立足之地，这不能不令人奇怪。据说建筑院校美术教学传统内容中的水粉画在1960年代李剑晨先生著的《水彩画技法》一书里曾提到，但在当时还是个新画种，连艺术院校也没有

这一课，但因水粉画在表现力上有其独到之处，才逐渐被人接受，而在建筑画的运用上就更能显其身手，即使如此，在我们开水粉画课的时候却仍然有不少阻力，所以要开国画课自然阻力就更大了。

建筑院校美术课的任务一是培养学生的审美能力，二是培养学生表达设计意图的能力。要完成第一个任务当然什么画种都一样，要完成第二个任务那就不仅水彩画了，水粉画、中国画等都是有能力的。建筑画中国古已有之，只是名称不一样，在中国画的分科里叫"界画"。"界画"，是我们民族绘画中的一朵奇葩，它和其他画科如人物画，山水画、花鸟画等有着一样悠久的历史渊源。

"界画"在隋唐时代已达到了相当高超的技艺，在敦煌壁画多达百余壁的"西方净土变"中，都画有富丽堂皇的重殿层楼，雕梁画栋，建筑结构准确，透视合乎法度，线条挺劲，浸色艳闪，据建筑史家说：这些壁画中的唐代建筑，非常符合当时的技术工艺规范，不仅是艺术精品，同时也是研究建筑史的宝贵资料。再如章怀太子、懿德太子等唐墓壁画中，也有不少巍峨雄肆、豪华富丽的殿堂楼阁。李思训、李昭道父子不仅是唐朝有名的武将，山水、人物画家，同时也是杰出的建筑画家。自唐以后界画历久不衰、界画家层出不穷、技法更趋于成熟，像北宋的李明仲、南唐的卫贤、宋代的郭忠恕都是杰出的界画家。至宋代，界画发展到鼎盛时期，而传择端的"清明上河图"这幅杰作则是宋代界画艺术水平的概括反映。这幅作品中描写的农舍茅屋、市井店铺、彩楼欢门、桥梁舟船以及社会各阶层人物车水马龙真是景象宏伟，场面庞杂，虽然是一幅风裕画，但所反映的建筑画技法水平也是非常高超的。

元代以后虽然因为文人画的兴起，界画受到很大冲击，但仍有大量佳作传世。如上海博物馆收藏的"广寥宫图"便是传世精品。故宫博物院收藏的"江山楼阁图"、山西永乐宫纯阳殿壁画上的"神仙赴千道会"中也有画得非常精细的重楼正檐。元代大书法家、大画家赵孟頫和赵雍、王振鹏等都是兼长建筑画的画家。明代由于文人大夫看不起界画，致使界画日趋衰微，吴门仇英力排众议，独立支撑，至清代扬州袁江、袁耀父子异军突起，建筑画至此又发扬光大。袁氏父子的界画，建筑配置山水、景物交融，线条细密刚劲，建筑结构准确合度，直至现在全国各出版社仍不断出版他们的作品，深受读者欢迎。只是到了现代，多数画家为了赶时髦，西画是横涂竖抹、国画是泼墨浇水，不愿再绳测尺量地费力气来画这些循规蹈矩的界画罢了，若因此得出结论说中国画技法不能表现建筑是毫无根据的。

也有好心人讲中国画技法在表现古代建筑、园林上是情景交融、协调吻合的，但在表现现代建筑上就不然了。这种说法使作者想起了20世纪50年代初期美术界的一场论争，当时就有些学者批评中国画技法陈旧，只能表现古代人物、美人、小桥流水、花鸟虫鱼，不能表现现代人民的火热斗争生活，随着时间的推移，经过许多人的努力，大量地表现现代人民斗争生活的作品问世，如：方增先的《粒粒皆辛苦》，王盛烈的《八女投江》，鲁艺的《白手起家》，山东艺专的《奇刘》，李松岙的《红岩》，傅抱石、关山月的《江山多娇》，王维宝的《人民胜利了》，黄胄的《柴达木风雪》，杨之光的《雪夜》等，这些作品有的列入"建国十周年优秀作品"，有的国际上获金奖、有的悬挂在人民大会堂正厅，有的在联合国会堂张挂，获得了国内外人士的一致好评，它有力地证明了中国画的表现力是丰富的。当然在建筑画方面到目前还没有很多人去尝试、去探讨，美术界的人不屑为之，建筑界的画家又不愿为之，致使给人造成这种印象，以为中国画技法不能表现现代建筑，或者说不协调。作者认为这种担心是多余的，中国画原有的技法尽管丰富，新的也可以去创造，只是需要有人去探索。

作为中国的建筑，应该有自己本民族的风格。我们的现代建筑是否具有鲜明的民族特色，这一点恐怕是有疑问的。作为一个中国的建筑家，我想首先要有民族自豪感，民族自信心，热爱熟悉中国文化，尊重本民族人民的欣赏习惯，在借鉴西方先进技术的基础上设计出具有本民族风格的建筑。因此，让学生学习中国画，我认为是大有益处的。

访谈手记：

牟桑先生于2019年9月30日18：05分因心梗去世，享年77岁。接到噩耗，不能自己。6月牟老出院后，几次邀约，我因家父去世，心绪极度低落，均未成行。直拖到7月初，匆匆一面，牟老清瘦了许多，但精神尚可，诗已结集出版，还题字送了我几本。9月12日，中秋节前后，牟老电话告之白天可以写写字，下楼遛遛弯儿，以为大抵康复，并与他约好访谈稿送审时间，谁曾想，等到的竟是绝别。

牟老整日里画画写字写诗，他很乐意跟我们这些前去访谈的师生聊天，每回走的时候，总是不舍得，像个缺少朋友的小孩子。牟老不爱做饭，解放桥西北角有个饺子铺，他极喜欢去吃韭菜鸡蛋馅的素饺子，最后一次访谈就安排在那里。经常听其他老教授揶揄，牟老年轻时是风流才子，询问其往日故事，总哈哈大笑。他说平生最恨搬家，从五宿舍搬到解放桥96号院，别人都是乔迁之喜，他则是愁容满面，书、画、工具，收拾了好几个月，累得大病一场，发誓这辈子要老死在此，再不搬家。牟老常说：我生下来占不到一平方米的地儿；去当兵，只占一个床位；读大学，也还是占一个床位，还是上下铺；等我死了，烧了放在一个小盒子里，还是占不到一平方米，我要那么大房子干嘛，还得收拾打扫，怪累的，有个地方让我画画、睡觉，足矣。

愿心简如素的牟老，在天堂里依然采薇山阿，悠然自得。

牟桑先生最后的影像

知行合一，止于至善
——张建华访谈录

张建华先生

张建华，教授，山东烟台人，1954年12月生，国家一级注册建筑师，博士生导师。1970年4月参加工作，1977年3月进入南京工学院建筑系建筑学专业学习，1980年毕业分配到山东建筑工程学院（即当今的山东建筑大学）任教，2018年2月退休。期间两次到国外研修访学，获建筑学副博士学位。1992年晋升副教授，1996年破格晋升为教授。1997年至2004年作为建筑系主任主持建筑学与城市规划教学工作，其间组织完成了建筑学与城市规划专业的本科教学国家评估；成功申报并创办了城市规划与设计、建筑技术科学、建筑设计及其理论等3个二级学科的硕士教学与学位授予单位；在校外学术活动方面，长期兼任中国城市规划学会理事、山东建筑学会常务理事、中国建筑学会史学分会理事等社会职务，在开阔了学术视野的同时，也大大提高了学校和专业与学科的社会知名度，创造了良好的办学声誉。

访谈背景：张先生在1997—2004年任山东建筑工程学院（后期更名为"山东建筑大学"）建筑系系主任，于2000年和2002年带领师生努力奋战，分别完成了建筑学与城市规划专业第一次本科教学国家评估；同年，成功申报并创办了城市规划与设计、建筑技术科学硕士教学与学位授予单位；2003年，建筑设计及其理论硕士点申报成功。张先生在科研上努力执着，不断超越自我，是我校建筑设计及其理论学科第一个省自然科学基金和第一个国家自然科学基金的获得者。访谈分三次进行，形成逐字稿7万字，现刊发部分，以飨读者。

访谈时间：2016年4月、2018年11月、2018年12月
补充访谈：2019年5月
访谈地点：济南张建华先生府上
整理时间：2019年5月整理，2019年9月初稿
审阅情况：经张建华先生审阅，2019年10月定稿
受 访 者：张建华，以下简称"张"
访 谈 人：于 涓，以下简称"于"

一、初为人师：心里憋着一股劲儿

于：张老师，您好，非常开心有机会跟您再次畅谈。

张：您好，于老师。

于：您是1980年1月份大学分配来到建院的？

张：是的，1980年1月，我从南京工学院（现"东南大学"）毕业分配到山东建筑工程学院。那时是春季招生，我们是76级，1977年3月入校的，1980年1月毕业。

于：当时本科学制是三年制？

张："工农兵"是三年制。我在学校里是属于成绩相对来讲比较好

的学生，分配的时候，有三个面向：山东省建筑设计院、山东省建筑科学研究院，还有再一个就是学校。

到临近毕业时，我做的毕业设计模型被选送到日本早稻田大学去交流，因此耽误了一点时间，离校比较晚。几位专业课老师建议我，毕业后去学校较为合适，就这样选择了山东建筑工程学院。来之前对这个学校一点都不了解，一来还是挺失望的（笑）。当时实在是没法看，就一个教学楼，就是原来的红楼。学校很小，规划专业当时是和土木专业一起归在建工系的。好在有两位母校毕业的老校友，一位是缪启珊老师，另一位是刘天慈老师。

我刚来时，教研室叫"城市规划教研室"。教研室人不多，除了两

1982年，城建系教师带学生在南京实习合影。左起为王崇杰、王建强、张建华

位校友老先生外，还有蔡景彤老师，他当时是教研室主任，后来到系里当副主任了，还有吴延、戴仁宗、亓育岱、王守海、张新华等几位老师。

来了没多长时间，学校组织部便召集有"工农兵"学历背景的老师开了一个会，说根据国家教育委员会的相关精神，我们这批"工农兵"背景的毕业生没有资格在高校任教，并给我们这部分人三个面向：一是调剂到相关政府部门或学校的管理部门；二是可以去实验室；三是可以去设计单位。我和化学教研室马明杰老师当时就提出异议，我说我们还很年轻，现在可能不行，但将来不一定不行。

打从那时候开始，我心里就一直憋着一股劲儿，想要证明自己（笑）。我既然选择教学，我就要教到底。

于：*这是历史造成的问题。张老师，您是高中阶段被"文化大革命"耽误了？通过档案资料了解到，您在读大学前有一段在工厂工作的经历。*

张：是的，我参加工作的时间早，1970年就上班了，那时候才15岁。当时学校的高中都停课了，学生都没有学上了。

于：*在您入职之后，陆陆续续又来了一些老师，规划专业的师资是越来越强。*

张：是的。77级规划专业的有殷贵伦、闫整。还有建筑学专业的王建强，上海人。后来他考取了同济大学的研究生，毕业后到同济设计院去了。后来78级建筑学的谢刚，他也是东大的，在这儿待了一段时间，后来也调走了。再往后，南京大学的陈正泰，他待的时间不短，后来也调走了。78级毕业的还有同济的吕学昌、北大的吕廷勇，后来79级重点院校也分来几位。可以说，慢慢形成了一个知识互补的教学专业团队。

当时相对来讲，咱们的教师队伍还是比较强大的，大家来自同济、清华、天大、北大、东南大学等名校，学术源流的生态构成比较合理，呈现多样化的趋势，学生可以接触到不同高校毕业的老师多元化的指导。

那时刚粉碎"四人帮"不久，学生们自己也很用功，师生都攒着一股劲儿。当时，我和吴延老师都还住在单身宿舍里，晚上就去教室里辅导，所以说和前几届学生的感情是很深的。

于：张老师，您1980年1月份来校后，带的是建筑初步课吗？

张：对，79级规划专业的建筑初步课。当时由于课时量不够，还带过机械制图课。

于：1980年代除了教学，您有工程实践经历吗？

张：有的。我在济南市建筑设计院做过半年的设计。那时候条件很差，市设计院一共就三个设计室，还不在同一层楼。我一共做过两

初为人师的张建华

1988年，张建华老师带领本8451班毕业设计小组在九寨沟考察

1988年，张建华带领本8451班毕业设计小组在九寨沟考察，第二排左一为张建华

水泊梁山风景规划评议会留影，第三排左四为张建华

套图，都是济南市自来水厂的办公楼，其中有一套，当时画完了就放在办公桌上，结果晚上下起了雪，雪水从烟筒里进来，一套图纸都被滴湿了。那时候没有电脑，全是徒手画。

我在大学期间也做过住宅的施工图设计，但那是课程设计，和实际项目存在很大差距。市设计院的这段经历，无论是对教学，还是对后来考注册建筑师，都是非常有利的。我们专业的特点就是如此，如果没做过具体项目就去教学生的话，有很多东西是讲不到点子上的。但不能只是简单经验的重复，要不断地进行总结。一个设计有不足的地方，也有值得肯定的地方，只有不断地总结，才能在下一个设计中有所提高。

东南大学的学生有一个特点，就是动手能力比较强。我们班分配到教学单位一共有两个人，一个是我，另一个分到浙江的一所中专去了，其余的同学都分在设计单位，后来基本上都干到了总工的位置。我们赶上了国家大发展的机遇，现在说改革开放40年，我们正好赶上了改革开放的头。

于：张老师，我们在预访谈时，听学生说您特别严厉（笑）。

张：说真的，我自己感觉不出来（笑）。但有一件事情，我印象很深，当时是真发了火，严肃批评过建本的王俊东。那是有一年圣诞节的时候，他跑到千佛山拔了一棵柏树拿到教室来，说是拿来做装饰用。

于：王俊东是87级的吗？

张：对，是87级的。那天早上我去上课，他还当作做了一件好事让我看，我气得质问他："你知道这棵柏树得长多长时间，才能长到这么粗！这是1950年代初，组织上山植树种的树苗，好不容易长这么大了，比你岁数还大很多，你把它砍了！"（笑）

我希望咱们学生能够在有限的时间内多学点东西，当然老师也要因材施教。每个学生不同，有的是在这方面有潜力，有的是在别的方面有潜力，不能同一而论。这些都是我在教学当中逐步认识到的。比如说，咱们有些学生，画图的动手能力真的不太强，但是又很努力，在这一点来讲，态度上就要给予肯定，虽然给分的时候还是会保持客观。专业能力一般的，那还有其他的发展方向，特别是早期精英教育阶段，但凡能考上大学的，说明学习能力和基本素质都是过关的。他在专业方面没有才干，不代表其他地方就没有，很多学

生后来走向管理岗位，也都做得比较成功。所以就教学来讲，我慢慢意识到，不能一把尺子量学生，要多鼓励。当然，我们还是希望学生尽量地把专业知识学得更扎实一些。

我非常推崇东南大学的校训——"止于至善"，追求完美的状态，我觉得这很符合我的性格。包括同学也这样评价我，说我太认真了，太追求完美。这是优点，也是缺点。对工作、对专业是优点，对人可能会产生心理压力。到了现在的年龄回顾自己走过的路，我觉得这种个性有好的一面，也有偏颇的一面。

于：您刚才提到的"心里憋的那股劲儿"，让我很佩服您在专业上的执着和努力。在1984年环城公园的设计中，您拿到了建设部二等奖，山东省设计一等奖，当时您应该不到30岁吧？

张：当时29岁。我们专业的特点就是教学和实践相结合，1984年济南环城公园建设，济南市各大单位都要出工出力出钱，咱们学校也要求派人参加规划设计。当时教研室主任是俞汝珍老师，她问我能不能去参加？我说，如果其他老师有工作安排去不了，那我就去。最后教研室就派我（利用业余时间）去参加了环城公园建设中的设计工作。

这也算是个巧合，因为我作大学毕业设计时，就做了一些江南园林的东西，做的是无锡的江苏省太湖疗养院，是属于苏州园林样式的一个疗养院。这个经历让我有了点底气。当时参加环城公园设计的领导还是不大相信我这个年轻人，觉得我太年轻了不能做成这个事儿。就指派省建筑设计院的一位老工程师做了一个设计，也是环

1985年，张建华参与济南市环城公园设计，该项目获得国家设计奖铜奖

城公园南护城河这一段。老先生是工民建专业的底子，做一个普通的民居单体建筑没问题，但是院落群体的空间组合，就不是他的强项了。所以做了第一轮方案出来，没通过。一开始没安排我干这活儿，我说每天上下班，都要走这一段路，对这边很有感情了，我想参加南护城这段的设计。领导就抱着试试看的态度，让我来做。后来请了全国的专家来评审，第一轮通过的方案就是我做的南护城河这段。

对我来说这是一个机遇。那时候整个设计环境和用人环境就是，年轻人可以参与，但是在重大项目上，不会被委以重任。济南环城公园的项目算比较特殊，因为正好工期要求紧，也没有复杂的社会关系羁绊。后来，济南环城公园项目获山东省一等奖，建设部二等奖，就是以南护城河这一段为主。

于： *机遇从来都是留给有准备的人。您第一篇发表在《建筑学报》的论文应该也是从这次设计中获得的灵感？论文的名称是《济南环城公园五莲轩设计》。*

张： 对，原来在学校学报上发表的东西倒不少，但在全国范围能产生影响的不多。有一次，缪启姗老师出去开会，跟《建筑学报》的编辑坐到一起，她说我们济南环城公园建得挺好，是我们学校一个年轻老师做的设计，做得很漂亮。人家编辑一听，就问能不能组个稿子。

山东建筑工程学院十一届三中全会以来科技成果获奖人员合影，后排右三为张建华

第一篇稿子就这样被促成并录用了，这对我来讲是一个突破。这中间，缪老师给予了我很大的帮助，使我进一步坚定了专业自信，从那以后这条研究之路就通开了。

于： *从实践到学术的路就打通了。*

张： 对，这是水到渠成的路。我始终觉得，光闷着头做教学是不够的，要想在全国获得对于所在教学单位、研究单位的认定，必须要在一些级别较高、影响力较大的学术杂志上发表相应的成果才行。

二、朝鲜深造：打下了扎实的研究基础

于： *张老师，您后来是去了朝鲜进修？*

张： 是的。当时教育部提出来大学教师要有硕士以上的学位，这个政策出台以后，我想必须要满足这个要求。我就报名参加了天大的硕士研究生入学考试，都说天大校风严谨，可那年的考题却出现了一个失误，原建筑设计科目试题的基地平面图的比例是1∶500，可能印刷的时候觉得纸张大小不合适，便将原试题进行了成倍的缩小。但是1∶500的比例数字还在试卷上写着，我按照试题要求的设计面积来做，就怎么也放不下去。我是比较较真的人，人家说你换个思路随便放不行吗？结果，本来设计应该是能得高分的考试科目，却考得不好，对我打击很大。为此，有生以来第一次给自己剃了光头（笑）。

于： *您是哪一年去的朝鲜？*

张： 我是1989年去的，1992年回来的，待了三年时间。

于： *那边条件艰苦吗？*

张： 说真的，对我们这个年代人来讲什么叫艰苦，我当工人的时候，住在大仓库里，冬天就那么一个小炉子，早上起来床头脸盆里的水都能结冰。在朝鲜，毕竟还是外宾的待遇。

当时山东省教委选派三人，是我和山师大的另外两位老师。我们先学了一年的语言，然后分成两批去的。我那一批是去了朝鲜元山，相对条件比较艰苦的地方，在元山农业大学。另外一批就留在了平壤。

由山东省教委吕克英主任带队的中国教育代表团出访朝鲜，前排右一为张建华

留学期间，张建华得到朝鲜建设建材大学建筑研究所所长（朝鲜人民大学习堂设计者）咸义延等多位教授的指导

于：*朝鲜建筑学专业的教学水平怎么样呢？*

张：给我上课的那些老师，大部分都是留苏的专家，是他们国家顶尖的专业精英人物。比如，设计金日成广场上人民大学习堂——朝鲜国家图书馆的咸义延老师，他是朝鲜建设建材大学建筑研究所所长。我的导师韩明金，他是学校建筑学专业教学的讲座长。当然还有对朝鲜建筑历史造诣颇深的李华先教授、学校园林专业讲座长张昌国教授、对于城市设计理论颇具造诣的金哲教授以及建筑设计技艺精湛的崔东善教授。

有些人会认为，朝鲜的建筑有什么可学习总结的，反正我是认真地把感受到的东西进行了总结。我想这个过程就是研究，研究就是从观察中开始，有目的地去透过事物的表象去关注其本质。回国后，我在《建筑学报》、《世界建筑》、《城市规划》等期刊杂志发表了一些关于朝鲜建筑与城市设计的研究论文。

我去朝鲜留学的目的就是去读学位、做研究，我们那批人真正拿到学位回来的不多，我算一个。

于：*可以说这段朝鲜的求学经历，为您日后的科研打下了一个基础。*

张：是的，我接触到了他们在建筑学专业领域顶尖的学术带头人。后来，咱们学校綦敦祥书记请来台湾的孔宪铎校长做客座教授，他当年总提倡"学最好的，跟最好的学"的理念，我是很赞同的。

老师对我的影响是全面、全方位的影响，不是一种单纯的知识传授，更是一种学术上的追求精神。

当年朝鲜和咱们60、70年代的社会环境差不多，我们不能随便到朝鲜老师家里去。实际上，我每次到导师家里去拜访，也都是外事部门提前安排的。他们管得很严，平常贸然去可能对人家不利。我2005年又去了一趟朝鲜，托大使馆打听到，导师已经不在了，很遗憾。

于：*您研究方法上成熟，得益于这阶段的学习经历。*

张：理论研究上的真正成熟，应该是我研究生毕业回来。这三年是一个学术积累的阶段，吃了一些苦，但是值得的。当时我已经35周岁了，学语言很吃力，和18岁的高中应届毕业生在一起，他们记单词很快，而我相对要困难得多，但是坚持下来了，最后论文还很顺利地完成。我出去这三年，身兼两职，还得负责留学生的一些政治思想工作，实际上也是蛮辛苦的。

我的导师韩明金教授很平易近人，非常关心理解和支持我的学业。先生在朝鲜建筑界是颇具名望的前辈，依然不辞劳苦地带我到朝鲜各地方进行课题的前期调查，为我的学位论文开题及其纲要制定奠定了扎实的基础。在后期论文成稿阶段的专业词汇精准斟酌方面更是严肃认真，一丝不苟。恩师的为师风范，对于自己后来的教学工作与学术研究的促进影响是那么的刻骨铭心、不可忘怀。

1992年张建华参加平壤金日成广场上的朝鲜节庆活动　　张建华在平壤金日成体育场观看大型团体体操

与导师韩明金教授（左起第三）于咸兴市考察时，在周总理塑像前的合影

与我国赴朝研修的学者朋友们在平壤解放山宾馆前的合影

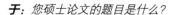

于：您硕士论文的题目是什么？

张：我的论文题目是《关于自然风景区里的建筑布局问题研究》。

于：您是始终围绕着一个核心问题，在学术研究上不断深入。

张：我想当初教育部要求高校教师必须达到硕士以上的学位，目的是什么？也就是提高教师队伍的科研能力。我喜欢研究问题。

于：有问题意识，也掌握了合适的研究方法。这就为日后的科研道路奠定了基础。

在朝鲜建设建材大学李华先教授（左起第七）带领下与中外留学生一起考察妙香山朝鲜古建筑，左起第一为张建华

杨尚昆主席1992年4月访问朝鲜在郑义大使陪同下接见留学生时的合影，第三排左起第九位是张建华先生

1992年11月毕业回国时，导师朝鲜建设建材大学建筑学讲座长韩明金教授及其部分留学生校友到平壤火车站送行时的合影

三、学科建设：几个重要的发展节点

于：张老师，档案显示您是1993年6月担任的建筑系副主任，从朝鲜深造回来的第二年。

张：是的，我1992年底回国。1993年学校领导找我谈话，说能不能承担点行政岗位的工作。

那时候自己出去读了个学位，回来了以后对学校没有提过什么要求，根本没有这种概念。对我们这代人来讲，长期以来接受的是大公无私的教育，都是先人后己。特别是处于领导岗位以后，更是首先要考虑一般老师的利益。我觉得这不止是我，或者哪一个人的风格，确实是那一代人的思想。

于：1997年2月到2004年7月，您担任建筑系主任期间，发生了几件在学院发展史上非常重要的事件，也可以说是几个非常重要的历史节点：2000年5月份第一次建筑学专业办学条件评估，2000年12月份城市规划与设计专业和建筑技术科学获硕士学位授权，2003年7月建筑设计及其理论专业获硕士学位授权，2004年5月城市规划专业通过第一次办学条件评估。张老师，您可以从第一次专业评估开始，谈谈整个过程吗？

张：好的。1999年我作为高级访问学者，赴韩国进行为期三个月的研究工作。回来飞机刚一落地，付鲁闽书记就已在北京等我。在此之前，我们就提出过申请专业评估，写过几轮申报材料，张润武老师和我都做过，但一直没被相关部门受理。实际上在前面写材料总结，写申报材料什么的，做了好多轮。但是没成。我们去建设部继续申请。从1998年准备材料到2000年参加评估，学校在软件、硬件上都给予了很大的支持，在老校区，为了支持评估加盖了一层实验楼，从教学环境上来讲，我们的办学条件是满足基本要求的。

那个阶段很忙，又很急，同时系里还有泰山学院的一个校园规划与建筑设计项目在进行，心急上火之下，我的一只眼睛充血，突然全都红了起来。幸亏当时还算是年富力强，通过合理分配时间与精力，在奋力坚持之下取得了两不耽误的成功。因为评估的整个过程准备得比较认真，最后顺利通过了。应该说是我校建筑学本科办学层次方面得到了国家层面的认可，突破性地上了一个台阶。

于：张老师，当时专家组的意见是什么呢？

张：当时专家组组长是鲍家声教授，当时给出的评价是：学院提交的建筑学专业本科（五年制）教育评估自评报告认真、全面、实事求是，符合该院的基本情况和评估标准的有关要求。对学校对建筑学专业办学积极支持的态度给予了肯定。同时，也认为系里的教学条件较为完善，师资较强。

2000年，建筑学专业初评评估专家。左起为鲍家声、王竹、黄维刚、黄薇，右一为张建华

于：第一次评估前的准备是相当复杂和紧张的。

张：是的，程序上是比较复杂的。一开始教育部要求是五年制，因为咱当时是四年制，所以我们从92级开始改，中间改，因为招生的时候是四年制进来的，这时咱们采用了一种折中的办法，让同学们根据自己的意愿申报四年制或者五年制，当时在教学计划上是两套教学计划都准备了，这样可以满足同学们的不同要求。93级就完全是五年制了。其实，这时就开始为后来的专业评估作铺垫，我们按照专业评估的各种指标，经常自己去打分、自评，包括师资队伍、梯队建设、教学成果、科研成果、学生培养质量、毕业生情况等，这些都在不断地整改。

经过了第一次专业评估，往后就简单了，这条路蹚开了。我很荣幸在职期间碰到了第一次专业评估，虽然当时压力挺大的。

我们学生2000年开始就拿建筑学学士学位证书了。从那时候开始，通过专业评估，以评促建，找到差距，有意识地去弥补。我们还是挺骄傲的，建筑学专业在全国的影响也越来越大，我们是第20个通过全国评估的学校。

于：2000年，真是硕果累累的一年。城市规划与设计专业和建筑技术科学均获硕士学位授权。

张：1998年6月，学院被国务院学位委员会批准为硕士学位授予单位。结构工程和供热、供燃气、通风及空调工程专业被批准为硕士授权专业，实现了零的突破。

其实，咱们建筑学专业也是要参加第一批申报的，并且在拟申报过程中专家评价还不错。最后学位委员会说你们学校批准为授予单位了，但至于你们哪个专业先上，学校自己去斟酌，领导班子最后定的第一批是土木和暖通。

我们先上的是规划专业，在整理材料的时候，大家说，咱们胆子再大一点，把建筑技术也给申请了。这时候学校领导也问我有把握吗？我说有。但压力是挺大的，包括王崇杰书记，当时他是校长助理，他也是盼着建筑技术能上的。那当时为什么没上建筑学，而是让建筑技术专业先上呢？我的材料和成果已经分到规划这边了，如果说让专家看到一个人的成果分到两个专业，这就对我们就不利了。建筑技术教研室也是铆足了劲，周兆驹老师听说同意报，技术教研室的老师们很高兴，连夜整理材料。当时的邢院长找我，问我觉得把握大吗？我说我觉得问题不大，咱们专业可能不是特别强，但是也有一定的特点。

就这样，我们同时报了两个二级学科的硕士点，很幸运，两个都通过了。王书记后来说多亏张主任，要不太阳能方向不可能有现在这个平台（笑）。

建筑学是2003年7月获得授予权的，当时邢院长也找我单独谈话，说张主任你觉得咱们现在申请硕士点有把握吗，建筑学专业招生很好很火，你要没把握，如果申请不到，那还不如不申请，你想好了。我说我觉得行，我们准备得是比较充分的。

我始终认为，个人的发展应该是和学校的发展相互促进的，我也是属于咱们学校发展的受益者，晋升职称应该是比较顺利的。1992年，在朝鲜留学期间，我的成果足够了，没回校述职，副高就直接通过了。1996年破格评了正高，当时在我们"工农兵"学员里头，我是"工农兵"学员最后一届，却是第一个被评为正教授的。

学校给我们一个平台，产生一些机遇。能抓住这些机遇，就能和学校、团队共同发展。从我个人来讲，我是希望咱们专业有好发展，根据我的经验来说，规划和建筑学这两个专业是相辅相成的两个专业，我始终主张这两个专业一定要绑到一起共同发展。

于：张老师，我想再跟您交流一下关于2000年前后建筑学扩招的问题。当时的大背景是1999年教育部出台的《面向21世纪教育振兴行动计划》，高等教育（包括大学本科、研究生）不断扩大招生人数。我查了一下，我校的招生人数，1999年是1855人，2000年是2920人，到2001年招生人数是3789人。关于建筑学扩招的问题，您跟当时的院党委綦书记有过一些分歧？

张：我很佩服綦书记这个人，很有政治家的胸怀。关于扩招问题，我后来也是非常理解，但是有些事儿在当时我是怎么考虑的，我想有必要跟领导开诚布公地表达。

从整体上来讲，咱们学校这几个龙头专业希望在行业内的影响力能够扩大一些，在社会上产生更大的影响。綦书记当时也跟我说，在山东有哪一个学校能比你们这支教学队伍更强？这是实话，我说正

1996年，建筑系学生董华首次获得由专指委主办的全国大学生建筑设计竞赛优秀奖，张建华作为指导教师在颁奖现场讲话

城市规划专业通过教学评估

评估组视察教学成果展室

山东建筑工程学院成功主办全国建筑技术学科第九次代表大学

因为这样，我才想把它发展得更好一点，我们应该上层次，而不是上规模。

于：您当时的这种办学思路和老八所建筑学院的培养目标是一样的。

张：是的，我跟慕书记说，我从来没把咱们学校发展目标放到一个普通院校、三流院校上，我想要咱学校上层次。后来我理解，这是考虑的角度不一样，而造成的一点分歧。

于：这个可能是知识分子和领导之间不同思维的分歧，都是从不同的角度来为学校、专业的发展表达自己的建议。从我个人来说，很佩服您的勇气。

张：嗯，我是这样想的，我作为个人，应该把我的真实想法去给领导说出来，领导可以不按这个想法去做，但是我应该提出来供领导去参考。所以，我说慕书记确实有水平，他出了办公室门又回来了，又回过头对我说，"我今天不太冷静"。

我们都能直抒胸臆，表达自己的想法，虽然有分歧，但是这个氛围是很好的。如果说一个学科、一个单位，如果受绊于这种人情世故，那发展肯定会受影响。

四、科研之路：第一个吃螃蟹的人

于：张老师，从资料我们了解到，您申请到山东省建筑学专业的第一个省自然科学基金，又申请了山东省建筑学专业的第一个国家自然科学基金，可以说，您真正起到了学术带头人的引领作用。早些年，建筑学专业的特点是不是重设计而不太重科研？

张：当时我看到其他专业都在申请基金，心想我们专业不比别人差，人家能干的事，我们为什么不能干。

我们这年代人可能更偏向设计，但是后来大部分老师也都在转型。读书的时候，中国科学院院士齐康教授，他说要多关心一些多学科交叉领域，但同时也要扎实自己设计的基本功。他的观点是，不放弃自己的专业知识结构，然后广泛涉猎其他学科的知识。这个观点对我很有启发。还有母校的著名教授，也是我国建筑学教育的泰斗杨廷宝先生不善言辞，但他总说"处处留心皆学问"，我觉得这句很朴实的话，道理是很深奥的。

2000年，齐康院士访问建筑系，指导专业评估工作

我认为当老师做研究，必须要有一个追根刨底的态度。当然，这既是好事也是坏事，有一次我的车和别人的车发生过一次交通事故，我后来一直琢磨，我拐弯在前面，他在后面，他的车头拱到我的车尾，那为什么是我的责任呢？为什么呢？家人说："你想那些干什么呢，你定损修车就行了，你想到底为什么还有什么用呢？"这可能是做科学研究的思维定式，我一直都在琢磨这个事，为什么这样相撞会产生这种结果？是为什么原因导致的？（笑）

真正大家在做设计时，考虑问题不是那么简单的，不是只解决一些功能问题，他们可能考虑的要更多一些。理论的根基是否厚实，会影响设计水平的高低。有时，一个初出茅庐的设计者模仿老先生做东西，看起来追求的是一种风格，但是处理的技术和细节，差距大，这里面除了经验，还有就是理论的功底在起作用。

记得有一年，我作为专家去参观威海华夏文化城，让我去给他们提提意见。在园入口处，有几座石狮子，我说，你们公园大门的建筑形式是咱们中国传统的，但你们选的这几个狮子是西方的狮子。为什么呢，咱们中国的石塑是抽象的，西方呢，是比较具象的。从文化上来讲，整个环境是不协调的。虽然尺寸、尺度上和整个的建筑倒是协调，但是文化源流上却会出现问题。他们说，去石雕市场买了几座狮子来，看着尺寸可以就放在这里了。回想咱们汉代的雕塑，高度抽象，看上去比较粗犷，很有特点，既能表现出狮子的威武，面部细节又有相应的柔情。汉代的思想和文化特点都映射到它的造型上去了。所以说，理论和设计不冲突。

2004年，东南大学郑光复教授指导工作

并且，理论对于开阔设计者的思路还是非常有帮助的。我们原来的认识是，包括我们的前辈，总是将建筑学专业定位为工科里面的文科、技术与艺术的结合、感性和理性的交融。这个观点往往夸大了感性的作用，理性的作用往往就被放松了。但是研究是理性的创新，是要把外在东西的内涵提炼出来，我们应该重视理论研究、理论发展。

于：张老师，我们想了解一下您的学术之路是怎样一步一步走向成熟的？您前面提到29岁时参与泉城公园的设计，到您50多岁时，申请到泉水聚落国家级课题，可以说，是始于项目，终于科研。从开始时一个项目中，不断积累，发现具体的研究问题，然后找到合适的方法，再得出背后的普遍规律，一步一步把问题做成了一个方向。这个过程，我想是十分艰难的。

张：我的经验是从关注开始，要及时总结。我要求咱们的年轻老师和学生一定要及时总结，总结是很有必要的，总结的过程是向别人学习的过程。

就我个人的经历而言，我的机遇还是不错的。受教于东南大学的老先生们，我比较早就开始关注建筑和环境的关系。刚才提到泉城公园的设计，开始是那位省设计院总工的设计作品，设计手法没错，是很规矩的。但是他缺少和环境结合起来的意识，整个设计作品显得比较呆板。

在东南大学学习期间，苏州园林是我们重点考察过的对象。当初实习就是住到狮子林里边，很幽静，尤其是晚上，月光下石头假山的剪影，我们能想象出各种模样来。到了白天，却是另外一种热闹的景象。老先生们对于苏州园林的推崇，不是平白无故的，这是前人留给我们的艺术瑰宝。苏州园林可谓包罗万象，看上去非常繁杂。彭一刚先生通过《中国古典园林分析》一书的分析，读者读完后会非常明了，因为作者建立了很清晰的分类标准，建筑、理水、叠石、花木，都是系统阐述的，最终又统合在园林整体环境上。老先生们加以理论化的总结，让我们更系统、更深入地认识到苏州园林的美，其中对景观和人居环境的认识，也是相当深刻的。这实际上已经是一个很好的研究方法了，如果一股脑不进行分类分层次、分类型去解释的话，可能很难把一个繁杂的事情说明白。彭一刚先生做了很多年的园林分析研究，对我们来讲很有启发。

我后来开展了泉水聚落环境研究。到目前为止，济南是唯一保留着最完整泉水水系的城市聚落，并且泉水系统和城市形态结合得非常有机、非常完整。它体现出我们先人的生态智慧，泉水既能观赏，又能饮用，同时还能作为军事防御，形成护城河。另外，就济南整个城市的环境结构来讲，南部山区在雨季时，有泄洪的功能。济南那几次发大水，原因是什么？原因是护城河里的水闸没放水，这些水闸是人工干预的，济南那些年比较干旱，有人老觉得河道里存点水不容易，没放。历史上来讲，济南的水利设施是很完备的。为什么说宋代济南知府曾巩在济南人民心目中有那么高的威望。他作为一个地方官，整治水患，修北水门，这些工程，现在来讲也都是具有科学智慧的，我们现在就得把它们总结出来。

有很多乡村聚落也具备这种泉水环境，为什么不能作为我们的研究对象呢？比如，近几年发现的山西省的娘子关泉水村落，比咱们济南周边的村落泉水体系还要完整。济南历史上因来往与常住的名士众多，文化积淀丰厚，像李白、杜甫、曾巩、李清照、辛弃疾、赵孟頫等历史上很多名家都留下了广泛流传的诗词歌赋和名画珍品，在世人看似淳朴的自然环境里提炼出其极高的审美价值。这种文化底蕴对济南泉城的发展保护是极其有利的因素，这就是城市的优势。但像娘子关，到现在还是比较原生态，历史上虽是一个军事要道，到现在来讲，交通也不是很便利。虽通火车，但客运量极有限。其历史文化价值及其影响也相对于济南薄弱很多。所以，没办法上升华到一个更高的艺术高度。济南就不一样了，既有文化名人，也是帝王南巡必经之路，像王府池作为明代德州王的王府，其属地本身不在济南，但因其看上了济南泉水环境，那就侨置建立在这里。所以说，济南的泉水资源虽然与娘子关可谓各有特色，但是文化资源、人文内涵要比它丰厚得多。

这就需要我们不断地总结，当回头再认识泉城的发展，我们才能更好理解济南的泉水环境，从而发现它的价值所在，怎样才能够将其保护好、利用好。那泉水和建筑有什么关系，看似不应是建筑学人去研究的东西，但是难道没有关联吗？人居环境与建筑的关系是多么密切。所以，就这个渊源性的问题，我们就可以展开一些研究。

刚开始我们申报国家自然科学基金立项时，是以济南泉城为研究对象的。后来反馈回来的专家意见：一方很支持，认为是世界遗产的一个类型，可以深入展开研究。另一方认为，这项研究的广泛性受到特定地域的制约，认为是一个个例，是否具有普遍性，是值得推敲的，如果国家层面去支持，会对整个人居环境的建设起什么作用呢？给的评价是我们的课题代表性有限，推广价值不高，建议找地方政府去资助。所以，第一年没通过。

第二年没报。到了第三年，根据专家意见，将课题放在国家宏观层面，将题目调整为"北方地区典型泉水聚落可持续发展研究"，开始关注泉水环境、泉水聚落和城市形态的内在关系。

因为中国北方拥有熔岩地貌的泉水资源的人居聚落是不少的，只是说能达到城市聚落级别的很少。比如说，河北省邢台市区曾经是泉水资源较为丰富的，是由于后来地震和煤矿开采的关系，破坏了其地下的水系，泉水城市环境也就随之不复存在了。济南在历史上没有经历过大的地质活动，虽有战乱但是没有地质破坏，因此地下水系和泉水聚落风貌保留基本完整。通过不断地总结、归纳，我们把城市泉水聚落分成了好几个类型，济南是其中城市型泉水聚落的一个典型代表。

那放在乡村类型里面，这个面就更广了。举个例子，村民打井，有的人看得很准，一打，水就出来了；有的呢，打了半天，就是没有。为什么呢，是因为有熔岩泉水的构造条件。什么是熔岩泉水？就是在地下形成熔岩空洞以后蓄积的水。这个现象一般在山区及其邻近山区的冲击性平原地区才能出现，济南南部山区是泉水形成的涵养区，大气降水在这里渗入地下逐步形成由南向北的地下水流走向，上游水位也比较高。到了济南呢，受到不透水岩层的阻隔，使地下水露出地面，这样就形成了自然喷涌流淌的天然泉水资源，这种泉水地质构造和以高位水塔通过管道将自来水送到千家万户的道理是一样的。当然，这种自然的资源环境是非常稀少的。我们如若

把乡村泉水聚落保护与发展的问题研究透了，推广价值就要更高一些。在国家对于传统村落保护发展问题异常重视，人民群众对于生态环境价值认识水平普遍提高的社会背景下，这种课题研究的紧迫性就可想而知了。

第二次申报，我们调整了思路，改变了聚落类型的标准，按照资源为依据来进行分类，逐步形成了一个独特的研究方向。这样一来，研究范围和研究对象的面一下就拓宽了。另外，泉水聚落的概念也是比较具有创新性的，这样课题申报环节就很顺利地通过了。

于：*张老师，咱们这个国家自然科学基金是哪一年申报下来的？*

张：2011年，这是咱学院第一个国家自然科学基金项目。作为教授，当时我想，重点学校教授们能干的事，我也能干，我这个人不愿服输。从这一点来讲，我觉得很庆幸，学校和建筑学学科的发展，给我个人提供了一个很好的平台。

另外，我认为建筑学想要发展到更高的层次，必须要有开阔的学术视野，只盯着建筑自身那一点小问题出发，后面进入不到太高的学术层次，我们申报国家自然科学基金的过程，实际上也是立足于这种想法的。

我始终认为规划专业和建筑学专业办学，要绑在一块，要努力营造团结的单位氛围，专业之间互相促进、共同发展。眼界要放得开，不要过于狭隘。

于：*张老师，这个课题是哪一年结题的？*

张：2011年到2015年。

于：*很佩服您的学习能力和毅力。*

张：一定要在学术上做出点东西来，这是初心。我对于认准的事情，会一直坚持下去。

我本人的特点是不像别人能把精力分散在很多方面，可能因为我属于相对比较愚钝的人，所以就要比别人付出更多的精力。我15周岁就参加工作了，在工厂里当工人，厂里号召大家要搞一些技术革新，我就很感兴趣。我愿意干点事儿，也愿意往深处想一些事儿。

2005年，首届硕士研究生论文答辩会

五、给年轻师生的几句话

于：*张老师，在访谈最后，您在教学上有什么经验与年轻师生分享吗？*

张：在大学读书时，老师经常会说，建筑学专业只能意会、不可言传。所谓只能意会，是指老师给学生指导设计时，改得很好，就设计的质量来说是上了一个台阶。但是"为什么"好，老师很难从理论方面解释清楚，而让学生自己去领悟。

我一直认为，建筑设计教学是可以找到一个科学的方法去教授的，是可以言传的，为什么呢？因为我们有很多的理论能解释它，能够讲得通。所以，我要求自己，改图的同时也能讲清楚修改的依据，学生再遇到类似问题，就可以举一反三。如果说光改完了，图是挺漂亮的，学生当时也很高兴，但是下一次碰到相似的问题，学生能够掌握这种设计的方法吗？

我始终认为，就设计课程来讲，如果没有相应理论的支撑，那叫"光练不说"。光练不说的后果，就是自生自灭。我没有多么高深的理论水平，但给学生改图时，我会说明为什么要这么改，和原来有什么不一样。老师要给学生一碗水，首先自己要有一桶水。老师对学生要因势利导，应该尊重学生的思路，同时加以相应的引导。还得注重因材施教，根据学生的不同情况，先从肯定的角度去入手，逐步地展开，不能站到一个居高临下的位置上，去一味地否定。

于：*"老师要给学生一碗水，首先自己要有一桶水"，这需要教师要不断地学习，丰富自己的知识体系。*

张：是的，要非常关注咱们的学科动态和前沿，定期精读本学科的期刊杂志，同时也要涉猎姊妹学科的文章。我是经常看，自己订了四五种学术杂志。这个阅读习惯，从80年代一直保持到现在。这是我了解本专业发展情况的一个途径，同时也可让自己保持清醒的专业认知，并且在课堂上及时把最新鲜的东西传递给学生。

我们学科团队不要是清一色的一种类型，而是需要有各方面的人才和不同的兴趣的人组织在一起，形成一个互补的力量。无论是教学还是科研，这都比那种单一的模式、结构要更合理一些。每个人特点不一样，我们应该能够看到他人的优势，包括对学生也是这样，有些可能在某方面还很欠缺，但可能其他方面具有优势，要想办法把他的优势激发出来。我作为老师，一开始有过很幼稚的一个教学阶段，包括对79级第一届规划的学生，有的设计做得很差，当时我还质问其将来怎么找得到工作。其实，学生设计做不好，未必其他方面就差。总起来讲，培养学生不能用一把尺，这也是我在半生教学生涯中逐渐感悟出来的认识。每个学生都有自己的长处，能够激发其长处，这就是培养人才的本质。

于：*非常感谢张老师在学院历史、学科建设、教学心得、科研方法等多方面的分享，我们非常受益。*

张：每个人有阶段性的任务。我是一个特别阶段的人，如果说自己给自己作一个总结的话，我觉得我没有放弃自己的责任，尽到了应尽的责任。在学校发展的一些重要时刻，我没有放弃这些机会，和大家一起共同完成了学科建设和教学建设的任务。

我期待后来者会干得比我们这代人更好。现在学校、学院、学科、专业已经进入了全新的发展阶段，比起我们的初创阶段，环境条件也已大为改观，希望我们的年轻老师，能够利用好我们学院的环境条件，发挥我们学科的综合优势，为学科建设和教学建设作出更大的贡献。希望年轻的博士们，能够把我们现有科研的这种方向，不断地扩大，根据自己不同的学术经历和知识结构，开辟一些新的研究领域。一句话，就是要与时俱进，根据咱们的环境发展来标定自己的发展目标，能够和学校、学院、学科、专业共同发展。每个人在这个岗位上都有自己的责任，大家要形成共识，我们学校的发展未来才会更加美好。

另外一点，希望我们老师要团结，要求大同、存小异，要相互包容，我们有这样一个良好的传统，要继承发扬下去。

2002年，建筑系教师赴青岛参观建筑双年展，在五四广场合影

张建华一家与张润武一家出去游玩

张建华教授在职期间取得的教学、科研与设计成果：

曾担任国家级精品课程"公共建筑设计原理与设计"主讲教师、省级精品课程"城市设计"首席教师、国家级特色专业——建筑学专业骨干教师，主持完成《历史街区再生机制与空间形态延续研究》、《北方地区典型泉水聚落保护与可持续发展研究》——山东省和国家自然科学基金项目各一项，实现了建筑设计及其理论学科团队在国家基金研究项目上从无到有的成功突破。长期以来，在《建筑学报》、《世界建筑》、《城市规划》、《中国园林》等国内外重要学术期刊上发表论文60余篇。出版《建筑设计基础》、《建筑设计》、《城市形象个性化建设研究》等教材与专著8部。主持和参与完成的济南环城公园规划、泰山学院校园规划与主建筑群建筑设计等分别获得国家和部、省级优秀设计奖。

张建华老师个人照片

拳拳之心，躬身育仁
——殷贵伦访谈录

殷贵伦先生

殷贵伦，城乡规划学教师。1977年考入同济大学城市规划专业，1981毕业分配来山东建工学院，2006年退休。任教期间，主要负责城市规划原理、城市经济与区域规划、城市规划设计、毕业设计和城市认识实习等专业课程。

访谈时间：2019年1月11日
访谈地点：殷贵伦老师府上
整理时间：2019年1月整理，2019年2月初稿
审阅情况：经殷贵伦审阅，2019年10月定稿
受 访 者：殷贵伦（以下简称殷）
访 谈 人：尹宏玲（以下简称尹）
*　　　　　于 涓*

一、寒门之子，误入高中

尹： *殷老师好，据说您的经历比较丰富，我们可以从您高中开始谈起吗？*

殷： 可以。我出身于山东曹县农村的一个贫困家庭，弟妹也比较多，上学是很难的，高中可以说根本上不起。但还是上了菏泽一中，可能是老师给改了志愿。

初中毕业时我报了三个学校，全部是中专。第一个是上海建材工业学校，我知道按自己的程度，应该差不多；第二个是山东机械化学校；第三个是菏泽师范。结果，怎么等也不见我的录取通知书来。都快开学了，还是上学校去看看吧。等了一天，也没有。那就走吧，走到学校大门口时，我记得当时很巧，要再迈一步就出校门了。那边就有人喊："别走，别走，你的录取通知书来啦，考上菏泽一中了"。

尹： *菏泽一中的教育是很厉害的。*

殷： 菏泽一中的前身是省立第六中学，后来改名为菏泽一中。当时，作为菏泽一中的学生如果考不上大学，那就是耻辱。当时，大家看重的是一榜录取生，历年都是50%多，位列全国前三名。我是1963年考上的，全区10个县统招共4个班，160人。当时前一中的校长是文革前的老干部，行政15级，有好几位老师是菏泽师专下马后转来的大学老师。

尹： *高中毕业时，您报的什么志愿？*

殷： 高中毕业填报志愿时，那当然是先选名校啊。我自己报的是中国医科大学。结果，管志愿的老校长不同意，把我叫了去，劝我说，"你家太穷了，八年啊，你上不起。"把我给调到西安交大机密专业，无线电遥控，是为国防服务的。

尹： *填报完志愿后，是因为"文化大革命"没上大学了吗？*

殷： 是啊。报完志愿就准备高考了。本来是4月报志愿，6月高考。

到了5月,《五·一六通知》一发表,"文化大革命"开始了。说是延迟高考,但一直没有消息。这也成了我的一个情结,大学难道上不成了吗?

二、平民之子,志愿参军

尹:殷老师,您后来怎么去当了兵?

殷:1967年冬天开始征兵,让我到征兵办公室去帮忙,负责给应征青年填表报名。快结束了,我想着帮完忙就得回家了,干脆当兵去吧。当时有个部队带兵的王参谋,看我本本分分,问我怎么舍得去当兵,很苦啊。我说我不怕,因为那时家里穷,就这样,我就报名当了兵。

殷贵伦1968年参军入伍

尹:您在部队当了多长时间的兵?

殷:我是1968年3月5日到的部队。我服役的那个部队,是野战68军203师。这是一支英雄的部队。它是抗美援朝时1953年夏季攻势的主力之一,也是1969年珍宝岛保卫战的主力。京剧、电影《奇袭的虎团》里严伟才的原型就是特务连督查一班的班长杨育才。我为加入这支部队感到幸运。

尹:当兵是干什么?

殷:到部队后,我被分配到师直属独立工兵营三连四班(机械连发电机班)。在服役期间,我经历了一般战士和班长两个阶段,主要参加了连队承担的国防施工和对炊事班四班的日常管理。并担任团支部技术协助副指导员(团支书),组织连队的团员活动。那是一个热火朝天的年代,全国开展"三学"。我很为自己能有"一颗红星和两面红旗"感到幸福、满足。解放军是个大学校、大熔炉。我当然会严格要求、吃苦耐劳、积极上进。在我当兵10个月的时候,被任命为班长,当年被评为五好战士,一年半被吸收入党(无预备期)。

尹:那时候的炊事班长是很高级的嘛。

殷:指导员和连长经常说,一定要做好,它影响连队的战斗力。炊事班长的位置和任务很重要,当时给我配了副班长。副班长人很老实,也很能干。我们两个分工,他管人吃饭,我管服务,具体是做

饭的时候烧火、两餐之间喂猪、整理猪圈。三连的伙食在工兵营是最好的,因为饭做得好、菜种得好、猪养得好。

尹:那时,高中生在部队里面还是非常金贵的。在部队上应该是提拔得比较快了,已经是得到了重用。

殷:也可以这么说。那时候高中毕业生不多,不过部队的人也大部分没坚持到底。大部分升到营团级就转业了。只有个别人升到军级,像前些年主持央视广告的那位。我是离队最早的,应该说的是,我是服役期满了而没超期服役。为什么离队那么早,实话说,是心中有一个上大学的情结。上个高中那么难,一家人省吃俭用……记得菏泽一中正门旁的壁报上有大字写着"时间+炒面=大学生"。我曾经为省一块钱的车票钱,用一天一夜的时间,步行一百多里路,放假回家。当时17岁,还是个孩子啊。父母见我都累得不像样了,站在那里半天不说话,光流泪……

也是机缘,记得那是1969年夏秋之交的时候,副班长可以顶起来了,连长把我调回四班当班长,10月就入党了。有一天,广播里传出毛主席指示,从"工农兵"中选拔大学生。这一下子就触动了我的心底,惊喜、焦虑,几乎彻夜未眠:可以回去上大学了!秋冬之交,部队干部调整,我们正副连长、指导员都升职调走了。转来的连长、指导员都不熟悉。于是我暗下决心,走,赶上这一批退伍。就主动递交了报告。我不主动要求是去不了的。当兵、入伍、退伍,都是自主心愿成为现实。而今,再回忆一那段经历,仍不免心潮激越。在练兵场上、在荒野拉练中、在国防施工中、在猪圈里、

曹县一中共青团干部合影,第二排右起第三为殷贵伦

共青团曹县一中第七届委员会全体同志合影，前排左起第三为殷贵伦

在灶台前，这是我人生历程的第一段，很幸运，收益良多。从一个书生进来，到一个军人出来，历经苦难、磨炼、蜕变。为我以后各种经历打下坚实基础，造就刚毅性格。

三、退伍之后，入职教工

尹：*回地方是准备大学考试吗？*

殷：回地方后，大学开始招生了，从"工农兵"当中选拔大学生。那个时候不考试，是选拔。在我们县我的条件应该是最好的，退伍军人、党员、高中毕业生，三条俱全。先是清华大学招生，我们县有一个指标，走的是五七农场的一个小姑娘，也可能是我刚回来的原因。接下来，是山东科技大学招生（原山东大学在"文化大革命"时的变称），经过报告、选拔，本来基本上定了，招生人员已经跟我和父母都谈过话了，结果还是没有下文了。所以，才有了紧接着的招干、录取，被派到曹县一中工作。

尹：*在曹县一中您一共待了多少年？*

殷：曹县一中是一个老牌高中，前身是省立曹中，1953年随行政规划调整，中学统一排名定为曹县一中。我是1972年5月到一中，1978年初离开的，六七年吧。我被派到一中工作，是在当时突出政治的大背景下，在所谓往知识分子堆里掺砂子的名义下去的。后来似乎明白了，我一直没有推荐上大学，又被任命为专职团委书记的原因。在曹县一中工作，是我走上社会的第二段，时逢20多岁，

正是年富力强的时候。现在回想起来，这六七年帮我蜕掉了不少的青涩，使我较快地成长。当年经历的不少事情，今天的我都不敢相信。我担任民兵营的副营长，带来了军事化管理。全校师生统一跑早操，每年春天组织一次军训（请武装部的参谋、战士），并进行步枪实弹射击。1976年，周总理逝世，受感情驱使，顶着压力组织并主持全校师生配白花、戴黑纱，在大礼堂举行追悼会。1974年"反右倾"翻案，为学校安定，我充当保守派，对抗造反，招来狠斗猛批。大字报、大标语贴满了校园，还贴到大街上，办公室被一次次封门。1973年，我被县里抽调到青堌集（原复程县城）参加清队，在那里接触认识了书记、社长、大小队干部、一般社员群众，以及旧社会留下的兵匪、混偷、流氓等各种人。如果说上一段使我蜕变成虫，这一段使我长结实。

四、十年之后，大学圆梦

尹：*看到恢复高考这个消息后，是不是还是很激动？*

殷：肯定激动，我当然不会去喊去蹦，但内心简直跟火烧似的，翻江倒海的那种。

尹：*从第一次高中报志愿到真正参加高考，您耽误了几年？*

殷：11年！当时考场都定了，记得我的考场是定陶一中。11年啊！终于盼来这一天。我记得很清楚。国家恢复招生，从"工农兵"中选拔。我曾经参加了每年的选送工作，硬是没把自己送走，何其无奈。参加正式高考，也是到最后考的时候才答应的，也算是恳求来的。那时候我也算是老面临工作调整。我服从组织安排这些年，但也希望能照顾我一下。其实，要真考大学走，前功尽弃了呀。家里这边，俩孩子，小的刚一岁，撇家舍口也难啊。终究是，痴心不改，考！

尹：*当时您有足够的时间复习吗？*

殷：没有。我记得离考试前15天，我还在团地委开会呢。说实在话，我还是有底气、有自信的。菏泽一中三年，是拼过来的。我曾是平面三角和解析几何两门课的课代表，有许多东西是忘不掉的。毕业后，我的经历一直与文字工作有缘，语文不用复习，数理化由我们两个教研组长相帮。记得是考前一周吧，他们一人一晚上给我理顺一遍，也够了。记得作文题是"难忘的一件事"。我看到题目，马上想到了1976年毛主席逝世。我们全体师生参加县里的追悼

大学报名介绍信

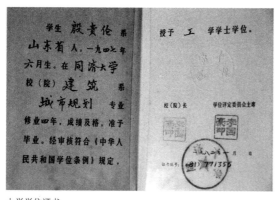
大学学位证书

恢复高考，如愿以偿考入同济大学

参加工作会议

会，那场面，那气氛，真的是惊天地，泣鬼神。我稍作构思，就开始写。我是挥泪写作，情深处，泪满面，泣出声，卷面上有我的泪痕。都说"男儿有泪不轻弹，只是未到伤心处"。

尹： *同济大学是您的第几志愿，城市规划是第一志愿专业吗？*

殷： 同济大学是第一志愿，城市规划专业也是。当时我报志愿，可以报三个学校。最后有一栏，是否服从调剂志愿？我清楚地记得，我写的是，不服从。

尹： *填报志愿时，为何选择城市规划专业？农村里选择城市规划专业的应该不多吧？*

殷： 其实，我对城市规划并不熟悉。但我在高中毕业报志愿时知道，同济大学是八大名校之一，城市规划专业是最好的，并且很少，也是机密专业。我觉得当过兵，又当过团委书记，搞城市建设，应该可以干好。30岁的人再去搞尖端，过时了，这也是我不服从调剂志愿的原因。再就是，我想脱离官场，担心因为我的经历被调到"政管"那些专业去。

尹： *您是1978年春天去大学报到的吗？*

殷： 对，是春节后一个月去的学校。这件事我印象很深，当时也跟初中毕业那次一样，我的录取通知书来得最晚。那天我们正在开办公会，是我最后一次去。教育局的王局长来了，当时也不知道是给我送通知书来的。会议快开完的时候，他吓唬我说，"你要没考上，就好好工作啊。"起初我还信了，一脸茫然。等会结束后，他才告诉我，"刚才吓唬你呢，来，给你这个。"——同济大学的录取通知书。我拿到通知书一看，就是城市规划专业。人好像傻了一样，眼都直了，不会动了。你想啊，一个穷孩子，从小到大，二十多年，终于考上心仪的大学和专业了。他们抢过我的通知书一起起哄，我才醒过来。

尹： *当时教您的老师现在应该都是一些大牌老师了吧？*

殷： 教我课的老师都是大牌名师。对我影响最大的两位老师是陶松龄和宗林。从他们身上学到了专业知识，更见识了为人师表、做人，使我受益终生。也应该感谢他们，真的是师恩深重，由衷感谢。他们为咱们培养了不错的专业教师。我的总体规划实习和设计是二位老师带的。陶先生教原理，宗先生教对外交通。当时实习，选点浙江温州，时值早春。

五、工作之中，罹难致残

尹：*您大学毕业以后就直接来学校当老师了？*

殷：是的，1982年春节前毕业。

尹：*听说您来之前，学校缺少专业课老师，很多课程是请南大、同济老师来上课。*

殷：我来之前，专业课老师很少，俞汝珍、我和闫整是春节前后才来的。所以1982学年的上半年，还是请南大、同济的老师来上课。

尹：*什么时候开始自己上课的？*

殷：如果总体规划实习和设计算上课的话，那来了就立马上课。我是1982年2月份报到，3月份就出差东营（那时叫胜利油田基地，对外称923厂），准备选点实习。从此开始了我们师生的许多个第一：第一届的第一次实习、第一次设计，对外第一次打出建工学院城市规划的牌子。这项工作留下深刻记忆。胜利是我国第二大油田，纵横几百、上千平方公里，我几乎跑了个遍。天苍野茫，驱车寻觅，半天不见个人，连井架、抽油机也很少。在这里，找到了"铁人精神"、"工业学大庆"的真谛。方案讨论会在油田指挥部会议室进行。7月盛夏，那些指挥们大多是军级以上，指挥长是副总理秘书，都在认真听讲、讨论。没有感到畏惧、自卑。这地、这人，真不是一个"大"字能悟透的。

尹：*听说您当年的讲义就是沿用同济陶先生的讲义，对吗？*

殷：是的。

尹：*那您在同济备课待了多久？*

殷：不到一个月吧。后来我要给80级规划专业上城市对外交通，向同济恩师宗林先生求救，老先生很爽快就把自己的教案寄来，帮助我备课。

尹：*据说您1982年刚工作时，就主要负责两个实习。*

殷：不敢说负责，因为都不是我一个人完成的。前面说了1982学年上半年的东营实习和设计和下半年的京津唐城市认识实习。在我

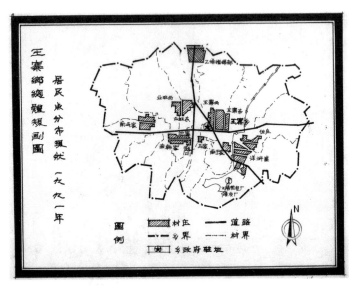

王寨乡总体规划图之居民点分布

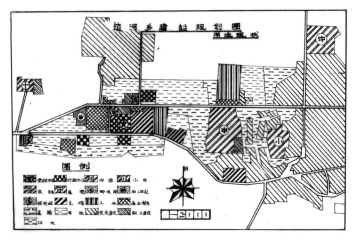

边河乡建设规划图用地规划

的思想上是尽可能多地让学生认识城市，共用五六天时间，北京占一半时间。首站天津选在天大，主要是参观市容市貌，它是我国当年三大直辖城市之一。我要他们多看看天大、南开（两校横向一路之隔），大学到底什么样。第二站是唐山，它是一座劫后重生的城市，之前是我国北方主要的重工业城市之一。1976年7月那场发生在凌晨的毁灭性地震，把它夷为平地，国家调动全国力量重建，到我们去的时候，还是一场大工地。我们是想让同学们知道，这也是城市，地震危害之惨烈，城市重建之繁复、艰难。

之后，我们来到北京，住在东城区的北京工学院，参观市容市貌、

文物古迹、园林绿化，请人作报告等。我们还专门组织瞻仰毛主席遗容。因为这是首都，可供学习的太多，统一组织使用全部时间并非最佳方案。我们采用两个方便措施，一是为方便交通给每人买一张月票；二是给同学们较多的自由活动时间（有半天的，也有一天的，更多是下午活动结束后可以自由活动，但必须向班里报告去向，保证9点之前回校，10点入睡）。北京这一站，是让学生认知领会，中国的大城市，首都，历史文化，从城市外貌、格局、建筑、交通、市政、园林等，自觉体验城市规划。

尹：当时做东营就是一个真题真做是吧？

殷：是的。可以这么说，我毕业做的规划都是真题，无论是实习，还是毕业设计。

尹：咱们做的规划应用到他们当地建设中了吗？

殷：我们的规划对油田基地的建设是起了很大作用的，一直到1985年，都是用的我们的方案进行建设。我们是1982年做的总体规划，当时有一个想法，要扩大基地。从基地往北，有一条公路一直到黄河边，在那个公路的西边，就是胜利油田指挥部一片。在公路的东边，有一个村叫东营，名字就这么来的。它原先不叫东营，也不叫胜利油田指挥部，它叫923厂。

尹：看来当时咱们第一届的学生和老师们的设计水平还是很厉害的。

殷：那次规划还是很有水平的。我是带着病去的，领导并不知道。

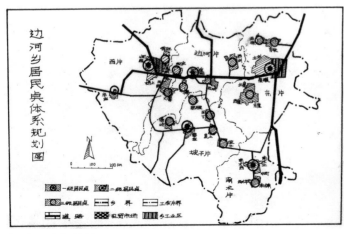

边河乡居民点体系规划图

我一边带他们实习，一边去调查怎么弄。因为我们做的是总体规划。就那一个"总"字，从天上到地下，没它不管、不考虑的。落在图纸上，就是总体综合了。我记得，我跟分管的袁副总指挥说，我想多看一看，他们就专门给配了一辆日本进口新车，专车专用。我喊了两三个学生跟我一起，跑遍了整个油田。让我最吃惊的一次是跑了半天不见人，那个蒿草一人多高，那是真正的旷野。

因为当时做总体规划是要论证的，包括论证它的储量（理论储量和可采储量）、技术水平，来定能采多少年。你想呵，我要是光在宾馆里，怎么做规划？因为这份感动，当然也是职守，方案也做得非常认真，什么都是第一次，面对第二大油田，很有压力。

尹：当时这个规划做了大概多长时间？

殷：前后半年，也就是一个学期。学生总体规划实习与设计课，教学计划是一个学期。当然，还有一些扫尾工作，牵扯少数人。一直都是半年，任务就是完成一个城市（包括建制市、县城、集镇）的总体规划。从调查研究开始，到规划成果全部（包括市县域规划）出来。

尹：当时那些学生您觉得能带得出来吗？

殷：我们的学生都能带出来。因为大家都有一个共同目标，都想好。就看你怎么带，我一直都这么觉得。不然的话，毕业后怎么面对啊？几十年了，他们当中出了那么多院长、主任、总工，我们的毕业生，可以说遍布全国，从国家部委到各省市县都有，国外也有。这是事实。

尹：当时总体规划上半年，其他课程还上吗？

殷：整体规划的教学计划，完整的是一年。上半年讲原理，下半年做设计。是和其他的周期课程并列的。

尹：他们当时还有别的选择吗？还是说只有咱们这一家？

殷：你是指规划设计单位吧？当然有，就是规划院。他们才是编制正规军。我所做的属于教学实习，不是承担工程，性质不同。所以我们有不收设计费的优势，做多了影响就大了，也就交了不少朋友。有的单位就成了后来的实践基地。所以，我不愁去处，也不愁项目。

殷贵伦参与规划论证会

尹：*那个时候师生交流要比现在多吗？*

殷：我带学生，要求每个人都得干，都要做方案，不管多少人，做了方案后开大会，每个人的方案都得挂上。大家一起听汇报，一起评审，然后是我点评，最终评出来，开汇报会的是综合方案。然后再统一提出审查意见修改，就要大家分工了，谁来做总图，谁来做道路，谁来配水电，谁来写说明书。从而培养学生的方案能力、表达能力、制图能力和文件编制能力。所以说，是学出来的、干出来的，甚至可以说是逼出来的。我一般不批评，但是要强调，每一个人都要给自己一个交代。

尹：*当时制定这种实习方案的是您吗？*

殷：是和所有参与老师共同议定的。我当时也是刚毕业，在母校受教的那些情况还没忘，可以作为参照来用。

尹：*去京津唐实习之前，有提前计划准备吗？比如说定路线、订食宿，然后有没有老师打前战，先过去走一趟？*

殷：没有提前走一趟。当时，有一个济南市园林局的人，他是北京人，就让他先回去，给我们联系好。但是天津和唐山，就是我们直接过去的，那时候电话也不方便，好在人都厚道、乐于助人。

北京活动安排得比较好，跟俞汝珍老师有很大关系。她是同济大学城市规划专业的老五届学生，又是第一批研究生，在北京的熟人关系很多，发挥了很好的作用。

尹：*那您带他们这一趟城市认识实习真不容易。*

殷：其实也没觉得有多么不容易，你听我说过为难叫苦的话吗？说实在话，这事重要归重要，真办起来也算不上有多大的难处。这仅仅是一个学生实习而已，比起当时在曹县一中处理的那些问题，这才几个人啊。那时候全校一千多人，人多事杂，光中学的老教师就好几十，那才是众口难调。当时我还是个小青年呢。

尹：*看来前面您当兵，还有在曹县一中的经历，还是对您后面产生了很大的影响。*

殷：我同意你这么说，你说苦还能苦哪去。要说难，这能有多难？我可以简单地说几句，我当时参加的是国防施工，那是当年半山腰开挖战备工事，酷暑寒冬，风雨无阻。那个形象，头戴笆斗帽（柳条编安全帽），身穿破军装，扛着钢钎、铁锤，腰里掖着饭碗。上工去还精神、干净点，收工回来那是一身疲惫，一头一脸的灰渣，坑道里常年恒温，干起活来拼命，身上就剩单衣了，有的就穿个短裤。手上磨得泡，开始是分层的，后来都变成老茧了。十几磅的大锤，打下去，一砸一个白点，我后来可以一气打400锤，凿进4公分。就这，你觉得像个兵吗？我说这是真正的兵，毫不修饰，去东营实习和跑京津唐，怎么和这比？

稿 纸

青岛市南住宅 一九八四.九春

殷贵伦对学生作业的批阅

中国共产党济南市委员会党校

85.4.2

尹：咱们学校1979年开城市规划专业的时候，全国也没有几家？

殷：我们的城市规划专业是全国第五家。除了老三家在前头，第四家是西北建工，比我们早半年。

尹：您来我们学校后主要是负责什么课程？

殷：1982年一来就接手城市规划实习和设计，就教总体规划，1984年开始讲授城规原理，再后来又有其他课。

当时我们没有教学计划，也没有教材。怎么办？回"娘"家，同济大学都有，从80级开始就使用同济那一套。

尹：您上课的时候，对学生的要求具体有哪些？

殷：要求分课上课下。上课要认真听讲，记好笔记；课下要整理好笔记，多读参考书。课上课下用的时间不少于1：1。

我上课是二连堂，中间不休息，我一般是提前五分钟到，放下讲稿再出来。然后再提前一分钟上讲台，听上课铃声关门，提前十分钟下课。我开始讲课，就不能随便进来了。我讲课，学生不能说话。但我没说过不让讲话，发现有说话的，我就不讲了。有人问，我就说等他说完了我再说。

我考试有个特点，我公开说过，我这门课原理想超过80分是比较难，因为最后一道题占20分，要求图文并茂地评价一座城市。你要敢糊弄我，要小心这20分。学了半年，光会死记硬背——不灵；要小聪明，胡编乱造、东拼西凑——不成。这对于一个学生来说还是很有难度的。后来听说，咱们学生考研究生的，没谁因为规划原理考不上的。我想，这是有原因的。

临到考试，学生很关心考试范围，要求给个复习提纲的，划划重点。我是从来不划范围、不给复习提纲，也不划重点。明确告诉凡是我讲过的，还有教材上的都考。只有这种样，才能让他自觉努力认真地去学。

记得有学生缠着要重点，说别的课都怎么着。我就问他将来干什么？他答不上来，我要他好好准备考试。其实，出个范围、画个重点没什么难的，提纲不就是罗列一堆标题吗？我的想法是好不容易上这个大学，学习上别糊弄。要学点真本事，将来你才有碗饭吃。

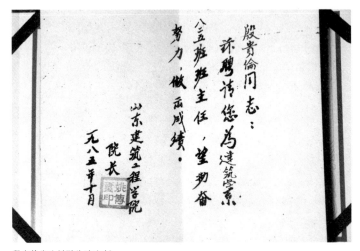

殷贵伦先生被聘为班主任

首先是给自己有个交代，也对得起爹娘。当然，也会为国家、为人民贡献一份力量。特别是那些身出贫寒的子女，读书的机会多难得啊，可不能毁在我手上。这都是值金值银的料，不能眼看着废了啊！所谓铁肩担道义，恭心育英才，如此而已。

尹：除了规划原理以外，您还上什么课？

殷：我是1983年春天去同济备课，回来后承担原理和设计两门专业的课，按规定工作量就满了。但因为人手少，又当了一阵子补丁。规划专业的专业课，有几门没上过，像初步、历史、道交、给水排水都没上过，其他的，没人上来找我，我就上。没教材怎么弄？我就把教案写好了，交给文印室让他们先去刻板、油印成讲义，发给学生。经常忙到后半夜，一包烟抽完了，暖壶里也没水了，眼也睁不开了，倒头就睡。一不小心起晚了，该上课了，抹一把脸就走，牙膏也省了，早饭也省了。好在吃住上课都在校院里，倒是没让学生等过。

尹：是不是从您开始讲课后，就不外请教师了？

殷：大约1984年以后，就不大请了。1982年夏，分来了3位78级的老师。1983年夏季有两位79级的学生留校，下一年80级又留校两位，1985年以后人手就不少了，81级一下子留校5个。不过由于我们起步较晚，教师构成轻，考研和进修的又来了，我的课是少了，但总体人手还是不够，还得当补丁，建筑设计、详细规划设计都带过，哪没人了，哪就上，临时顶一顶。

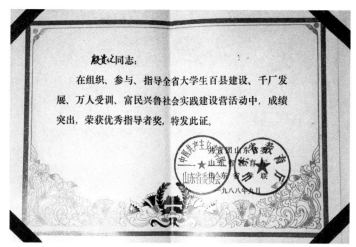

殷贵伦先生获社会实践优秀指导奖

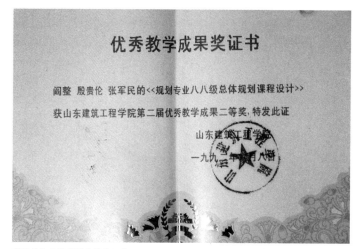

殷贵伦先生获优秀教学成果奖

尹：在学生培养方面，殷老师您主要强调学生哪些能力？

殷：我有我的办法，从理论课教学到设计实践，我一定要让学生明白"不努力肯定就没有别人好"。你不好好学，将来就会吃亏。

我觉得对学生的培养，特别是能力，包括素质都很重要。工科院校的学生动手能力尤其重要。有一个很时髦的说法叫社会实践活动，正好提供了良好的强化训练条件。记得好像是1986年暑期，给潍坊做北宫大街，当时它还是市区北边缘过境的烟潍公路的西起端，约4公里长的一段，西接潍博公路，中越潍柴、昌医，东跨虞河，直通寒亭。很显然，它将会变成潍坊的横向主干轴，这就要做到足够强大，而且漂亮。而今，30年过去了，此北宫大街除名称没变，一切都按规划实现了。1988年暑期做的德州市总体规划，1992年暑期做的菏泽牡丹路规划，都已经实现了。这里，都是在实践一个"养成教育"的思想，也就是让学生在大学期间，既学到较扎实的理论知识，也练就较强的动手能力，走出校门就能独立承担规划项目，少走弯路。我们做过一次用人单位的调查，都反映我们的学生好用、能干，来了就能顶起来。

尹：听说后来您受伤了，您能说一下那段经历吗？

殷：那是1992年中秋节发生的事情，我正带着89级的学生在枣庄实习。上午开完汇报会，午饭后返回驻地的途中发生了车祸。司机酒驾，撞翻了前面的拖拉机，连我也一起被撞伤。我醒来时已经做完了抢救手术，躺在病床上了。有两个学生陪我，一个人含泪告诉

我，老师受伤了，一边说一边在落泪。

刚才我就说，我今天的所有，都得益于我那些经历，说磨炼也好。如果没有那些基础，真受不了。说是洒热血、抛白骨，一点都不夸张。

我住院三年，两次转院，两次大手术。是从左髂骨挖一块骨头，填在右股骨的断开处，才留下了右腿。1994年初夏，确定骨头长上了，可以下床了，我也不会走路了，只能像婴儿学步一样，一步一步挪动。终于，历尽艰辛，用时一年，可以拄双拐走路了。1995年治疗结束，经医疗鉴定，评定为一等残疾，现在新标准为三级了。又恢复了一年，1997年就开始上课了，我是想，别光说不干，能干多少是多少吧。开始不给安排，后来区域规划没人上，就派给我了，我一直认为这是对我的关照、怜惜。

尹：那时孩子正好上高中？

殷：当时，我家老大升入高三，老二上高一。

尹：所以说这也是家里最困难的一个时期。

殷：那段时间，对我家来说是最要紧的一个时期。我爱人春天刚住院做了手术，秋天我就倒下了，在医院里面一待就是三年。一个孩子面临高考，一个还小，都没有独立生活能力。开始请人帮忙，后来转院回济南，我爱人就在医院和家两头跑。很感激当时学校领导，两届书记，两次来医院看我，鼓励我。很感谢那些帮过我的

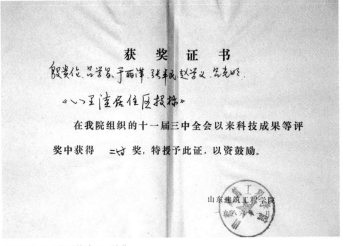

殷贵伦先生等获科技成果二等奖

规划设计方案获奖

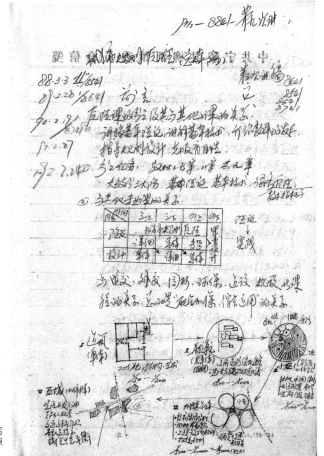

殷贵伦先生手写的《城市规划原理讲义》

人，特别是那种掏心倾力的，我没有理由失望，我有动力站起来，我要再上讲台。

尹：我觉得像规划专业从开始办学开始，早期的这些老师们贡献太大了。

殷：这是个吃几碗干饭的事，我主张教师应该多储备一点。打铁先得自己功夫硬。

尹：现在的教师压力也是越来越大。信息量太多了，要不断地去学东西。

殷：有人说这是个信息爆炸的时代，实现了云技术、5G通信。我觉得信息媒体共存，如石击水，有的仅是击起一点涟漪，稍纵即逝。真有用的，是影响牛顿的那个苹果，要善于捕捉。规划师还是先把基础理论和老本技能夯实了。有了金刚钻才敢接瓷器活，也才熟能生巧。设计是创造性的劳动，要有灵感，灵感源于积累，厚积薄发。

那时，学生说老师你咋知道那么多，我倒没觉得。可能是我上课总有讲不完的东西，有很多东西很难讲完的，比如讲到资源，它是城市规划和城市建设发展的基础条件之一，广义的资源是涵盖很广的，狭义具体到城市的资源，又是来不得一点马虎，以资源定性城市，又有一个在位关系，即有没有在全省、全国的优势，要判定确当，不下功夫研究是不成的。

又比如说讲城市功能，基本的就那四个。对于既定城市，它这些功能怎么组织？在用地上怎么落实？规划师要有本事让别人接受你的想法和你的办法。那首先你自己得先有想法、有办法。你自己都没底，人家怎么能信你呢？

还有城市管理，首先是规划的实施管理。我们是花钱大王。城市建设投资，以百万为单位，现在都到亿了。如果由于我们规划欠缺，会造成很大危害，一是花钱没办成事，另一个就很严重了，导致城市功能不协调，就要影响到城市的社会、经济和环境效益，城市品质上不去，连带居民生活品质也上不去。

尹：您在做班主任期间，跟学生之间的交流，尤其是那些老的学生，像79级和82级，都算是城市规划专业中最有代表性的班级了。

经历车祸后依然乐观生活的殷贵伦先生

殷：我跟学生在一起的时间很多，跟他们接触好像很随意。我直接找学生的时候很少，大多是他们找我。

尹：哪些学生给你的印象比较深？

殷：也不好说具体哪一个、哪几个。说个小事吧，参加一个班的毕业20周年聚会，有一个学生专门过来敬酒，并且为他实习的时候不好好干活道歉，说那时候不懂事，这多大个事啊？他现在已经是双肩挑着两个局长的人了。我觉得就此看我们的师生关系，生动而深刻。毕竟大家都是向好的。三十多年了，师生有感情，表达方式不同，都正常，很珍贵。只要你真心对他，他肯定有数。真是傻瓜，也考不上大学。

在我这里，不分男女、贫富，一律平等对待。要深挖，就是对出身贫寒、敦厚但悟性少一点的学生会特别关照一些。

六、拳拳之心，躬身育仁

尹：最后我们聊聊您对城市规划的理解和认识。您觉得城市规划专业是否需要传媒类的课程？

殷：城市规划专业开一点传媒课是很有必要的。城市规划一个很重要的任务就是要宣传自己。不然的话，领导不支持，群众不接受，就麻烦大了。

规划师一个很重要的本事，就是把你的思想变成城市政府领导的思想，把你的想法变成城市的行动，这才是本事。说到传媒，就会联想到媒体。我们把"媒体"二字拆解一下，直白的就是"某女郎"，以人为本。你看，我们的老祖宗造字多有学问啊。繁体字，就更厉害了。人生在世，离不开媒体。首先，他自己就是。可能我说得广义一点，你是指专业的、狭义的。

尹：城市规划需要沟通，跟公众有沟通，跟政府官员也是沟通对吗？

殷：城市规划不是一般的沟通。他要求把方案变成现实，让规划具体指导城市的建设发展，落实到城市建设发展的活动各方面、各环节当中去。

以县城为例，做总体规划方案的汇报审查时，要开专门的会议。届时各相关部门的主要领导都会到场一起听汇报、讨论问题。光弄几张图纸挂墙上是不行，规划师要结合图纸来说清楚，把设计的思想表达出来。然后他们才会按照规划图纸文件来建设。这个并不是每个做规划的人天生就有的本事。但若决心要当规划师，吃这碗饭，从理论到实践、从图纸到语言，都是必须要掌握的看家本领。

尹：城市规划专业有什么特殊性？

殷：城市规划这个专业是有其特殊性的。跟学生一接触，就很肯定地告诉他们，这是个综合性的技术性专业，又被称为工科当中的文科。因为它光会画图不行，这个画图要有比较高的艺术修养和文字功夫。有学生问，咱又不当画家，学美术有啥用？你当画家不能到这来学，我们要培养的是艺术修养。你做方案，你都不知道建成好不好，有没有艺术性？那它建起来，怎么可能会漂亮？怎么可能有艺术性？搞设计的人必须素养好才行。

尹：城市规划专业的特点是什么？

殷：我一般第一次上课的时候，会在黑板上写一个大大的"博"字。有的学生说，规划原理考完了，还不明白，到底这个"博"字是什么意思，为什么要求我们这个？其实，学了原理课，离"博"还远着呢。就城市个体论，你能简单说清它到底是什么、有什么吗？至于它的建设、发展、运行、管理机制，你清楚吗？可是，你未来就是干这个活、吃这碗饭的。你做过住宅设计了，怎么做的？从研究功能开始，到空间划分组合，再到材料设备的运用，多少事啊。光一个厨房，就涉及灶台、操作台、水电气暖管线、

门窗照度等，少了哪个能行？以小比大，城市规划要综合考虑处理多少问题？

我告诉他们，你学的所有课程、看的书都是有用的，譬如数学，也需要逻辑思维能力，要做一个好的方案，逻辑思维还是要求很高的。我们的图纸展示给大家，给别人看的是形象，形象思维不好不行。而逻辑思维要考虑的是城市内在的必然的关系和联系，如城市的性质、规模、功能、用地、设备、管理等诸多方面，它是一个有机体，承载着经济、社会、居民生活，不可或缺，否则会出乱子的。要做一个称职的规划师，不下苦功夫学习，深入研究问题，办不到。城市是综合体，专业有综合性，规划师需要综合素质，你必须具备这种素质。

到了最后课程结束时，还是要送个"度"字。这个"度"，就是你要掌握大小、多少和分寸，世间多少事，事在人为，"度"是金标准。我说，我不是万能的老师。规划原理，负责总体规划部分，我不可能把所有的东西都教给你们。我也不敢保证，我讲的你都能明白，都能学会。这里再送你一个万能的办法，"悟"，大道至简，古今中外一概如此。可以用一辈子，还可以传下去，都一样。遇到所有的问题靠悟性，处理问题发挥悟性。人的悟性很重要，是难能可贵的，可以通过自身修炼提高。

以一句俗语作结，"师傅领进门，修行在个人"。

2007年8月，殷贵伦先生退休临别赠言

回望学教风雨路，幸而仍做规划人

——闫整访谈录

闫整先生

闫整，男，1957年6月生于济南。中共党员，山东建筑大学教授、博士生导师，注册城市规划师，经纬城市规划研究中心主任。1978年2月—1982年1月，同济大学城市规划专业就读，获得工学学士学位；1982年1月—2018年6月，任职于山东建筑工程学院（2006年改名为山东建筑大学）；1985年9月—1988年4月，同济大学城市规划与设计专业就读，获得工学硕士学位；1991年7月—1996年12月任城市规划教研室主任；1997年1月—2004年7月任建筑系副系主任；2017年3月被评为山东省城市规划大师。

在山东建筑大学任教36年，主授城乡规划专业本科、硕士及博士课程。主要研究方向为：城市土地使用与空间规划、城市规划与设计、绿色建筑设计理论与方法研究等，2018年6月退休。

现学术兼职：建设部高等学校城乡规划专业教育评估委员会委员；山东省城市规划研究会副理事长；山东省土地估价师协会常务理事；山东省住房和城乡建设厅专家委员会委员；中共济南市委决策研究专家智库成员；济南市城市规划委员会专家咨询委员会委员；潍坊市政府城市规划顾问；山东建大建筑规划设计研究院总规划师。

访谈背景：山东建筑大学城市规划专业创办于1979年，专业从无到有、从有到全、从全到优，2004年6月和2012年5月分别通过了国家高等教育城市规划专业评估委员会组织的城市规划专业本科评估和硕士评估。学科的发展与跨越，离不开老前辈们和老教授们兢兢业业的坚守与努力、心血与汗水。2019年是中华人民共和国成立70周年，也是城乡规划专业创办40周年，在此具有里程碑意义的时间节点，我院青年教师对闫整先生进行了访谈，以回顾在这段难忘的学科发展历程中的艰辛与不易。同时，感谢老教授们长久以来、孜孜不倦的贡献与付出，以此激励青年一代，不忘初心，牢记使命，秉承城乡规划的优良传统，更好地为学科发展奋斗与努力。

访谈时间：2018年5月 2019年1月
访谈地点：山东建大建筑规划设计研究院总规划师工作室
整理时间：2019年6月整理，2019年9月初稿
受 访 者：闫 整（以下简称"闫"）
访 谈 人：倪剑波（以下简称"倪"）

　　　　　许 艳（以下简称"许"）

一、角色转换，考学求学

倪：闫老师，您好。您是我校建筑城规学院德高望重的老领导、老教授，从1982年城市规划专业创办时期执教，至2018年光荣退休，您已在教学、科研位置上工作了36年，曾任城市规划教研室主任和建筑系副主任。在您担任学科负责人期间，我校城乡规划专业于2004年6月通过了国家高等教育城市规划专业评估委员会组织的城市规划专业本科评估，达到了学科发展中的一个高峰。可以说，在此过程中，您是作出过重要贡献的建设者之一。您培养的本科生、硕士生和博士生遍及省内外，现在省内大中城市从事城乡规划设计、管理以及规划教育的校友，很多人都是您的亲学生。您是我国1977年恢复高考之后的第一批大学生，高考之前您还工作过两年，我们的访谈可以先从您高中毕业后从事的工作开始吗？

闫：好的（微笑）。有些事情我也得仔细想一下，之前很多的事情都印象不深了，很多年也没有去回忆过，因为这个访谈，有些事情还是慢慢地想起来了。访谈内容提到一个词叫"激活尘封的记忆"，我觉得特别准确和恰当。

1975年我中学毕业，之后留城分配在济南历下建筑公司（后来合并组建为济南第五建筑公司）工作。当时的政策是每家的子女中可以有一人留济南工作。我家兄弟二人，哥哥选择了上山下乡，我就留在济南工作了。

我在建筑公司里先做的是瓦工，后来调到施工队做统计员，逐渐学会看建筑施工蓝图、做工程项目预算决算、建筑施工放线，并负责工程项目进度的核算和工程量的统计。这样工作了不到三年的时间，参与过历下区的重点工程项目的施工会战。我对建筑的认知是从建筑工程施工开始的。

倪：1977年是"文革"之后恢复高考的第一年，当您知道可以高考时是什么情形？

闫：当时正值"文化大革命"时期，大学停止考试招生，实行的是推荐上大学制度，要求必须要有几年的工作经历才可获得推荐资格。1977年恢复高考是个很突然的事情，邓小平同志当时很短的时间就拍板决定恢复已经停止了十多年的全国高等院校招生制度。

大约是在9、10月份，我当时在参加历下区染织厂的施工会战工地，这是区里的一个重点工程项目。我除了正常工作职责，参与会战劳动外，还要负责详细地记录每天有多少工人工作，完成了多少工作量，核查工程进度等。知晓国家今年要恢复高考，举办统一入学考试，以择优录取的方式上大学时，距考试也就两个多月的时间了。

倪：您当时的工作看起来也还不错，是怎么决定参加高考的？

闫：先要纠正一下，我的工作单位并不算好的。当时工作单位分国营还是集体，我是集体所有制单位；工作单位还分省属、市属、区属，我是区属单位。建筑施工常年在室外工作，属于重体力劳动，是很多年轻人不愿意从事的职业。

77级上大学的，相当一部分人是生活、工作处境不太满意的人。大学同学中，不少人来自建设兵团或是下乡知青、建筑公司工人、理发师等。这些年轻人，往往是一旦有一个可能掌握自己命运的机会，他立刻就会参加考试，反应很快，没有太多要顾及的负担。

我当时才20岁，年轻有什么顾虑呢，白天上班晚上复习就行了。从成人角度来看这样的求学行为，大概是希望能从事更好一些的职业吧。

倪：时间这么短的情况下，您是怎么复习准备的呢？有像现在这种辅导机构吗？

闫：辅导班是有的，我曾到山东工学院（后并入山东大学）听过一次数学辅导课，涉及的内容感觉挺难。由于白天要上班，有时晚上要加班，我很难参加辅导班。在单位又不愿意给人以不安心工作的印象，所以就只能在工作时间之余复习看书。庆幸的是，高考题目没有像辅导班所讲的那么难，考的都是基本东西。

听贝聿铭讲座

倪：*当时是什么机缘巧合，使您选择了城市规划这个专业？*

闫：其实选择城市规划专业可以说是有偶然性的。当时时间急促，没有像现在这样全面的专业介绍，基本上没有搞清楚建筑学和城市规划的差别。

历下区染织厂建设项目的施工初期，有个设计图纸交底环节。山东省建筑设计院的设计师来现场，很多细部节点并没有做出设计图纸，而是交代施工单位按照相关标准图的常规做法做。一般问题他就都这么回应，就不做详细的大样了。这就是我对建筑师的最初印象了。

在建筑公司的工作之余我自学过材料力学、建筑施工、建筑工程预决算等方面的书籍，对土木工程、建筑类的专业会感兴趣。另外，受推荐上大学的影响，我当时认为毕竟有建筑公司工作的经历和基础，选择建筑类的专业应该能在学校录取的时候有些优势。这大概就是我报考专业时的想法。

倪：*您高考时填报了几个志愿？*

闫：记得规定可以填报四个志愿。我报同济大学选择的是城市规划，山东大学报的是微生物，浙江大学报的是工民建，另外还报了山东师范学院的数学专业。

倪：*您是怎么知道同济大学的？*

与董鉴泓先生在五台山

闫：一是当时读的很多专业书籍中，同济大学出版的书占了很大比例；二是我们施工队的技术员杨老师，是山东省建校（山东建筑大学的前身）中专毕业的，她经常提到同济大学。因此，我对同济大学多多少少有些认识，知道它是一所土木建筑为主的高校。这是我选择同济大学的原因之一。其实，还有一个很实际的想法，就是选择城市规划专业应该不会上山下乡吧（微笑）。

两个多月的复习时间过得很快，高考成绩出得也很快，没过多久就接到同济大学城市规划专业录取通知，1978年2月份我就去上海报到了。

倪：*当时的高考被形容为千军万马过独木桥，考生年龄、经历、背景、地域差异都很大，大学时期您的学习状态是怎样的呢？*

闫：据说77级的高考录取率是百分之三点几，也就是一百个人里面录取三个多，后面录取比例就越来越高了。

首先说我大学时期并不是所谓的优秀生，不过这还得看怎么去衡量。与现在大学的综合测评不一样，我们当时没有这样的评价体系。综合测评排第一，以后就会是好的规划师、好的建筑师吗？也未必是吧。那时候上大学的人基本都是有工作经验的，大学时期有些学生可能建筑设计好点，有的学生可能理论好点，各有所长。大家学习都很努力，珍惜难得的学习机会，晚自习之后是要强制关灯休息的，每周有半天时间放松一下，就觉得很奢侈了。

倪：*那时候培养的城市规划人才实践性非常强，毕业后要求快速地为改革开放的城市建设服务，那您上学期间参加的工程实践是怎么安排的？*

闫：我们有四个暑假。第一个暑假入学才半年，基本上不会有机会参加工程实践；第二个暑假前是到杭州进行美术实习，美术实习回来有个别同学参与高年级的暑期实践活动。在三、四年级的暑期，有一半以上的学生都会参加学校组织的工程实践。

我三年级是跟着陈秉钊老师到青岛，做崂山风景区总体规划。四年级的城市总体规划设计课程，是阮仪三老师指导的，真题真做，做山西榆次市城市总体规划。四年级暑期留下学生五人到榆次，完善成果，画了一个暑期的图。印象深的是工作结束之后，董鉴泓先生来晋，一道去五台山，参观了南禅寺、佛光寺。

二、学成归来，教书育人

倪：本科毕业后您是如何到建筑规划学院工作的？

闫：1978年改革开放之后，全国经济大发展，城市建设开始大规模推进。1979年，我校创办城市规划专业，办学条件比较艰苦，急需城市规划专业教师。

应当说，山东省建委对规划人才的培养很重视。那时的老干部文化程度不一定高，但他们做事非常认真，把省内能找到的专业人员汇集到建院充实师资，聚力办好山东省的城市规划专业。在这样的背景下，作为恢复高考的首批城市规划专业毕业生，我和同班殷贵伦老师都分配至山东建筑工程学院任教。同济规划77级本科两个班有64人，山东籍的分回山东，就是我和殷老师两个人。

倪：除了到建院，还可以有其他选择吗？

闫：在计划经济时代没有其他选择。当时发给我们的分配通知单，直接到省建工局报到，当时我校由省建工局代管，在省建工局转个信就到建院来了。

倪：您刚到建院是1982年，学校应该是百废待兴，城市规划专业才刚刚起步。在您的记忆中，教学团队是一种怎样的配置？

闫：建院原本就有工民建专业，建筑学专业毕业的老教师有蔡景彤、缪启珊、王守海等老师。为了提高办学水平和教学质量，从省内外调动或分配来了一批专业的教师，如刘天慈、戴仁宗、吴延、张企华、张润武、周今立、于汝珍等老师，他们都是1950、1960年代毕业的老大学生，有多位还是研究生毕业，都是毕业于清华大学、同济大学、天津大学、南京工学院（东南大学）、哈尔滨建筑工程学院等。就当时师资配备看，学校真是认认真真地物色师资人才，组成省内高水平的专业师资搭配。在那个年代能做到这样，是很不容易的。77级本来的有南大毕业的陈正太老师、同济来的殷贵伦老师和我三人，作为新兵，参与教学的团队中。

倪：当时的备课工作时间是怎么安排的。

闫：晚上下班之后备课学习，每天睡得都比较晚。那段时间跟当时大部分工作的人是一样的。我习惯早上起得晚一些，实在爬不起来。上午、下午和晚上一天三段工作时间，一直到五十多岁，仍然习惯于这样三段时间工作。

倪：刚毕业回来就给学生们上课有没有难度？

闫：难度是有的，毕业回来大概25岁左右，跟上课的同学们年龄差距不大。教的第一个班是城规794班，我自己只比他们高两级，甚至还有几位学生的年龄比我要大上几岁。最初是给吴延老师当城市总体规划设计课的助教，有吴老师在，学生对我的关注会少一些，相对轻松一些。第二年城规804班的城市总体规划原理课程，就是我单独讲授本科课程了。说实话有些费劲。当时就回同济大学，去求助于陶松龄先生（后来曾任同济建筑城规学院院长、闫老师的硕士导师）。陶先生将自己的备课讲义给我，住在同济的招待所里学习、备课。为了能上好第一堂课，我在家里弄了一块小黑板，模拟板书，反复试讲练习，把控授课内容与时间，逐渐地摸索经验。

倪：您还记得来建院上的第一堂课吗？是什么情形？

闫：当然记得。真正正式讲授的第一堂课是给城规804班讲的城市规划原理，紧张还是有的，慢慢适应后就不会紧张了。开始是从城市的概念讲起，这部分是来自北大自编讲义。78级本科毕业分配来建院的规划教师有北大的吕廷勇、南大的姜龙强、同济的吕学昌等老师。当时没有统编教材，也没有正式出版的教材，各校都是自编讲义。吕廷勇老师带来的北大讲义，关于城市的各种定义、城市和

本科毕业答辩

校足球队合影

乡村的区别、城市化概念等解析得比较透彻。这部分我选用以北大的讲义为主要参考。

倪：一直是您承担城市规划原理主讲吗？

闫：不全是，城规804班、城规814班，我承担城市总体规划原理部分的讲授。1985年，我就回同济大学读研究生了，殷贵伦老师负责这门课的全部讲授。研究生毕业回来，我就开始带城规专业的毕业设计、城市总体规划设计、居住区规划设计、单体建筑设计等课程。到1991年左右我又承担城市总体规划原理的讲授，一直讲到2005年，这段时期还承担城市总体规划设计、毕业设计等课程。

倪：那时候《田园城市》有中文翻译本吗？

闫：没有翻译版本，金经元先生的翻译版《田园城市》是很晚才正式出版的，我们读的时候，这些东西都没有，得自己去图书馆找。

倪：那当时上的课程内容和现在来说区别在哪？

闫：最大的区别就是那时候国家还没有统一的教材，都是我们自己油印的讲义，没有出书，后来才正式出书有了教材。就开设的课程看，最主要核心课程体系相比现在变化不大，现在的教材在广度上有了一些增加。

倪：城市规划教学体系、教学计划或者教学大纲有没有改变比较大

的那么几个节点？

闫：是学制上的改变，我校在城规98级之前都是四年制，根据教学计划第一年是建筑初步，然后三个学期的建筑设计，后面是做规划设计，做居住组团、居住小区、总体规划设计，毕业设计，一年半的规划课程。从设计课程体系上说，就是2.5+1.5的框架。

后来我们希望对设计教学内容作适当调整，把三年级上学期的课变成工厂总平面规划和市民广场规划设计。五年制的课程体系就发生了较大的调整，控规、设计院实习均列入必修课程。

倪：专业教学环节中会安排很多实地参观实习吗？

闫：是的，工程知识的传授仅靠课堂上讲是不行的。比如学建筑设计，到建筑工地去，亲身经历建筑的各个环节，这种方式的学习会给人深刻的印象，获取知识的宽度谈不上，却能学得很扎实。今天的课程教学体系是安排学生做不同类型的建筑设计，获得更为广阔的知识，搭建起基本的知识平台。学生以此平台为基础，自主发展，也许去当建筑师，也许去做规划师，也许去做管理，也许去到研究机构等。过于偏向专业深度的培养方式，学生涉及的知识面相对较窄，虽能学到很实用的东西，但适应能力偏弱，已不适应现今社会的实际需要。

我读大学时有一门图书馆设计的课程，老师安排我们到上海多个高校图书馆参观。需要提前与图书馆联系好，要求学生将图书馆的各个流程、细部全都看过。

倪：那时候经济不发达、信息不方便，您是怎么安排参观实习的？

闫：有一年我带毕业实习，有大约20多个学生，那时候调研路线怎么走，学生的吃住行、参观、听讲座都由教师来安排。比如说第一站到开封，我们联系的是在河南师范大学住宿。当时实习经费每个学生就200块钱，买火车票是没有问题的，但住旅馆就远远不够了。这种情况下，老师就必须提前到河南师大，给学生联系安排住处。我们的诉求是光板床上有个垫子就行。学生都是自己背着被子来的。出行上，很多情况下都是接待学校派车接送站，吃饭就到学校食堂，教师与学生同吃同住。参观环节很少安排学生自己去看，都是老师精心选好的项目，由老师带着一块去。参观的项目，谁做的设计，我们请谁来讲解。20多天的毕业实习对学生专业学习的促进是很大的。在我们办学的起步时期，师资搭配、教学的投入以及

老师的投入都是很正面的，这给学科的发展奠定了很好的基础，当然也跟那个时期的大环境有密切关系。

倪：给学生讲解，请的是规划项目的负责人或建筑的设计者吗？

闫：是的。由规划管理人，规划、建筑设计人亲自讲解，有利于学生切实感受设计理念与精髓之处。在这个环节，虽然有难度，但我们还是坚持这样做，这对学生的专业学习以及毕业设计会有较大的影响。整个实习过程下来，学生受益匪浅。给我印象比较深的一件事情是，洛阳规划处的主任给我们介绍洛阳城市总体规划，由于临时有紧急事项需中途离开，副主任接替的前几分钟讲解思路是混乱的、断片的，但讲着讲着就渐入佳境。这种情景，是城市规划者应有很好的语言表达能力的实景展示，会给学生们深刻的影响。有些项目现场，不特意指示出来，学生未必能观察到。仅靠在课堂上教又能发现什么呢。可惜现在很少有学校再去这样带实习，成本太高，教师也比较辛苦。

倪：那时候您的收入情况如何？

闫：我清楚记得当时本科毕业实习期是每月43.5元，转正以后是53.5元。现在可能觉得50多元钱很少。我当工人时的学徒工，第一年是每月21元钱，建筑工人是重体力劳动，是23元钱。因为那时候物价便宜，我在同济吃食堂，饭费20多元就够了。

倪：23块钱在当时购买力是怎样的？

闫：我还清楚地记得当时面粉是0.18元一斤，油是0.83元一斤。同济学生食堂大米饭0.16元一斤，一顿饭0.2~0.3元就可以了。生活虽然比较拮据，但能吃得饱。从收入来讲，本科毕业后因为我参加过工作就没有实习期，50多块钱的话，在当时算较高收入了。

倪：跟同期建筑公司的人相比较，工资水平如何？

闫：如果是在工厂，二级工，是30多元钱。我大学毕业，50多块钱比二级工还是多的。但后来他们有奖金的时候，就不如公司工人了。

1980年代的时候，国家先放开的是企业，企业可以根据经营状态自主支配发奖金，他们的收入都比较高。大学毕业工作以后，济南的很多人就问我，你看你到了高校，收入还不如我们在工厂的人。现在看大学教授的收入不错，但有一段时期，在大学工作的收入不高。

计划经济时代是把生活压到最低，余出钱用来扩大再生产。正是这样做才打下了坚实的工业基础。就如今天的企业一样，挣了100块钱，发奖金80块，剩下20块去做企业发展。而那个时候是挣了100块，只发下去20块，剩下80块去做发展基金，是一个高积累时期，正是靠这种做法，成就了一些国家大事。

三、责任担当，学科跨越

倪：一开始创办城市规划专业，院系设置是怎样的？

闫：最早是成立了建工系，陈希远老师和孙登峰老师分别为正副系主任。建工系下面设有城市规划专业，然后过了几年，就变成了城建系，与给水排水专业同属一个系。然后到了1985年，成立建筑系，张润武老师任系主任。建筑学专业创办得相对晚些，大概在1984年吧。

1988年，我研究生毕业回来继续任教。1991年于汝珍老师调走后，张企华任系副主任，我开始做教研室主任。教学计划调整和执行基本是由我负责的。再后来就是张建华老师任系主任，我任系副主任。

倪：全国城市规划专业最早办学的，一共就有四所学校，除了我们建院，还有重建工、同济和武汉，城市规划办学起步的时候，条件比较艰苦，那么师资力量从什么时候开始改善了呢？

闫：前期师资比较少，吴延、张企华、于汝珍、殷贵伦、吕学昌、张军民等老师，组成了本科教学组，对应每届20多个学生的招生规模。师资力量和教学环境开始改善大约是在孙玉、李志宏、于大中、赵健等老师读研回来任教。相对来讲，这时候规划专业是师资力量最强的时候。

从外校专家的评价来看，是说我们有资历的老教师相对较多，而且能在建院坚守没有流失，办学经验能够积淀下来。不像西北地区的院校，改革开放后，很多有资历经验的教师走了，对专业办学产生不利的影响。

倪：您能具体说一下当时城市规划的办学状态吗？

闫：拿招生来讲，虽然我们招生多年，积攒了一定的经验，但我们一年就只招收两个班。而有的院校，可能办学时间仅有几年就招收

与阮仪三先生在曲阜

与阮仪三先生重逢

更多的学生，教学师资和各方面条件就显得不足了。虽说是办学理念不同，不好求全责备。但我们始终是本着为学生负责、为专业负责的态度去做。在教学条件上是要比现在艰苦很多。可那时经历过"文革"的老教师，是比较扬眉吐气的，都会全身心地投入到教学中去。我当时住的地方离学校不是很近，但晚上也经常会跑过来给学生交流答疑，完全是自觉自愿地干。

倪：城市规划专业一直保持在每年一个毕业班，从99级开始扩大到两个班，当时全国大规模的城市建设已经全面铺开，正是急需建设人才的时候，您当时的办学理念是怎样的呢？

闫：总的来说，当时的城市规划还没有像现在这么受重视。大约1983年左右国家建委文件里曾提到，城市规划师应该达到城市人口总量的1%~1.5%，是个较为合理的比例。

关于城市规划专业扩招的问题，我的认识比较保守一点，培养人才是要讲质量的嘛。省建设厅有领导对我说过，如果全省城市规划的管理人员都是本科毕业，规划建设事业发展会好很多。他认为办学思想需要转变。他对我讲的话，令我印象很深刻。专业办学到底是为什么？若是城市建设发展需要的话，是否可以再多招一些学生呢？

关于规划专业评估，我们也有一些讨论。每年的评估只扩大两三所高校，通过评估的学校相当于是个小俱乐部，有四五十个学校在里面。可是，城市规划专业教育真出问题多的，应该是那些未通过评估的院校吧。

本科毕业生工作去向上，地方院校与老八校以及重点大学也是有很大的差别的。地方院校培养的人，将来毕业没有那么多搞研究的，大部分是要到规划设计、规划管理实践一线的。

倪：那时候我们对外学术交流是怎样的？

闫：在2004年之前，个人认为与外校的交流不是很多，主要是靠咱们老师与外校的私交在做事，学术交流经费非常紧张也是重要的原因。老师们出去从事教研和科研活动，主要靠自己的科研经费，学校基本上是无法提供支持的。教师对外交流的机会是很有限的。

倪：大概到什么时候，这种状态有所改善了？

闫：2004年参加本科评估的时候，经费就相对比较充裕了，师资力量和教学环境逐渐开始改善，教研和科研逐渐开始出成果了。

倪：您当年来建院时是青年教师，有没有特殊的奖励政策？

闫：哪有这样的政策或者福利啊！你年轻就得踏实肯干！荣誉啊、奖项啊，都是次要的，但是努力付出就一定会有收获。带着学生做实践项目的同时，参个赛，以赛促教、以赛促学也不错嘛！

倪：那时候学生作业的获奖情况是怎样的？

闫：关于获奖，我印象比较深的，是当时建设部村镇司组织过华东六省一市的镇总体规划评优活动，我们把它放在85级学生的课程设计里，我与张军民老师合带一个组。村镇司对我们的成果

cc

b

与导师陶松龄先生在工地合影

1983年8月，德州火车站广场规划工作组合影，右一为闫整

还是很满意的，按当时活动评选情况，我们是第一名，最后我们是拿的五个优秀奖之一。我觉得很好了，至少这个奖项对我们的专业办学还是很认可的，在一定程度上也扩展了我们专业的办学影响。

倪：*2004年6月，城市规划专业顺利通过了本科专业评估，成为全国第十所通过专业评估的高校。这既是对您当建筑系副主任时工作的肯定，也对以后学科发展提出了更高要求。您觉得通过的优势是什么？在学科发展、教学管理方面有哪些经验呢？*

闫：能顺利通过本科专业评估，是全体老师、校系行政两级的共同努力，这是真心话。在整理自评报告时，有一个很深的印象：在专业教师队伍里，老师们有不同的专业特长和贡献，这位老师本科教学有成果，那位老师设计能力强，获奖多，还有的老师研究能力强，这样整合起来，材料就很丰富了。我只是做了些梳理、整理工作。我认为在当时的环境条件下，我们这样的地方院校，单靠某个人是难以获得好的结果的。要说经验，就是要发挥各位老师的能动性和积极性，山建大的规划学科才有希望。即使在当下，仍是需要格外重视和强调的。

学科发展上，要明确自己应当做的事。从评估的角度看，我校在教学计划、教学研究、教学课程建设方面，一直特色不鲜明，或者说缺少亮点。本科教育不够，研究生教育更不够。在学科研究方向上要注意总结凝练，创造条件让老师形成研究上的合力。

四、教学点滴 为人师表

许：*教学过程中，能分享一下您遇到的趣事或者印象深刻的事情吗？*

闫：师生间的趣事？我想想，大概在1989年，带85级学生毕业实习，我和张军民老师带队"南下"（笑），本来计划是去上海，忘记是什么原因上海去不成了，然后从南京就插向屯溪，但是学校有规定，不准上黄山。可是学生都到黄山脚下了，谁不想去啊？他们一路上向我们提抗议。我们教师呢，在不违背大原则的前提下，一般都是偏爱学生的。在屯溪的时候想到了一个处理方式。屯溪有老街等很多值得看的东西，前面都是布置每天该看什么，教师带队到现场参观。到了最后两天，宣布不再统一集中活动，要求学生按分组自己去参观指定的项目。第二天一早，我们去看学生们的反应，结果是空无一人，师生之间极为默契，全都去黄山了。只是我与张军民老师只能在黄山周边转，等待约定集合的时间到来。说实话，我也担心出意外，好在那班学生各方面的能力还是比较强的，班干部也挺负责任。

许：*这样感觉同学们一举两得——专业学习和城市认知都兼顾了。*

闫：其实我们专业，就是需要多走走、多看看。就毕业实习来说，同学们爬爬黄山、看看风景，领略一下当地的自然禀赋、山上的建筑景观，也是课外的专业学习。带着目的或任务的"游山玩水"，对我们专业的学生来说并不为过。

许：*毕业回来跟学生们年纪差别不大，再往后几年，有没有感觉到有代沟？*

闫：我是1982年来教书的，到1985年我已经教了三年了。这三年当中，学生和老师是分不出来的，在年龄上也难区分。那时，班里的学生确实有和我年龄一样大的，或者比我大几岁的。学生和老师之间是没有距离感的，亦师亦友，关系轻松融洽，其实师生之间最舒服的关系就该是这样。

但是30多岁之后，我开始意识到与年轻的学生之间产生距离了。有一次我带着学生乘火车去实习，我们两个老师坐在进门的位置，后面上来的学生进来先往走走，直到走到后面没有座位了，才过来和我们坐到一起。这时候你就意识到自己的年龄了，学生们会觉得与你聊天没意思。

师生的交往，年轻的时候很简单，与学生们一块踢球、玩闹，彼此之间既放松又舒适。

许：*可否谈谈您曾经做过的印象深刻的工程实践和科研项目，以及获得的奖励情况？*

闫：好的。在建院最早是1989年参与吴延、张企华老师负责的科研项目，获省科技进步三等奖。还曾与赵健、李志宏、王巍老师一起分工合作，得过省科技进步二等奖。我承担科研课题，一般都是委托部门有需要，先提出项目委托的要求。如2005年完成的山东省集约用地标准，就是国土厅的课题。

工程项目方面，给我印象深的是长清大学园区总体规划。那时经纬规划研究中心刚刚组成，是考验团队研究能力、设计水平和行动力的契机。最终我们的方案被采用并实施。这个项目并没有得过任何奖励，但对我们团队的自信心、协作精神、工程经验等方面影响很大，在社会影响方面的收获也是很大的。

许：*闫老师，您获得了这么多奖项，我们很想了解一下您当年最早做设计的情况。*

闫：参加工作最早的设计，我印象当中是蒙阴县垛庄镇总体规划，成果也是获得奖项的。在我读研究生时，正值国家改革开放初期，

南方经济已经放开，比较自由了。读研期间，我曾参与通化市城市总体规划、温州市交通规划等工程实践项目。那个期间我的感觉是，南北方差异还是挺大的。做规划除了在项目内容上有不同侧重之外，还要注意到南北方的不同。北方的官权力很重，南方发展需求会多元一些。做规划设计，参与的项目多了，经历的人和事情多了，你的经验也就多了。

许：*与当年您在同济大学接受到的专业训练相比，您怎么看待现代城规专业的教育培养？*

闫：我们学校城规专业，培养的学生大部分应该是要到设计单位一线，从事规划设计工作。对于地方院校培养学生，如果能培养得全面，那当然很好，但是也要有一定的针对性。不同层次的高校教育培养的重点不应该一样，现在清华大学、同济大学的人在谈国际交流，他们的教育培养注重与国际接轨，所以他们的学生视野宽、见识广，为的就是中国的规划设计者能走向世界做规划。中国的城镇化在二三十年内快速上升至百分之五十多，将来还要提高。这么快的一个城镇化速度，难道不应该在世界城市规划史上建立中国的理论，留下中国的印记吗！从这个意义上讲，他们在把握时代的趋势和要求。

但是，不能都用一根尺子去衡量高校的城市规划教育，这不现实，也是不合理的。地方院校最主要的目的还是为地方发展服务，也就是说培养重点仍然要放在学生的工程实践能力、法规掌握程度、管理服务水平等方面，这对地方院校来说更适合一些。当然在基本能力培养的基础上，地方院校能在办学水平上做出自己的特点来，使你的学生被市场所认可，有自己的规划理想，会更好。

许：*您现在退休了，还在设计院担任总规划师，依然忙碌于专业工作，可以叫发挥余热么？*

闫：叫余热也行。但我觉得现在还不是"余热"，还没到"余热"的状态（笑）。参与规划设计只是我目前的工作之一。我现在任山东省规划研究会的副理事长。参与省评优、省内的项目评审；作为评估委员，每年审核评估报告、入校视察、中期督查等工作也要花费时间和精力；还有些研究课题仍然参与研究。能做点事情还是愿意多做一点。

许：*2017年3月您被评为山东省城市规划大师。作为山东省和全国权威的规划专家，您评审过无数的规划和建筑项目，您觉得评审时首要的关注点是哪方面？*

闫：当然是要符合法规规范，杜绝违规现象。举个例子，很早参加省规划评优活动时，在对一个修建性详细规划项目的讨论中，有条主要道路规划坡度超出规范的规定，且垂直等高线布置。有的老专家坚持认为这样情况的项目不能评奖。这说明了方案合规的重要性。

再比如，涉及海阳核电站项目，规划城区按规范要求留出安全距离是否就够了。一位国内著名的老专家提出质疑，认为不妥，万一发生危险怎么办？因此提出城区发展不应向东，应该往西，利用山体作为城区与核电项目的自然屏障，这样城市更安全。

从这些个真实案例中，让我看到老专家们的职业精神，挺敬佩这些老专家的。

许：新的发展时期，您对我们的城乡规划办学有什么建议呢？

闫：目前，山建大的城乡规划专业经过多次评估且取得了不错的成绩，说明办学基本条件、办学质量和水平已得到业内的认可。

现在规划教育正面临着较大的变革。随着国家部委的调整，城乡规划管理职能并入自然资源部，未来要实现城乡全域"一张蓝图"管到底。这样，规划体系要发生变化，特别是规划编制体系会发生比较大的变化。专业教育应如何回应？很明显专业办学目标、课程教学体系、课程内容安排，也应随之进行调整。我们的规划专业可以主动开展教学研究，结合地方院校的特点，从教学计划、课程设置、教学组织各方面进行探讨。若是坐等专指委的指导意见，就会失去先机。上次遇到清华规划系主任吴唯佳教授，清华就已开设"区域空间管治"的新课程。他们比较敏锐，真的让人很赞叹。

本科课程体系要突出院校自身的特色课程。研究生课程体系更应该适度调整，尤其注意针对生源特点。山建大的研究生生源大多来自于普通的地方高校，有些本科读的不是建筑学或规划专业。那么在教学目标和培养能力上，重点更应该放在实践层面，务实能力越扎实越受社会欢迎。总体上，教改教研工作应该做，也必须得做，但要拒绝守旧老套，要有创新，要有特色。

1985级研究生师生合影

许：关于专业方面，您对入学新生有什么建议？

闫：低年级同学做设计最好要求手绘，积累点手头基本功，先不要电脑出图。当然，图纸的漂亮与建设效果并非是一致的，国外有些图纸表达未必很美观，并不影响建起来的实际效果。这是两回事。

从专业发展的角度看，建筑设计不能脱离艺术，比如欧洲中世纪的教堂，很多是出自美术家、艺术家之手，一人分饰多种角色，既是雕塑家，又是绘画家，又是建筑师。早期的城市规划师很大比例上是源于建筑师，在建筑群、街区、城市整体设计上，同样需要对美的追求。虽然说这种情况现已发生了改变，但规划师，包括国土空间规划工作在内，对美的追求都是必须的，毕竟这是人与生俱来的需求。

许：您那时候绘图的时候都是用鸭嘴笔吗？

闫：说实话，我当时画图，还真不太喜欢用鸭嘴笔，太麻烦，得往里点墨水，画粗线条既繁琐又难以做到线条挺脱。我们是用天津生产的小钢笔，不足十公分长，自己磨出小钢笔尖，磨成不同宽度，可以一次性画出1~8毫米的线条。这样画出来的线条边是非常挺的，图纸看起来很漂亮（笑）。后来读研究生的时候，就能买得起针管笔了，好像是英雄牌的。但更喜欢用的是小钢笔，带上四五只不同的笔尖，直接灌一管墨水在里边，就可以直接画图了。但它是需要自己动手做的东西。

许：听说您读书的时候没有印刷教材，都是那种油印的讲义？

闫：是的（微笑）。教学参考书少，复印图书的需要很大。记得读研时，同济大学图书馆里有这样的一个老师，他一个人能同时管控四台复印机。他高高地坐在桌子上，手脚都不闲着，很敬业，满足学生复印资料的需要。

再就是记笔记的能力要强。说起记笔记，也算是一项很实用的能力。现在的学生，习惯于手机拍照，现场录音。随着社会发展和技术进步，当然不能质疑用拍照、录音的手段，但记笔记仍然是一个有用的手段。现在不同于我们那时，过去老师以板书方式教学，速度相对来说较慢。现在都是PPT了，优点就是信息量大，问题是老师讲课速度也随之变快，很多时候可能是目录都记不下来，记的内容都是半截的，不完整的。所以我一直建议我的研究生上课也好、谈项目也好，记笔记要有技巧和方法，目录要记完整，内容必须记下要点，其他内容可以课下或事后再补充完善。这受教于读本科时

旧居住区改建课题组教师与鉴定专家合影

专业教师第一次组团出国考察——在佛罗伦萨

在西南民族大学专业评估视察

陶先生的城规原理课，就把他的笔记拿来给全班同学看，告诉我们应该这么记（微笑）!

那个时候学生大都是用活页纸做笔记。为什么呢，方便啊！这节课是城规原理，下节课是区域规划，一天的课程的笔记记在活页纸上。课后回到宿舍，"啪"地打开活页夹，分开归置到各个课程的笔记中，清晰明了，也便于分类补充资料。当然，并不是只有课堂上做笔记，课外读书也是要手写记录要点的。不知道现在学生中还有没有人用笔头来做记录了。

许：还有什么其他经验供我们学习借鉴呢？

闫：不知道你们现在的读书习惯怎样？我们读书是做卡片的，你们现在做吗？就有点像图书馆的那个卡片一样，书名、作者、时间以及主要内容，就做这么大小的一张卡片。老时代的事儿了（微笑），今天说可能不大合时宜了。

许：同时负责多个工程项目，也是分开记录吗？

闫：是的。我一直是一个工程项目使用一个记录本的做法。曾经有人说我这个做法很好。随着年龄的增长，在规划设计中角色会有变化，项目头绪会多起来，同时有十多个甚至更多的事情在进行，不同项目的事情用不同本子记录，便于查阅。有的工程可能会拖延多年，如果不分别记录，会连记在哪里都忘得一干二净，会耽误事的。

许：这样，讨论哪个项目就直接可以带着对应那个记录本进行讨论了。

闫：是的。昨天在讨论莱芜雪野湖项目，甲方提出来范围内的某个村庄能否挪动地方，我就拿着项目的记录本，很快地查阅到来龙去脉。村庄如不能迁移，就要把村庄住宅地留足，这是城镇总体规划征求村民意见和镇政府意见后确定的。不可以只按居住功能，作为开发用地出让掉。

还有一次是吕杰局长（原济南市规划局局长，济南市住房城乡建设局党组书记、局长，建院80级校友）在规划局召集会议，了解雪野周边开发和规划情况。虽然我们介入雪野项目是2年前了，但这期间的记录是清晰的。可以做到快速恢复记忆，形成观点。雪野湖这个地方是莱芜城区的准水源地。省级生态红线范围线的高程是235.73米，若按水源地保护要求，200米范围内是禁止建设的。规

划原拟定50~100米的建筑控制线，如果新建建筑建在200米以内，若雪野湖调整为水源地，再要拆迁吗？显然成本太大。因此市局就要落实是否作为水源地的定位，从规划阶段避免以后很多麻烦。此外，按照现行法规，现状有9个建设项目违反强制性规定，需要市政府做出决策。从建设执法的大环境看，对违规占用风景区、生态红线的建设行为的查处很严厉，秦岭北麓几百栋别墅不就拆了吗！

上周在泰安讨论一件项目，泰安市东边有一个安家岭水库，在文旅项目的旗号下，盖起了别墅。对此有一位清华水利系毕业的老先生，80多岁了，发言讲泰安东面的岱湖水库周边搞房地产开发，当时他持反对意见，现在盖起的那些别墅都拆除了。

许：与现在相比，您那时候的师生关系是怎样的呢？

闫：我读本科时就与很多老师的师生情谊很深。当时有个画水彩画的美术老师，叫胡久安，我和他关系很好。他因想要来济南写生，受到费用上的限制，就与我商量。经得我母亲的应允后，就住到我家采风写生。前几年本科老同学聚会，胡老师还送我亲绘的扇面画。我是同济校学生足球队队员，球队领队马老师本科招生来山东，也会到我家做客。与专业教师的交往就更多了，与导师陶先生就不用多说了。带我总规设计的阮仪三老师，会把他做江南古镇保护时拍的幻灯片送我；我曾陪他去曲阜，经国家文物总局介绍，就住在孔庙内，走中轴线参观听介绍，也听他讲一些古建知识、业内趣事；办学初期请他来讲过城市建设史，带实习到上海也请他给学生讲一堂课。阮老师对山建院规划专业帮助很大，感情也很深。跟陈秉钊老师在崂山时，恰遇拍摄电视剧《崂山道士》，电视台放映时陈老师请我们到他家观看；2008年我回同济进修，陈老师已从建

与王文涛书记在长清农户家中调研

筑城规学院院长的位子上退下来，担任同济规划院总规划师，经常一同审查项目，又教我很多东西，待我一直很亲切。师生之间感情是很纯真的，老师对学生是无私的付出。

我曾归纳过一句话，"先做学生，后做先生，做先生不忘学生"，我们受益于自己的老师，当自己做老师了，理应做个好老师，要关爱学生。说到底，老师并非那么高大上，只是学生是否有机会或者愿意与老师交往。学生与老师多接触是会受益的。专业上的自信来自于哪里？我们是恢复高考的第一届，入学时的基础是比较差的，好在大家勤奋、刻苦。

我在同济读书时，听的道路交通课是国内最好的老师，城规原理是最好的老师，建筑历史是最好的老师。四年学习下来，只要学生够努力，就应该具备最新、最全面的知识。所以说，年轻人应该比老一代强，是不是应该这样？当老师告之他的观点，虽说你未必一定要按照他说的做，但你至少知晓了他的意见，此时你站在老师的肩膀上，再向上攀登就会容易些，而没有必要非得从头一点点由自己来摸索。

许：现在的高校教师在教学、科研方面的压力都挺大，时间已经不像之前那么自由了。

闫：现在确实有这个问题，但是总还是有闲一些的时间。所以有的高校会给本科生指定导师，老师们也会主动报名参加，与本科学生进行面对面的交流，这也是专业教师的义务与责任。

像我在读大学前根本就不知道建筑学和城市规划的区别，也谈不上了解。现在你从网上查找，就能基本知晓这个专业大概是做什么的。如果身边有一个人对这个专业很熟悉，同时又是一名老师，与他多一些接触对你的专业学习是会有相当大帮助的。你以后的人生路途，也许会走得平稳一些。我认为30多岁的青年教师做本科生的导师最好，这个年龄与学生能更好地交流，也包括生活上的指导。若是年纪太大的话，有可能有些观念过时，较难与学生形成共鸣。

提倡导师制，说到底就是年轻的学生一进高校，就和老师结成这样的融洽密切的关系。硕士研究生有导师，就看导师尽责程度了。如果学生进校后，能很方便地与教师交往，就能解决学生很多的困惑。所以学校的制度设计上，班主任不应该是辅导员担任，应该是由专业教师来做，青年教师做班主任最好。在教学计划安排上，就应该让专业教师尽早与学生建立密切联系，这样才有利于学生的专业学习。

许：从2013年起，您就担任建设部高等学校城乡规划专业教育评估委员会委员，对全国高校城乡规划办学情况有了解。面对众多后起之秀，我校城乡规划学科竞争压力越来越大。您觉得地方院校城乡规划学科的出路和突破点在哪儿？如何在困境中发挥比较优势，实现突围呢？

毕业30年的同学

16教研室同仁合影

闫：我校规划专业办学早，有先发优势。计划经济下，师资聚集得益于省建委的关注。老的教师队伍相对稳定，有奉献精神，肯投入；教学计划、课程体系比较得当，教学质量有口碑。毕业的学生业内有很好的业绩，为母校争得荣誉。

现在全国城乡规划专业近200所。竞争压力来自一些重点大学的办学优势突出，发达省市吸引人才、资金支持的力度是我校难以望其项背的。总的看来，规划专业的先发优势没有了，师资引进上也无法与相邻位次的高校相比，这是客观现实。而其他优势还是存在的：教师队伍是有奉献精神的，但是要注意保护和激发；在教学计划与课程上，应抓住国土空间规划的契机，有团队围绕此展开教研和科研，以便参与高水平的课题研究，最好实现弯道超越，至少不要被超越吧；教学质量要选准几项指标，如考研率和重点大学考取率、读博率、学生作业评优等，有倾斜地扶持一下。此外，还有一些事情是在学校架构下获得支持的，如获得高水平科研项目、奖项，对外合作办学和学术交流、举办学术会议等。

到目前为止，规划专业还是山建大国内排名最靠前的专业。要注意学科的宣传和影响。2000年申报硕士点时，我陪田校长去上海拜访时任同济大学副校长的郑时龄院士。郑老师是我大学工厂总平面设计课的辅导老师。从郑老师的话语里，田校长才知道我们专业办学在国内的影响不错。我意识到的是，我们专业在高校里的知晓度不够。这个专业强，那个专业好，咋就不知道城市规划专业办得好。现在省内、校内很多人都知道山建大规划专业办得不错。这点上，现在就比过去有优势。但是还不够，要有把知名度转换成为发展优势的信心和行动。

许：2019年是城市规划专业创办40周年纪念，您对学科说几句？

闫：衷心希望规划学科在未来发展的道路上走得稳，走得好。

闫整教授主要研究成果：

主持、承担纵向科研项目15项，横向科研项目11项；获山东省科技进步二等奖1项、三等奖3项、获其他省部级、厅级的科技奖励二十余项，发表学术论文30余篇。

《现代城市设计理论与山东城市设计实践研究》，山东省科技进步奖二等奖；

《城市停车场规划建设与管理研究》，山东省科技进步奖三等奖；

《山东省建设用地集约利用指标控制和评价体系研究》，山东省科技进步奖三等奖；

《城市旧居住区改建若干问题的研究》，山东省科技进步三等奖；

《城市生活性广场规划与设施配置》，山东省高校优秀科研成果二等奖；

《济南市大型城市公共设施配置规划研究》，山东软科学优秀成果一等奖；

《山东省城市土地集约利用评价》，山东省高校优秀科研成果三等奖；

《潍坊城市用地发展研究》，山东软科学优秀成果二等奖；

《菏泽城市道路网与停车场规划》，山东省优秀城市规划设计三等奖；

《高密市村镇体系规划》，山东省优秀村镇规划设计一等奖；

《莱州市城市中心区A地块控制性详细规划》，山东省优秀城市规划设计一等奖；

《乡镇层面建设用地"多规整合"的规划技术研究》，全国优秀城市规划设计三等奖；

《乡镇国土整治综合规划与实施政策研究》，山东省国土资源科学技术一等奖。

他山之石攻玉，春风化雨育人
——吕学昌访谈录

吕学昌先生

吕学昌，男，1958年5月生。1982年7月毕业于同济大学建筑系，同年分配至山东建筑工程学院建筑系任教。1991年3月获同济大学建筑城规学院硕士学位。从事教学工作36年，曾先后教授过建筑初步、建筑设计、城市规划原理、居住区规划、总体规划、城市设计、毕业设计等城市规划本科专业的主干课程，城市规划研究生的现代城市规划理论和社区规划理论等课程。曾两次被评为学校优秀教师。主持过多项科研工作和大型设计招标并获多项奖励，发表学术论文40余篇。1996年6月至1997年8月赴美国哈佛大学担任访问学者，从事波士顿中心商务区的城市设计研究工作。2000年担任城市规划教研室主任，2001年被聘为硕士研究生导师，2003年晋升教授。2006年被评为山东建筑大学中青年学术骨干。中国城市规划学会第四届理事会理事，山东省住建厅、山东省生态环境厅、山东省自然资源厅、山东省文物局等评审专家，淄博市政府重大行政决策专家咨询委员会专家委员。

访谈背景：2018年6月吕学昌先生从山东建筑大学退休。1982年7月起吕学昌先生从同济大学城市规划专业本科毕业后被分配到山东建筑工程学院工作。2000年至2012年，一直肩负着城市规划教研室主任一职，为山东建筑大学城市规划专业的发展倾注了大量心血。

访谈时间：2018年11月
访谈地点：济南吕学昌先生府上
整理时间：2019年3月整理，2019年8月初稿
受 访 者：吕学昌（以下简称"吕"）
访 谈 人：孙雯雯（以下简称"孙"）

一、漫漫求学路：难能可贵的大学生涯

孙：吕老师好，很高兴来跟您做这次访谈。一直以来我就非常好奇您是怎样在那个大学生凤毛麟角的年代考上同济大学的？

吕：嗯……实际上，我从小学、初中到高中，恰好经历了"文革"十年，因此，这段时期接受的教育，实际上是一种几乎没有压力的，或者是自由状态下的教育。我的祖籍是山东临朐县，从初中到高中，学校都是很一般的，就是乡镇的学校。但幸运的是，我遇到了一批比较好的老师。因为"文革"期间老师下放，像我的语文老师，很年轻的时候就发表作品；我的数学老师是北师大毕业的，是

非常棒的数学老师；化学老师，是从部队院校毕业的。后来，这些老师都陆续抽调到县一中了。在我读高中时，我们学校的校长姓孔，不愧是孔家人的后代，就是强调抓教学质量。他的一个朴素理念就是——老师的职责就是教好学，学生的职责就是学好习。这些优秀老师带来的成果就是，恢复高考的那两年，我们中学的升学率在全县是最高的，超过那些重点中学。我参加了1978年的高考，成绩在全县排第二名。当时第一名上了清华。第三名，就是我下边的一个，上了北大。我上了同济。

孙：第一名上了清华，第三名上了北大，您作为第二名应该有很多可选项，为什么选择同济，选择了同济的城市规划专业呢？

吕：我报考那年可以填报10个志愿，20个专业。我第一志愿就填的是同济大学的城市规划专业。后边的志愿都是报的工业电气化、自动化。当时报城市规划，主要是觉得这个专业很神秘，有吸引力。到了同济之后，老师作专业介绍，说我们城市规划是工科里的文科，我听了很高兴，因为我也很喜欢文科。尽管实际上我对城市规划或者建筑，将来要学什么并不清楚，或者说几乎就是一无所知，但我觉得规划城市一定是个非常令人向往的专业。

大一开始的第一门课程是建筑初步，从画图基础学起，当时使用的是非常传统的工具，诸如针管笔、鸭嘴笔等，一开始感觉非常得不顺手，把握不住基本的画图技巧。后来慢慢地进步，四年下来（当时是四年学制），我的学习成绩整体是直线上升的。我最后毕业设计成绩是90分，还是很不错的。

孙：从画图吃力到优异成绩毕业，可以想象这其中您付出了多少的努力，当时促使您努力学习的动力是什么呢？

吕：一是因为我自身的成长经历让我非常珍惜这样一个上学的机会。实际上，我并不是应届高考生。高中毕业之后，我先是在农村，不单是干农活，而且还去当民工。例如去修桥，每个人推一个独轮车，从山上往下运石头。那时候我只有17岁，推石头过磅，我能推到770斤。还有就是从河里往上推沙子，多的时候我推到了550斤，那时候这个劳动强度几乎到了身体的极限了。一年之后，我到工厂里面当工人，干了两年电工。后来从工厂里考上的大学。跟我有同样经历的同学不在少数。我们一起入学的同学年龄跨度很大，最小的16岁，最大的32岁，整整相差一倍，我属于中间的。曾几何时，对于我们这些在农村、工厂劳动的人而言，上大学是连想都不敢想的，毫无希望。后来有机会跨进大学的校门，我们这些人都非常珍惜这样一个学习的机会，觉得要学不好，对不起自己，对不起国家，就这么一种心态。

其次，我们当时的老师不停地鼓励和敦促我们，说我们生活在一个好时代，要好好珍惜。大学时代一开始，我记得我们城市规划的创办人——金经昌先生[1]，当时他老人家拄着一个拐杖给我们上课，他给我们讲了很多，谈他对这个专业的一些认识和他的遗憾。金经昌先生二战时期留学德国，回国后主持和参与了大上海的规划。解放以后，经历了经济的大发展和起起落落，对城市规划有独到的、深刻的认识。十年"文革"，我们国家的城市规划实际上是处于一种停滞的状态，金经昌先生无事可做，他主持编了一本《德汉大辞典》。所以他说我们碰到一个好时候，一定要珍惜当时的机会。

大学时期的吕学昌

孙：同济大学的城乡规划专业在国内享有盛誉，在您的求学历程中有哪些课程让您至今印象深刻呢？

吕：我记得大一时，初步课程的教学负责人应该是赵秀恒老师。他给我们布置了一个小制作的作业——文具盒。尽管这个制作在现在看来很简单，但在当时中国的大学校园中从来没有让学生这么干过。我们在学习了画法几何阴影透视，包括画轴测图等课程之后，马上进入一个小制作——自己设计并动手制作一个自己的文具盒。我们那时候每人一个课桌，那课桌是比较大的，可以放个一号图板，桌面左边有一个低柜，可以放绘图的文具。小制作规定文具盒内放置的内容，包括10支铅笔、鸭嘴笔、针管笔、橡皮、墨水等。由老师们申请经费，买来了制作材料，包括三合板、砂纸、油漆等。每个同学从设计图纸到材料切割、打磨、粘合、上漆全部独立完成，完成以后先上交评分，评分后发下来归个人使用。我到现在还保留着这个铅笔盒（拿出自己珍藏的铅笔盒），你看，打开以后，这里可以磨铅笔，这里装铅笔屑，这里放墨水瓶。这是一年级让我印象深刻的一个作业。

后来我们做建筑设计，每一个设计老师都会带学生去实地参观案例。比如说要设计幼儿园，就先到幼儿园去看，要是设计学校就到学校去，设计旅馆就到旅馆去参观，我觉得这个环节对于像我这样没有城市生活经历的同学来说非常重要。设计行业本身需要设计师丰富的自身阅历。来自于偏远地区的学生接触到陌生的现代城市生活中的设计题目时，对现代城市生活的感知就变成至为关键的因素。

还有就是在同济大学可以听到一些著名设计师和教授的讲座。贝聿铭先生[2]和同济大学的陈从周教授是好友，他有次到同济去访问演讲，顺便讲了他的北京香山饭店的设计经历。香山饭店当初的建造标准大概是每个床位70多万元，这在当时是国内建造标准的数十倍，国内的设计师甚至不知道如何设计和用什么材料。贝聿铭先生的讲述使我体会到一个道理：一个设计师应该了解本行业的世界发达水平和发展动向。当然，现在我们国家经济发展一日千里，取得了令世人瞩目的成就。我们城市的一些基础设施、广场和大型公共建筑都已经在国际上占有一席之地，这是我们几十年发展的结果。这对于我们年轻的学子来说是福音，他们不用出国，身边就能看到优秀的设计案例。

后来大三、大四的专业课阶段，不只是课程本身给我留下了深刻的印象，我跟几位任课老师也有比较深入的交流，像陈秉钊老师、阮仪三老师[3]。

另外一位是我们当时的系主任冯纪忠老师，他曾留学奥地利，是一位很有才华同时又非常严谨的先生，对同济建筑系的教学作出了很大贡献。同济的建筑系能在全国占据重要的地位，我觉得与这些前辈们对整个学科发展方向的引领密切相关，功不可没。

二、找工作时的彷徨与抉择

孙：在那个年代您从同济大学毕业后，应该说是炙手可热的人才了，您是怎么考虑要到山东建工学院当老师的呢？

吕：当时没有选择，就是按计划进行毕业分配，我是被分到山东建工学院的。实际上随着专业课的深入学习，从低年级的课程设计到高年级的毕业设计，我慢慢地对设计产生了浓厚的兴趣，因此我的理想还是到设计院去。毕业时负责我们分配的是陶松龄老师。每每讲到这一段，我给他的印象就是不愿意到学校去。他当时是极力劝我的，说我学习成绩不错，设计也不错，适合去当老师。实际上，当时社会上最缺的就是教育人才，我们这一级毕业的分配，去学校的占了很大比例。

孙：当您来到山东建工学院后，您对当时各方面的办学条件和您即将从事的工作满意吗？

吕：我来建工学院报到之前，陶老师提前给我打了一个预防针，说那个学校规模很小，恐怕会失望。我来了以后一看呢，这个学校确实很小，和一个中学差不多。校园里面转一圈，没有一个亮点。我心里暗暗叫苦，觉得被分配到这么差的一个地方。

然后是教学工作，就感觉整天疲于奔命，过得比较沉闷。我来到这里是本科生教本科生，这个事在国外是绝无可能的。我是82年毕业，来了后就教79级，给79级上课。看看我们的课程设置，由于老师比较少。当时我们整个城建系城市规划教研室，包括美术的、建筑的、规划的，一共也就是十来个人。城市规划的专业课，尤其是到了后边高年级的课程，很多课开不出来。在这种情况下，每个老师都上好几门课，我教组团设计和小区规划，包括居住区规划原理、道路交通，甚至再回过头去教低年级的建筑初步、建筑设计，基本上把当时规划专业开设的设计课差不多轮了一遍。这个情况对于老师来说有利有弊，好的地方是你上这个课就得去备课，促使你尽快熟悉和掌握这门课。譬如交通，后来的一些交通问题，很多就在做设计当中用到了。多年以后，我曾经给淄川做过一个多路交叉路口的改造项目，解决复杂的交通流线组织问题，就是得益于上了这门课，这是后话。弊端是你的底子太薄，不可能有很好的教学效果。

孙：当时山东建工学院的师资那么窘迫，难道没有更好的解决办法吗？

吕：那时师资普遍缺乏，所以我们请了同济的老师们来讲课，像阮仪三老师、丁文魁老师、路秉杰老师等，他们也是我的老师。阮仪三老师来给我们学生讲城市建设史，上完课，我曾陪着他去爬过泰山，在泰山顶上我们还有个合影。请同济的老师来讲课也没给多少钱，一天大概只差不多补助一两块钱。课讲完了之后，陪同去泰山曲阜看看，就算是全部报酬了。

1982年，同济大学阮仪三教授（左）来校讲授《城建史》课程，课后由吕学昌老师陪同登临泰山

风华正茂的吕学昌

三、在艰苦条件中奋进

孙：*如您所言，当时的山建工师资窘迫，教学工作疲于奔命，过得比较沉闷，这种状况一直在持续吗？*

吕：后来有一件事情发生了一个转机，就是过了两年之后的1984年，当时谭庆琏刚做济南市副市长（后任山东省副省长，建设部的副部长），他就任后抓的第一件大事就是规划建设济南市八里洼居住区。当时我们国家的居住区，曾被批是千篇一律的兵营式。为了改变这种局面，他认为应从规划开始做起，他力主这个居住区应该是面向全国通过竞赛来征集方案。当时，我们在济南的高校中是唯一的有规划和建筑教学的，应该参加这场竞赛。我们几个年轻老师，当时清一色的全是助教，拼了差不多两个月，拿出来一个方案去参加竞赛。当时全国参加竞赛的单位强手如林，如清华大学、上海规划院等。清华大学当时是志在必得，几个教授带着博士生、硕士生一大堆，做了好几个方案。我们省内的如山东省规划院、山东省建筑院、济南市建筑院、济南市规划院等单位都参加了。结果呢，我们的方案胜出，中标了，一炮打响。这件事当时在学校里影响很大，挺鼓舞人心的。1986年的时候，适逢我们学校30年校庆。当初校庆专题片曾把这个当作一个重要的

成果来展示。后来八里洼居住区就由我们出综合方案，并就按这个综合方案搞起来的。

孙：*这个竞赛参与者都还有谁呢？*

吕：参与者有殷贵伦、赵学义、张军民，还有调走的几个老师，吕光明、于丽萍等。

孙：*当时都是刚参加工作的助教吗？*

吕：是的，这件事情给了我比较大的信心，并不是说一帮小助教就一定做不过那些大牌的教授或者博士。后来我也经常用这个来鼓励我们年轻的学生和年轻的老师。我们的设计，包括我们做出来的模型，就是包括清华，他们也比较认可我们的方案。这事情也使我受到了很大的鼓励，从此对详细规划和城市设计产生了比较浓厚的兴趣。

四、努力实现自我完善与自我追求

孙：*您当初正是意气风发、斗志昂扬的时候，为什么又突然决定去继续深造呢？*

吕：我觉得你要给学生一碗水的话，你自己得有一桶水。当时决定考研究生，主要的想法还是让自己进一步充电。

实际上当初在改革开放的那个大潮中，考研还不是第一选项，当时很多人第一选择出国。1984年我们做了八里洼居住区规划之后，我就想出国。1985年我参加了山师大的外语培训。当时的政策，考公派出国，英语考试过关之后就可以走。但是在1986年初，国家政策做了调整，公派出国第一要是中级职称，第二就是35周岁以上。当然，还有另一条路，就是自费出国。像我们这样的又没什么积蓄，只有走公派这条路。政策的这个调整等于是封死了出国这条路。所以就决定考研。

最终，考研又回到了同济，跟着邓述平先生。

孙：*同济大学有那么多老师，导师为什么选邓先生呢？*

吕：嗯，当初我在本科毕业设计的时候，邓述平教授曾经给我改过图，我觉得他给我改图有点石成金的效果，让我很信服，我折服于

吕学昌一家与研究生导师邓述平先生合影

他的学识和才华，当时我就默默地想将来有机会一定要跟他再好好学一学。后来我去读研究生，就是基于最初这样一个想法。邓先生给我的影响也非常大。

邓先生对人很宽厚，我到他那里去请教问题、修改论文，他对我都是非常的热情客气，事先准备好茶点。每到节假日，他都会召集我们研究生到家里聚餐，让人感觉很温暖。有一次，我到他家去修改论文，我当时骑自行车去的时候，外边就已经下雪了。等我出来的时候，我发现车座上系着一个塑料袋，这是我师母田老师做的。她很细心，觉得你出来以后，车座位上就湿了，为了让座位保持干爽，她套上了塑料袋。

邓先生本身也是一个才华横溢的教授，这个从他的著作等出版物也能看得出来。20世纪80年代，邓先生主持了山东孤岛新镇的规划。当时同济从规划到建筑，然后到市政整个有一个庞大的团队，由邓先生领衔，最后由油田投资完成整个建设，这个规划后来在全国荣获一等奖。我师从邓先生期间，国内有很多大型的投标、方案竞赛都邀请邓先生。其中我跟着他作了一个珠海湾仔滨海区的规划设计竞标，我们获一等奖。这也是读研究生期间一段经历。

邓先生的专业素养，包括他对学生的宽厚，很深地影响了我。所以后来我在带研究生的时候，我也宽容地对待我的研究生，特别是早期的一些研究生。他们在新校上课，然后到老校找我讨论问题，那时候我还住老校，学生来了还没吃饭，我的夫人就给他们做饭，给他们包饺子。所以，我的学生对我，包括对我的爱人也是非常尊敬的。2018

年我退休，我的学生们为我搞了一个很隆重的仪式。这里面有很多的环节都让我和夫人大受感动。我想，这就是一种传承，从我的老师，然后再到我这里，再到我的学生，他们也会把这种传统继续传承下去。我觉得老师与学生之间应该是一种亦师亦友的关系。

2017年，邓先生去世，我很难过，我和我的同学们都非常地怀念他。现在师母田老师还健在，每到逢年过节我都会表达一些问候，我们也有微信群，时常在群里怀念一些过去的往事。

孙：读研究生期间，还有哪些事情让您记忆犹新呢？

吕：研究生期间，再有让我印象深刻的就是研究生论文的写作了。当时我在山东建筑工程学院参加了一项山东省科委的课题——山东省城市旧居住区改建若干问题的研究。我所承担的部分是改建政策研究，关于这项课题，我们在省内进行了比较广泛的调研，这些素材就成了后来我写研究生毕业论文的基础。这篇硕士论文最终获得了同济大学的优秀硕士论文。当时同济校报也作了报道。当时，同济大学担任《城市规划汇刊》（后改为《城市规划学刊》）主编的董鉴泓教授[4]，看了我的硕士论文之后找到我，希望我把硕士论文整理一下发表。这本来是一个很好的机会，他建议我把论文重新组织一下，可以分三篇来发。但是，等我回到山建工以后，教学和家里的事就多了，发论文这个事就搁置下来了。1992年春天，偶尔看到光明日报刊登了首届青年科技大会论文征集的启示。加之董先生跟我讲过整理论文的事，我便做了一点工作，于是，我就把整理出来的一篇，城市旧居住区的住房需求与改建标准投了出去，结果入选了。

这个首届青年科技大会的规格是非常高的，它在征集论文的时候，是分成理、工、农、医等几个方面，几乎涵盖所有学科。工科里面大概是从2300多篇中选了70余篇。这次会议是在人民大会堂召开的，中央领导出席，所有入选文章的第一作者参会。工科里面山东省只有两个。我们那一次一起参会的有500多人，到现在我还有我们与时任国务院副总理温家宝等领导人的合影。

五、多年的出国夙愿一朝得以实现

孙：您之前也提到说第一愿望是想出国深造，这个愿望实现了吗？是在什么情况下实现的？

吕：早在1985年我就想到国外去看一看，这个想法一直挥之不去。

瑞士规划师贝阿特

美国留学时期的吕学昌

从1992年到1994年我们学校请了几个外教，其中有两个外教是在我们系里参与教学，一个是英国人，一个是瑞士人。因为我在之前曾经学习过一段时间的英语。因此系里就让我配合他们教学。这个瑞士人叫贝阿特，是位规划师，我和他建立了非常好的个人友谊，他对我影响很大。贝阿特毕业于瑞士高等理工（ETH），这所学校是欧洲的名校，是瑞士建筑教育的第一块招牌。在瑞士执业的建筑师90%以上都是这个学校毕业的。贝阿特毕业之后，在1970年代曾经到新加坡住房发展局工作了三年，他见证了新加坡经济的起飞。然后，他又到了日本，后来又到了中国。我印象最深刻的是他的一些理念，他曾讲到你们十年以后会怎么样，二十年以后会怎么样。比如，他说若干年后，你们这些人会拥有自己的汽车。那时候，在我看来这几乎不可能，我大概1993年才装上电话（座机），那时候工资那么低，拥有汽车我觉得是不可能的事。另外他说将来你们要交钱让人家处理垃圾而不是去卖废品，将来你们的农贸市场会由露天的市场升级为超市。你想，他从瑞士来，在新加坡、日本都生活过，我们未来可能会遇到的一些事情他都已经经历过了，所以他看得很清楚。因此，对我来说，出国又开始变成一个非常必要的事情，我一定要到国外去看看发达国家到底是什么样，这是当时的一个初衷。

1995年我得到了这样一个机会，走的是省公派，到美国。我当时往美国发了大概有五六份联系的信件。当时哈佛大学回复我，说愿意

提供给我办公室供我使用。哈佛大学所有的图书馆、教学设施等我都可以使用。我当时觉得运气非常好，因为哈佛大学毕竟是世界一流的名校。无论你是去读书，还是去做访问学者，他的筛选门槛是非常高的，哈佛能给我提供这样一个机会我感到非常荣幸。我想哈佛之所以愿意给我提供这样一个机会，应该是和我的个人履历密切相关的。包括我前期在做的一些项目，他们一定觉得很奇怪，一个人可以做一个上万人的居住区。因为在国外要做一个这样的项目，起码得是几十个人的一个团队。我那时候刚刚评为副教授，一个人就可以做一个好几万人的居住区规划，他们觉得不可思议，这是一个。另外一个呢，就是我研究的方向和我取得的成果。在这两方面综合作用下，他们愿意给一个来自中国普通高校的老师提供这样的一个机会。我去了以后，也非常地珍惜这个机会。

孙：*多年夙愿一朝得以实现确实是一件令人开心的事情，那您去到哈佛大学最大的收获是什么呢？*

吕：首先是我跟哈佛大学的教授，还有同样在美国波士顿做访问学者的一些老师建立了深厚的友谊。哈佛大学所在的波士顿是一个历史文化名城，这里的高校有60多所，当然最有名的就是哈佛和麻省理工了。哈佛和麻省理工隔得也不远。当时和我使用一间办公室的是清华大学建筑学院的院长秦佑国教授。还有当时在麻省理工做访问学者，后来做清华大学建筑学院副院长的毛其智教授，还有当时在麻省理工的华南理工建筑学院的孙一民教授等。因此，我们之间经常在交流。有时候，麻省理工有什么好的讲座我们也跨校去听。还有哈佛大学设计学院的院长——彼得·罗，他经常访问国内清

美国留学时期的吕学昌

华、同济等高校，经常带着研究生做一些项目，包括做苏州上塘地区的一些规划项目。

其次就是我发现他们的教学模式跟我们是明显不同的。在他们的教学中，学生一轮一轮的规划方案都是在模型上做的，老师的改图就是在模型上改的。这给我的触动很大。因此，我当时回来以后，也跟同事们在探讨能不能借鉴一下。但是当时我们的教学经费捉襟见肘，极大地制约了我们向这个方向的发展进程。实际上，如果我们一开始就朝着这个方向走，对学生的收获，包括对我们整个专业的发展都会有很大的好处。我昨天刚从滨州的惠民回来，惠民评的那个项目是碧桂园开发的一个住区，这个住区分成东西两个地块。

由于两个地块容积率都定得比较高，所以出现了许多高层住宅。问题是三十几层的两排住宅楼南北只有35米的间距。一般人仅从平面图上看似乎看不出什么问题，做日照分析也可以过去，但是如果从人的使用空间的概念上去看的话，那么这个方案是存在致命问题的。

第三是名校的传承。哈佛大学有很多图书馆，一共有96个。建筑学院图书馆叫Loeb Library。这里陈列着1912年至1914年德国教授来讲城市规划原理的原始讲稿，还有哈佛历任建筑系主任的一些作品、讲义也保存着（包括格罗皮乌斯）。我很惊叹他们拥有这些珍贵的遗存，我想这就是世界名校最为重要的传承。

第四是哈佛大学建筑学院的专业设置与演变历程。我去了之后，哈佛的系主任威吉尔（Francios Viger）亲自带我，他给我讲了哈佛规划专业的发展演变，在过去的很多年，哈佛的城市规划在美国是一直起引领作用的。1960年代，哈佛大学最早开展城市设计教育，每年一度还组织召开北美城市设计教育年会。在建筑学院的城市规划、建筑学、景观学三个专业都可以授予城市设计学位。当时哈佛建筑学院学生有500多人，都是研究生，其中有百分之十左右是博士。二战后大概有20多年美国（包括欧洲）他们的城市建设是如火如荼、突飞猛进的。但是1970年代的能源危机对西方产生了深刻的影响。1970年代中期后，城市发展停滞。在这个大背景下，哈佛对城市规划的研究开始从偏重于空间研究转向了政策研究。再进一步，他们认为城市规划不应该放在设计学院，而应该放在肯尼迪政府学院。哈佛大学最后也是这么做的，把城市规划专业调到了肯尼

1996年，在哈佛大学设计院作访问学者的吕学昌与规划系主任威吉尔教授合影

在哈佛的校园生活

在哈佛的校园生活

1983年，城本794班在天津港毕业实习合影。前排左起：吕学昌（带队老师）、解万玉、吴友则、程宜文、赵学义、赵健、姜龙强（带队老师）、港口负责人、田洁、刘仁忠、张建德、李力、杨红升；后排左起：范玉山、刘甦、刘允昌、夏传茂、齐鹏、杜成立、李军生、石刚、赵文思、宋连威、隋永华、吴洪建、范小成

迪政府学院，但这却被很多规划学者认为是哈佛最大的败笔。因为这些研究城市规划的人，多数人的学术背景还是研究空间规划的，对政策研究根本不擅长。因此很多人去了觉得不适应，后来就走掉了。威吉尔教授告诉我说，他是三个没有离开建筑学院的人之一。他说，你来了，我还有一间办公室可以接待你，要是我们都走了，这个地方也没了。他话里的意思是说并不是所有的尝试或者创新就都一定能成功。后来过了三年，城市规划又从肯尼迪政府学院调回来了。

还有一个就是我亲眼见证了当时在波士顿建设的全美最大的市政项目——波士顿大开挖工程，那是什么意思？简要讲就是穿过波士顿市中心有一条93号高架路。这条路是1959年修的。建成以后这条路的交通越来越繁忙，变成了波士顿最拥堵的路段之一。每天通过的车流大概19万辆。93号高速公路不仅割裂了波士顿的城市肌理，还造成了非常严重的交通拥堵问题。怎么来解决呢？结论就是把这条路放到地下去。一开始的预算大概只有20多亿美元，但是后来实际花了200多亿美元。因此，这是全美最大的一项市政工程。这个项

吕学昌带领学生做毕业设计

目在美国具有标志意义，但是不可复制，因为成本太高了。这个案例后来在山东省注册规划师培训中我讲过。这也从另一个角度印证了技术可以解决问题，但也有技术所不能解决的问题。

总体而言，我觉得这一段国外的生活学习经历，收获还是非常大的。

六、荣归故里，学科专业大发展

孙：您是1997年从哈佛大学回来的吗？回来之后又有哪些机遇呢？

吕：嗯。回来之后不久就赶上我们的合校。

我们的城市规划专业从1979年开始招生到1998年，共有20届学生。我们的毕业生，如果我记得不错的话应该是576个。一年一个班。在学生数量相对比较少的情况下，我跟规划专业的学生，很容易建立比较密切的师生关系。这里边只要我参与教学的，我能记得半数以上学生的名字。

2000年，我开始做教研室主任。之后编制调整了好几轮教学计划。教学计划首先是根据社会的发展需求，学校培养目标调整等一系列变化做出的；第二是根据学科发展要求、专业发展变化做出的；第三是根据我们的师资情况。

从1999年就开始，我们就开始扩招了，一年招两个班。然后从2003级开始招三个班。学生一下子扩招这么多，我们的教师不够用了。

我做教研室主任后，因为排课的关系，对师资紧张感受格外强烈。出现教师荒以后，我呼吁应尽快补充师资。那几年我们进人比较多，但是年轻的老师进来之后，怎么成长，怎么尽快适应教学，需要有一种机制和模式。当时恰逢建筑学专业、规划专业专业评估的紧要关头。时任建筑系主任的张建华老师觉得，我们办学比较早，有优势，要抓住机遇，尽快通过专业评估。要通过专业评估，首先要解决师生比的问题。2000年建筑学开始参加评估，然后2004年，我们规划专业开始评估。对照评估要求和办学标准，发现我们的师生比还有很大的差距。这个问题怎么解决？当时想了很多办法，比如说把我们以前退休的，像吴延教授请回来，让他们承担一部分课程，然后把在学校里边担任这个行政工作的，让他们回来任课，像张企华教授、周今立教授，像张书明书记，另外一个呢，就是我们和设计院联手，请设计院的高工来给我们上课，带课程设计和毕业设计。通过这些措施，使我们师生比不至于太难看。

从2000年到2010年的这十年，因为各类的评估，我们是比较辛苦的。2004年城市规划专业初评，2008年复评，这中间我们又进来很多年轻老师。我在排课的时候秉持的原则就是，先尽量地让每个人满负荷上课，如果还是有些课排不出来，那我们这些老教师就顶上去。因为我们毕竟是几乎所有课都上过的，包括专业外语我也上过。总体上，几轮评估下来，我们的师生比问题不大了。

但是我们的大发展阶段也必然会遗留下许多问题。比如你们这些年轻老师，当时扎堆地进来。进来的时候，不会有太多问题，但是将来面临职称评聘、个人专业水平的提高等竞争压力会很大。你们必

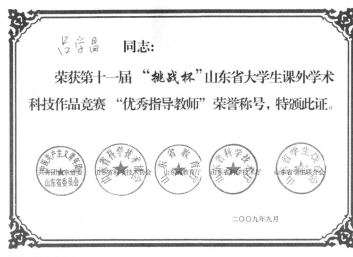

吕学昌的获奖证书

须得自我加压、自我完善和谋求发展。还有我们的设计课是按照老带新的这个原则来安排的，所以你们刚来上课可能觉得有老教师撑着，感受不到压力，但是随着时间的推移，你们总要自己挑头的。

孙：*应该说专业评估的顺利通过奠定了我们山东建筑大学在国内规划学科领域的地位，您是怎么看我们山建大所具备的专业优势的？*

吕：经常有人把规划专业通过评估的顺序作为国内规划专业的院校排名。我们是全国第11所通过评估的院校，因此，就有人说我们山东建筑大学的城市规划专业在全国排第11名。通过评估使得我们在全国的城市规划学科中占有一席之地。是否通过评估确实可以作为判断专业发展优势的一个重要指标。

另一方面，我们学校规划专业的教学水平、教学质量，以及用人单位口碑等各个方面确实做得也还是不错的。

比如我们在历年的社会调查报告与城市设计课程作业评优中均有获奖。2010年我去上海同济大学参加规划专业的专指委会，在城市设计课程作业展厅里，无意中看到清华大学建筑学院毛其智教授在给清华的师生点评方案，当走到我们学校的一份作业旁边的时候，他说，这份作业来自山东建筑大学，他们那个负责老师我跟他（指我）比较熟。然后他讲我们学校的特点是什么，长处在哪里，无形之中可以看到像清华大学这样的名校，也会把我们当成一个对手。社会调查报告与城市设计课程作业评优我们最早获得奖项是在2001

年，那个时候是第一次参评。当时我带的98级学生里边，有两份作业获奖，一份调查报告获奖。到了2003年，我们取得的成绩就非常好了，我们总共有八份学生作业，全部获优秀奖（当年只分优秀奖和鼓励奖）。那一年的年会是在华南理工大学举办的，在他们的主场，我们和华南理工大学并列第一。作为一个地方院校，能够取得这样的成绩，的确令人鼓舞，也从另外一个方面反映了我们教学水平的提高。

我们的学生快题设计能力也是得到同济等知名院校认同的。有一年，同济大学的《理想空间》杂志社曾专门给我约了一次稿，他们准备出一期关于学生快速设计表达的专辑。我们就把攒了三年的四年级学生做的快题邮寄了过去，我们学校的快题作业在这一期《理想空间》中占了相当大的篇幅，这一期的《理想空间》也卖得很火。我们提交的学生的快题设计，基本上设计时间控制在八个小时左右。快题设计，对于学生来说，无论是考研还是应聘工作，都是必考的。因此，我们在教学过程中也重点加强了这一环节的训练，就是增加让学生做快题训练的机会。一开始我们把时间放宽，星期二布置下去，星期四去收，后来缩短到12小时，再后来控制在8小时。

此外，我们的社会调查报告、联合毕业设计，还有学生参加的挑战杯设计竞赛等都曾经取得过很好的成绩，可以看出总体而言，我们在包括重点院校在内的国内开设城市规划专业的高校中，办学质量还是不错的。

在经过了两次专业评估之后，第三次我们就以优秀的成绩通过了评估。我校的城市规划专业是山东省的重点学科，这些成绩说明了社会对我们的认可。

再有就是，各用人单位也都普遍反映我们山建大的学生比较好用，动手能力很强。我们的学生在社会上参加工作，相对于其他院校而言，还是有自己优势的。

孙：在您看来，我们山建大城市规划专业的发展未来还面临哪些机遇与挑战呢？

吕：我们现在面临的问题，首先是师资力量有点青黄不接。我在做青年老师的时候，我前面的老教师，他们是起到了一个顶梁柱的作用。这些老教师退下来之后，像我们这一代人，在很长时间里一直是作为顶梁柱存在的。我们规划教研室曾经有8位教授。我和闫老师退休以后，还有6位，将来要是再等到赵继、傅白白老师退下来，还有4位。但是我们这些人退下来之后，是不是能有人快速顶上来？建立一个合理的教学梯队需要很长一段时间。在大量引进师资这个阶段，进来的年轻老师需要时间去完成、去成长和提高，希望他们尽快地上来。这个问题也许会在很长一段时间内制约我们的发展。

其次，国内的一些一流院校先后开设城市规划专业，也给我们的发展带来很大的挑战。我记得大概前年，当时学校召集了一次会，讨论我们学校十三五发展纲要。纲要中提到的发展目标之一就是把我们学校原来的优势专业变成国内的一流专业，学校整体向教学研究型高校转变。当时我就说这目标可能定得太高了。我们的一些优势专业能够维持现状不下滑，就已经是非常好了。如果是想让优势专业再上升到国内一流专业，难度是很大的。因为国内很多一流院校他们有很大的人才吸引力，起点高，平台好，发展快。这些高校引进人才，一般院校的博士毕业生他也不要，而是国外名牌院校背景的博士。他既要权衡这所高校突出和善长的地方，也要看这名学生在学校的综合表现。他为什么要看重这个？他看中的是引进人才带来的未来的竞争实力。而我们学校在人才引进方面显然缺少国内一流院校的这些优势。

相对应地再来看我们的毕业生出去找工作，也面临这个情况，如果你成绩很差就很难找到满意的工作，考研、找工作都是一个道理。现在考研、找工作流行写推荐信，经常有学生来找我写推荐信，他提前拟好一份，然后找我签字。当他找到我，一般来说，我都要求

他写PPT个人简历，我要首先通过这个PPT的自我介绍认识你。不认识你，随便签一个名在国内的高校似乎很普遍，这也造成我们的推荐信在国外信誉度不高，长此以往，国外很多院校会不认可中国高校写的推荐信。

孙：说到人才流动，我个人也能深刻地感受到，随着人才流动的市场化和双向选择机制的推广，人才的流动开始向优势地区倾斜。在这种情况下，我们学校以后的发展会面临很大的挑战。毕竟一些综合实力非常强的学校现在也开设了城市规划专业。所以您的担心和人才流动的非均衡化有关？

吕：是这样。

孙：还是接着这个话题来讲，在我看来，当年在您和闫老师等来到山建工作的时候，那时的就业是按计划分配的，所以相比其他院校的师资状况，山建工的竞争力并不弱。如果从人才引进这个角度来说的话，您个人觉得，我们学校在哪个时间段里是发展最鼎盛的一个时间段？

吕：要说是比较鼎盛的时期，还应该是我们专业办学初期的阶段，因为那时，像吴延、张企华，还有调走的俞汝珍老师，都是同济毕业的。像俞汝珍是同济规划的研究生，那是第一批恢复高考以后的研究生。应该说，那时我们的师资，即使是和重点院校相比（当然清华、同济除外），我们也不弱。

我们早期还有比较大的一个优势在于学生数量少，所以老师能够和学生保持一种比较好的关系，我们带学生实际上说就像师傅带徒弟一样。一个班20来个人，三个老师带设计。一个人平均带八九个学生。我那时候改图，手把手改，上一次课，基本就是从第一个改到最后一个，有时候还改两遍，经常和学生讨论方案错过了吃中饭的时间。在我还是单身的时候，晚上也到学生教室里去。学生画图，我甚至帮学生调颜色，有时候和学生聊天到很晚。后来我带倪剑波、李鹏他们城市设计课程和社会实践调查报告作业的时候，我住在老校，离教学楼很近，有时候晚上也过去。后来搬到新校区，下了课就往家赶。再加上后来扩招，学生也多了。到后来我基本上就记不住学生的名字了，除非是后边跟着做毕业设计的。

孙：说到学生，您从教这么年，可以说是桃李满天下，您觉得最得意的几位学生，或者说让您印象非常深刻的几位学生，能跟我们讲一下吗？

吕学昌的获奖证书

吕：关于这个问题，我先讲一个插曲。大概十年前，我当时到菏泽开会，我做专家。我对面坐着一个官员，目光对视以后就朝我笑，我也笑笑作为回应，想了半天，没有什么印象。后来吃饭时，他说老师，我是你的学生，我真是一下子想不起来了。他当时对我说，"老师眼里总是记得那些好学生，像我这样的学生是不入老师的法眼的。"这件事让我深深反思，我们总是把那些设计好的当成是好学生，认为他们将来才会有出息。而对那些学习不好的，往往批评很多。学生的特长才能不一定表现在设计方面，看到我们的学生毕业以后有的做了官员，有的做了开发商，一样也发展得不错，一样也为城市建设作出了贡献，不一定都在设计院画图。当然学习好的学生，发展好的概率会比较大。但是发展最好的未必是当年成绩最好的。所以很多时候我们不能用现在世俗的眼光来看，成绩不好的学生未来发展就一定不好，设计好的学生在其他的方面，他不一定就完美，也可能有短板。每个学生性格不同，所擅长的方面也各不相同而已。

孙：*刚才您在讲述的过程中，提到了您的硕士论文，是关于旧居住区改建的。那据我了解，您在1992年的时候，还获得了山东省科学技术进步奖，那项研究和您的硕士论文有关吗？*

吕：那个课题是张企华老师牵头，我们几位同事分别负责不同的研究专题，一共完成了九项子课题，合起来形成了研究报告。然后获得了那个奖项。不是我一个人的事，我只是承担了一部分，后来和我的硕士论文有所结合。

孙：*也就是说这是一个团队的奖项。*

吕：对。

孙：*您的论文曾入选中国科学技术文库，当时您是如何做到的呢？*

吕：这个也是很简单，就是从我的硕士论文里整理了一篇文章投了出去。

实际上在过去的很多年里边，由我们承担的对外服务的设计工作比较多，占用了个人大量时间。因此我在课题的研究、论文方面，花的功夫相对不是很多。

孙：*提到工程实践的话，您是不是也获得过山东省优秀规划设计的奖项？*

吕：工程实践获得的奖项也很多，二等奖、三等奖……还有些是地市的一等奖。

孙：*那您能说说获奖里您比较满意的作品吗？*

吕：一个呢就是我之前提到的1980年代的我们做八里洼居住区规划，就是按照我们的方案建设实施的。还有刚才前面我说过的，淄博科技苑居住区规划，接近一个平方公里。那时候瑞士的规划师贝阿特也在，他也帮忙，在规划结构上，我受益还是蛮多的。

孙：*您提到一个细节，我蛮感兴趣的。您提到哈佛大学最初把城市规划放在设计学院，后来觉得规划更偏向于政策，就把它（城市规*

划）调到了一个以政策为主的肯尼迪政府学院，后来又调回来了。我觉得这个和我们当前规划的发展只是相差了若干年的距离。但是过程却很相似，我们规划从一开始非常注重物质空间的发展，到最后注重综合各个学科的知识，去分析问题、解决问题，一直到现在我们再次提到"规划专业，它的核心是什么"，应该还是立足于物质空间基础之上的。那您觉得这相互之间是不是有这样一个印证关系？

吕：我们现在新一轮的《城乡规划法》，它明确界定城乡规划是公共政策。现在呢，我们还面临机构改革，最终我们要成立国土资源与规划局，规划与国土整合到一起，要出台国土空间规划法，取代目前的《城乡规划法》。我们所谓的机构改革也好，合并也好，新的一些法律法规政策也好，肯定是与我们当前的社会需求密切相关的。

我们大规模的城市建设、大规模的新建项目，总有结束的时候。像美国那样，20世纪90年代我在美国从东走到西，从南走到北，见不着建筑工地，那是因为他们的物质空间建设，相对于居民、人口、产业已经够了。我们这几十年高速的建设发展，现在从宏观上来讲，我们户均一套房的目标已经实现。

未来我们可能会面临一个巨大的行业变动。过去我给我们的学生们做专业介绍，我说"这个专业你们可以吃一辈子"！但是现在你要再给学生这样讲，就不一定对了。他们现在所做的规划设计，可能五年、十年之后会有一个非常大的变化。当然并不是说所有的人都会（受到影响）。你专业课程学得比较好的、比较优秀的，将来会有发展。但是对于中下游的这些，将来他们怎么走？（他们）可能要面临着一个转型，转向规划管理，转向一些其他的方向……我觉得可能在不久的将来，他们就会碰到。

孙：我们国家城市建设也已经陆续进入到了一个饱和期，这会影响到我们……我们规划专业受到国家政策、发展趋势等影响很大。包括我们正在从一个开发建设高潮走向相对趋缓的阶段，包括机构调整、新的国土空间规划法的出台等，都会影响到这个专业、这个学科的一些走向。您觉得面对这样一些不确定的政策走向，我们规划在办学方面，有哪些值得注意的，或者是应该关注的方面？

吕：首先，密切关注社会需求。现在在中国台湾，有一个职业是社区规划师。前几年在四川成都，好像也在乡镇里招聘乡村规划师。现在乡村规划，看上去很简单，好像是弄几个本科生就可以做，但是要真正把乡村规划做好，我们的教授出马，也不一定能做好。台湾的社区规划也是有很多方面需要协调，居民利益、物质空间、资金募集、社会活动，这些不仅仅是需要规划专业上的协调，还需要有社交能力。像美国的前任总统奥巴马也曾做过社区工作。可能我们会面临在一些专业教学里边增加某些课。那么下一步呢？恐怕我们的一些课程设置要考虑社会的需求。比如说做项目预算，这个项目做完了之后，你大概花多少钱？比如说实施造价，我们做了一个村庄规划以后，要实施的这个规划的费用有多少？需要建设多少平米的道路？多少平米的绿化？绿化大概是什么样子？再比如说土方平衡的估算，通过竖向设计，预估一下工程量有多大？

我记得我在读书的时候，听金经昌先生讲课，他在德国留学的时候，虽然学的是都市计划，但却是从市政基础设施规划和设计入手，不同的规划，包括不同的内容，要做到相应的深度。而我们现在就是看方案，看这个方案好不好看？而不是能不能实施。有的时候我们为了培养学生的创造性，不过多关注实施的可行性，也是对的。但作为教师应该引导学生进一步扩展，要认识方案背后的实施。现在为什么中央提出，不提倡做那些稀奇古怪的建筑，这个也是针对当前的社会流弊。多花十倍的钱，建一个稀奇古怪又不实用的东西，没这个必要。对一些少数地标性的建筑，可能我们可以强调个性化，但是对于大量性的民用建筑，还是要以实用为主。

其次，这些年来我们的学生（毕业）出去之后，缺少对规划实施的基本认知。我们的学生虽然做了规划，但怎么干、怎么实施，他们一无所知。另外一个是对一些公共政策，比如我们讲到的控规，指标胡编乱造。做一个多层住区，他能把建筑密度放到50%，我说50%是什么概念？你有没有考虑过？包括我昨天评的惠民房地产项目，容积率2.5，房子30层，间距35米，能盖吗？人家周边的老百姓愿不愿意？原来人家一天到晚日照都不受影响，你建成以后人家的日照就大受影响了。我们现在大城市的日照标准是大寒日从早上的8点到下午的4点，这里还有一个日照质量的问题，对吧？

最后，我认为我们规划的老师，包括建筑学的老师，一定要做项目。通过做这些实际工程、实施的东西，积累一些经验，将来就可以把你的经验和教训教给学生，而不是"空对空"地给学生说。我们给学生改图，改这个所谓的方案，就是改他的路网，改他的结构，改他的布局……过去带控规课程的时候，我们给学生说，你先做城市设计，根据城市设计，再把主要的指标返算回去，但是学生往往不肯这样做，他们嫌麻烦，不愿意花那个时间算。另外，在做城市设计的时候，方案中那个建筑形体都是随便造出来，建筑的进深、间距，都没有尺度的概念，学生对基本尺度把握不好。比如说一个比例1∶2000的图，他那一画，一个住宅进深20多米，可能吗？通常我们的住宅进深就十一、二米就够了。20多米很有可能是按1∶1000的比例画的，结果体量比原来扩大了一倍。这只是部分地回答了你的问题，因为你的问题不仅仅是这个，可能涉及一个学科的发展。在本科阶段还有研究生阶段，我们会有一些新的方向，新的专业来应对社会的需求，同时，也需要我们的老师朝着这个方向努力。

孙：提到研究生，在1998年的时候，国务院的学术委员会批准了山东建筑工程学院硕士学位授予点，咱学校最先招收硕士生的专业是哪些？规划专业在这个过程中的发展又是怎样的一个情况呢？

吕：我们最早（招收硕士）的专业是土木工程，因为土木工程是我们学校最早办学的专业之一。我们学校早期的教授、副教授，也多集中于这一专业。我们规划专业是2002年开始招收硕士生的，在我们学校是第二批。规划专业最初在我们建筑系只有四个导师：张企华老师、张建华老师、闫整老师，还有我。硕士点批下来了之后，学校还派我们到周边省市去做招生宣传，欢迎他们报考。

孙：规划专业有了硕士学位授予点之后，关于我们硕士生的培养这一部分，包括硕士生的招生、教学大纲、培养体系等这一部分，咱们当时是怎么考虑的？后期又是怎么发展的？

吕：开始很简单。2002年我们第一年招生，只招了四个人。我们上

城市规划专业毕业答辩。左起为答辩老师李志宏、贝阿特、吕学昌、张书明

课主要是借鉴兄弟院校的研究生培养方案，再看我们现有的老师能开设的课程，然后根据实际情况进行一下调整，就这样，我们几门主课就开出来了。我们当时上课是在老校的规划教研室。公共课涉及学校的其他一些学院，比如外语、政治理论等公共基础课，由其他院系的来承担。可以说开始的时候我们的教学体系很不健全，后来陆续调整，到了2008年，我们的研究生教学才开始逐渐完善规范起来。从那时开始，我们研究生的教学逐渐给年轻老师增加了教学任务。

孙：关于研究生培养，现在分为学硕和专硕。请谈谈您个人对此的看法？

吕：区分学硕和专硕，本意是一部分学生朝着理论研究方面发展，另一部分朝着工程实践方面发展。但是现在在我们好像没达到这样一个目的，最后无论是学硕还是专硕，无论是在培养计划的制定上还是在论文的撰写方面，并没有分得那么清晰。虽然说我们这两者的教学计划是不一样的，但是从学校的管理层到我们的导师，并没有区别分得很清楚。这是我个人的看法。

孙：那您觉得如果要是继续往后发展，这个会成为一个趋势，界限会越来越清楚呢，还是又回到原来？其他院校，比如老八所，又是怎么做的呢？

吕：这个我没有做很多的调研，因此也就没有什么发言权。这个事儿我是这么看，我们研究生培养基本上是三年学制，但是看看国外研究生培养通常就是一年，这一年主要是专业技能的强化。但是学硕应该是在研究这一块展开得比较多的，学制要长一些。学硕可以进一步地往前走，进入博士阶段。专硕呢，以工程实践为主，可以通过实际工程项目和研究性项目作为毕业论文（或设计），学制短一些。毕业后以到工程单位从事设计类工作为主……这是理想的情况。

而我们现在，包括老八所院校，很多研究生导师更多的还是带研究生做项目，像同济、清华都是这样。研究生进去以后，基本上都是在老师的工作室（做项目）。你看天大、东南、重大、哈工大等，不管你是学硕还是专硕，他们基本是一样带的。当然在研究生录取上学硕成绩要高一些，但是成绩高是不是就代表具有更好的研究（设计）能力？也不一定。我们现在的教学计划没有分得特别清楚。

孙：刚才提到99级的时候，咱们学校的规划专业从四年制改到了五年制，那是一个什么样的背景？是不是和评估挂钩的？

在美访学期间，与赵汉光、伍江的合影

吕：对。那时候因为评估的细则已经出来，城市规划要走上一个相对正规化的，或者说是规范化的办学路子，就要和全国高校办学标准挂钩。因为建设部统一制定了评估的标准，要通过评估，前提就是按照评估的标准办学。

孙：*您刚才和我们讲了这么多，回顾您的职业生涯，您有过困难的选择吗？或者说在重要的转折点，站在一个分岔路口，有很多路可以选，您曾为此而纠结，有这样的时刻吗？*

吕：这种时刻肯定会有的……就是当初我在美国的时候，我的另外一个大学老师——赵汉光老师[5]。他曾经带过我本科的建筑设计课。赵老师可以说是才华横溢，他是圣约翰大学毕业的，他的手头功夫非常好，记得当时他用油画棒画了一摞，放在那里，我们看了以后，真是赏心悦目，佩服得五体投地。他大概是早我十年到了波士顿，后来我到美国以后，跟他有过比较多的交集。他当时去美国，先是到了一个设计事务所，因为他出去的时候已经55岁了，你想，50多岁，在设计院都已经是做总工，不会在一线，对吧？但是他那时候出去以后，还是在一线上画图，体力和视力都跟不上了，再后来他视网膜脱落，眼睛不行了，好不容易用激光手术把眼睛保住了。之后他就不能再画设计图了。他就开始画油画，画风景，也画人物肖像画，但是在美国当艺术家是很苦的。他的境遇在一定程度上对我的去留产生了影响。

我后来离开哈佛时，有几个选择，其中一个就是去宾夕法尼亚大学读博士，当时宾大提供给我半额奖学金，这是一个比较有诱惑力的选择。

想走的因素主要在以下几方面：一是在美国，如果要是学城市规划，基本上很难找到工作，因为美国大规模的城市建设已经完成，本地很少有开发建设项目；二是年龄上，我那时候已经开始理解为什么1986年国家调整公派留学政策，要求35岁以上（才可以出国）。35岁以上，你再进一步去读书的时候，你会和20多岁时完全不一样。当时我出去的时候已经是副教授了，在专业上搞了那么多年，如果留下来，相当于放弃之前的积累，而且还得再花费一年学个计算机，还有后面的移民什么的；三是我自身的感受，经过一年多的学生生活，我始终觉得美国那个国家、那个社会，不是我的国家，我就像是一滴油，美国就像是一桶水，我滴在水面上，它仍然是飘着，永远不可能融入那个水。

后来我决定离开。赵老师来送的我，他说，"我真心希望你能留下来，我们师徒俩也可以相互陪伴一下"。去年，他去世了（眼含泪光）。

孙：*走到现在，回头看一下的话，您会觉得"当时我可以更好"或者是"我可以怎么样"，会有这种后悔的念头吗？*

吕：我这个人是属于"走过去了，就不再回头"的那种人。人一生会面临多种选择，当你做出选择之后，可能会有多种结果，并不是说我当时做出那个选择，我会有更好的结果。也有可能我做出的一个选择，可能会出现比现在更差的结果。人生走过的路，是没法回去重新走第二次的。

孙：*回顾您的职业生涯，您觉得您颇为骄傲、对自己非常认可的大概是哪几个节点？*

吕：那应该是在1970年代末，我高考能考上同济大学……我觉得比较骄傲的事还包括，我能够在刚参加工作、条件比较艰苦的情况下获奖；1980年代，我能够再回到同济读研究生；1990年代，我去北京参加中国青年科技大会；又能有幸到哈佛大学这样的名校去访学，使我能够去见识和体验他们的教学；2000年之后，我们城市规划专业的发展步入快车道，使我们专业能够在国内取得一定的地位，这都是让人很欣慰的。这当然不是一个人的成绩，越到后来越是一个集体的，一个团队的，这不像当时考大学，是你自己的。到了1980、1990年代，很多事情是靠一个团队完成的。包括现在我每到一地，都会有学生上来问候我，我也倍感亲切，觉得这一辈子能够有这么多的学生，非常有作为，很有成绩，我觉得是一件非常欣慰的事情。包括你去鲁西南调研，你想到哪里去，我给他们打个电话，然后他们就可以配合你、接待你。

孙：是啊，自从我参加工作以来，您对我的支持、帮助非常多，我由衷地能感受到您的宽容、正直和广博的学识，但可能我不知道的是，您的导师对您的影响。整个访谈里面，我感到您言谈之间会透露出对我们年轻老师未来发展的期盼，包括对学校建设的关心。您对我们青年教师有什么期望，有什么嘱托呢？

吕：实际上当你们年轻老师比较密集地进来之后，我们也曾经有过一个"以老带新"的过程。这个过程并不是这个老教师要去给一个新教师布置什么课业，而是通过新教师跟着老教师上课……新教师去观摩学习老教师的课堂组织、备课、讲课，以及他给学生改图的各个环节。然后，如果你在教学中遇到问题，可以请教老教师。但这个"以老带新"只是一个阶段，并不是永远带。你最终要成长起来，自己独立并传承给更年轻的老师。

我们这一代老师处在一个比较特殊的历史时期（有"文革"十年的断层），我们在很年轻的时候，就自己在挑头做一些事情。但你们可能在比较长的一段时间里有老教师走在前面。因此，你们可能会有一个依赖，这可能会产生惰性，反正是有人来扛，只要跟着做就可以。但是，就像是接力赛总是要交棒的、接棒的时候，就用到了你的储备和积累。现在的要求和以前不一样了。同样的积累，在1980年代和1990年代，可能应付自如，但是你到了现在，在更高的要求下，就不行了。

我对你还是比较赞赏的。我还记得当初你参与应聘的时候，别的人都是拿PPT讲课，你是拿板书来讲的，讲自己研究生论文的主要框架。现在你承担了省级的社科基金和国家的自然科学基金。如果没有前面的积累，那么后边的东西是不会给你的。等你基金做完之后，还有成果能不能获奖的问题。关键的一个就是你的论文要发出来，当然我们前面的人在这一块做得不好，我们花了大量的时间在一些其他地方。你们现在可以把时间平衡一下，既要照顾科研，又要照顾工程实践。我觉得赵亮老师他就平衡得不错，他外边也做设计，也写书。你们每个人都有自己的优势，包括赵虎老师。实际上我是一直在观察你们的，当然，我觉得女性教师会照顾家庭孩子多一些，会占用相当多的时间。但是你必须要咬牙往前走，只有迈过这个坎，积累的东西多了，发表的论文、做的课题研究多了，你的各个方面包括你的职称都会得到认可，水到渠成。你可以带研究生，带着一个小团队往前走，然后会形成一个良性的循环。但如果这一阶段拖得很长，越往后走，年龄增大，体力下降，家庭里面会

面临更多的问题，就会比较被动。对于年轻教师，现在能做的事情就尽快去做。至于整个专业，它是一个团队，每个人发展好了，这个团队就会更强，然后整个学科，就能够保证它后续更大的发展空间。

孙：非常感谢吕老师您的讲述，我一定不负所托，努力前行！

注释：

[1] 金经昌，出生于武昌，后迁居扬州，在那里度过少年时代。1931年9月，考入同济大学土木系，是中国城市规划教育的重要奠基人之一，城市规划学家、摄影艺术家。长期致力于中国城市规划教育事业，培养了几代城市规划人才，在教育工作中十分注重理论联系实际，提倡城市规划工作者应"一专多能"，全面发展，在实践中推动和发展了中国的城市规划理论与方法。

[2] 贝聿铭（Ieoh Ming Pei，1917年4月26日—2019年5月16日），出生于广东广州，祖籍江苏苏州，是苏州望族之后，美籍华人建筑师。贝聿铭于20世纪30年代赴美，先后在麻省理工学院和哈佛大学学习建筑学。美国建筑界宣布1979年为"贝聿铭年"，曾获得1979年美国建筑学会金奖、1981年法国建筑学金奖、1989年日本帝赏奖、1983年第五届普利兹克奖及1986年里根总统颁予的自由奖章等，被誉为"现代建筑的最后大师"。

[3] 阮仪三，1934年11月出生，苏州人。1956年考入同济大学，1961年毕业留校。现任同济大学国家历史文化名城研究中心主任，同济大学建筑城规学院教授、博士生导师，中国历史文化名城保护专家委员会委员。20世纪80年代以来，努力促成平遥、周庄、丽江等众多古城古镇的保护，因而享有"古城卫士""古城保护神"等美誉。曾获联合国教科文组织遗产保护委员会颁发的2003年亚太地区文化遗产保护杰出成就奖。主要著作有《护城纪实》《护城踪录》《江南古镇》《历史文化名城保护理论与规划》等。

[4] 董鉴泓，1926年生，甘肃省天水市人。同济大学教授、博士生导师。曾任城市规划教研室主任、建筑系副系主任、城市规划与建筑研究所所长，中国建筑学会城市规划学术委员会副主任委员。现任《城市规划汇刊》主编、《同济大学学报》编委、中国城市规划学会常务理事。主要著作有《中国城市建设史》《中国东部沿海城市发展规律与经济技术开发区规划》等。

[5] 赵汉光，1931年5月出生，1949年考入圣约翰大学建筑系，1953年同济大学建筑系毕业后留校执教。他是1950年代初期建筑系的教师之一。1985年赵汉光先生移居美国，后来定居在美国东部的波士顿。

附录：山东建筑大学建筑城规学院老教授采录框架与提纲

一、访谈思路设计及说明

1. 采用双主线叙事：学院（学科）发展史为经线，个人成长史为纬线。
2. 说明：将个人的成长（生命史）与学院、学科的建设与发展有机结合，并将两条历史的线性叙事线索放置在山东建筑大学（以及前身）构成的历史环境及空间环境中进行。再现、记录时代变迁下高校普通教师为师、为学、为人的态度，以及60年发展的艰辛历程。

二、访谈方法及说明

1. 个人口述历史：生平片断讲述、专业及行业口述。
2. 个人的证词：讲述他人的故事。
3. 集体访谈，基于文献史料的历史研究方法：主要用于已去世老师的记忆复原。
4. 文献史料、档案史料、实物史料的多重互证。

三、访谈整体框架

1. 历史阶段划分

学院（科）发展	个人成长
求学阶段、专业训练	青春与憧憬
1959~1963年（摸索阶段）	新鲜与兴奋
1964~1977年（中断阶段）	动荡与沉寂
1979~1984年（创办与复办阶段）	艰难与热情
1985~2004年（发展阶段）	坚守与创新
2005年至今（快车道阶段）	余热与反思

2. 访谈采录框架：见本书末尾插页。

四、访谈提纲

大纲主要用于在预访谈前，给予受访者一个大致的方向，仅用于激活尘封的记忆以及提供部分记忆援助。访谈人员会在预访谈中与受访对象充分沟通，以及通过对档案资料、著作、论文的阅读后，针对受访人各自不同特点和经历，设计出专属问题提纲。

在访谈框架的基础上，拟出下列具体问题：

1. 个人求学经历篇：青春与憧憬

祖籍是哪里？小学、初中教育是在哪里完成？父母的职业？家庭或学校中对成长影响大的事情？大学选择建筑学或城市规划专业的原因？大学的学习成绩如何？在大学学过哪些课程？印象深刻的专业课和老师？大学时代影响自己的人？专业的兴趣所在？业余生活主要的娱乐活动？大学时期恋爱情况？喜欢读的书？参与的社会实践？年青时代的志向？那个时期的政治运动对个人的影响？

2. 1959~1963年（摸索阶段）：新鲜与兴奋

毕业后到山东建筑学院任教是服从分配还是有个人意愿的成分？喜欢大学教师这个职业吗？初为人师发生过哪些有趣的故事？对当时的建院是什么印象？当时学校的校园环境、硬件设施？当时的师资情况？同期来的同事有哪些？您教授哪些课程？当时备课的资料是否还有保存？第一次上讲台的情景是否还记得？您当时作为青年教师，对所教授课程有哪些思考？当时整个建筑学专业课程设置的情况、教学计划？第一届也是1984年复招之前唯一一届建筑学学生，有什么特点？这些学生后来的去向？师生之间除了课堂，私下的交流是怎样的？您当时担任过班主任（或辅导员）吗？师生之间谈心吗？您了解当时学生的感受吗？除了教学工作，当时学院（建工）有哪些活动？

3. 1964~1977年（中断阶段）：动荡与沉寂

建筑学专业停招后，您教授哪些课程？在政治运动中，您是否受到波及？当时学校的教学秩序是怎样？学生的学习是否还在继续？您当时个人的精神状态和生活状态？身处其中时，您对政治运动的态度？时过境迁后，您对那段历史的反思？

4. 1979~1984年（创办与复办阶段）：艰难与热情

1979年，增设城规专业，申请以及批复的过程，您了解吗？当时为什么会增设这个专业？1979年招生后，面临一穷二白的情况，您对开设新专业担心吗，压力大吗？当时的师资力量？当时资源匮乏到什么程度？当时您有信心办好这个专业吗？如果有，信心来自于什么地方？或者说，您认为当时困境中，我们的优势所在？学科的规划设计是借鉴的哪些学校的经验？当时的教学大纲和教学计划？这些是否受到"文革"和苏联教育模式的影响？当时山东省建设人才的需求是什么？我们的培养计划特点？您当时教授的课程？您对所

承担课程大纲的设计和理解？您在课堂上对学生的要求？在教学过程中，有哪些记忆深刻的故事？在课下，跟学生交流多吗？了解学生的生活吗？有哪些故事？

5. 1985~2004年（发展阶段）：坚守与创新

1984年，建筑学专业复招，您还记得听到这个消息时的情形吗？1985年4月，建筑系正式成立时，您承担哪一部分行政管理工作或哪些教学任务？建系初期，关于办学方向和模式的探讨，您参与了吗？建筑学专业复招后，面临哪些困境？又经过哪些调整？您是否参与建筑学专业新的教学大纲和教学计划的制定工作？在这一时期，老师们在教学上作了很多有意义的尝试，比如建筑初步课的探索、构成课的引进等，有哪些创新点？这个时期，科研成果井喷，您参与了哪些科研项目？您所参与的科研项目与社会服务工作的结合情况？这个时期，建筑系开始重视学术交流，您参与过哪些国内、国际的学术会议和中短期学习？这个时期，通过引进和留校的方式引进了师资，教师队伍迅速壮大，对于年青教师，您做过哪些指导？您指导的学生设计获得过哪些奖项？其中，在指导过程，有哪些印象深刻的事情？在实习（课程实习和毕业实习）中师生经历过哪些有趣的故事？

6. 2005年至今（快车道阶段）：余热与反思

学院发展进入快车道，大部分受访对象在这个时期退休。退休后，在专业上的继续追求，根据老师的情况具体设计问题；对自己承担某学科的教学经验总结、对自己的学术专业方向进行总结、对建筑教育的理解进行总结、对人生体验和感悟进行总结。这些都是留给青年师生最宝贵的礼物。

7. 建筑教育专题访谈

在访谈前做细致的资料、文件的收集与阅读。
处在不同时代、社会需求、经济变化中，课程体系受哪些国内或国外院校的影响？我校的专业课程主体思路是什么？结合自己所讲授的课程，是如何建立课程大纲的，又是如何进一步在教学实践中进行不断地调整？学院经历了几次课改，每次调整的思路或者感想分别是什么？您主持或参与的专业课程体系建立、调整有哪些？建筑学与城市规划专业第一次本科教学国家评估的情况？城市规划与设计、建筑技术科学、建筑设计及其理论等硕士点申报工作的准备与过程？

后记：一个关于记忆的抢救修复工程

这是一本历史，一本关于记忆的口述访谈，一本关于地方建筑院校普通教育工作者的生命史述。

在时间无涯的荒野里，"时间"本身是无意义的，只有当"此在"作为生存的"时间性"而存在，这段时光才具有了历史性的光芒。而在这一段熠熠闪光的岁月里，"人"是意义的唯一赋予者。

山东建筑大学建筑学专业从1959年初创办至今，已经走过了六十年。这六十年，是几代建筑学人从风华正茂走向白发苍苍的生命轨迹。为庆祝山东建筑大学建筑学专业办学六十周年、城市规划专业恢复办学四十周年，建筑城规学院组成"老教授口述历史团队"，对十四位老教授进行访谈，采用平实易懂、流畅亲切的语言，打捞被时间湮没的细节，构建了专业六十年发展的历史丰富性；通过记忆重启昔日的情景，试图返回历史现场，发掘、收集真实的历史史料，凝练出"艰苦奋斗、无私奉献、勤奋务实、博学创新"的地方院校建筑学人的精神，建构了建筑专业记忆的多元图景。

在一年多的访谈、整理、撰写、影像口述采集的过程中，团队形成访谈逐字稿近百万字、采集影音素材数百小时、照片数百张，抢救学院记忆，建立"建筑学院口述史记忆库"，记录了老一辈建大人不畏艰辛、坚韧不拔的办学历程和严谨务实的治学态度。将"人"的成长（生命史）与学院的建设发展有机结合，并将两条历史的线性叙事线索，放置在山东建筑大学（以及前身）构成的历史语境下，还原时代变迁中老一辈知识分子为师、为学、为人的严谨态度以及六十年发展的艰辛历程。

同时，这不只是访谈，而是一座记忆大厦的修复，一次关于地方建筑教育精神的寻根。老一辈建筑教育者的故事在沟通、理解、回忆、记录、倾听中，得以春蚕丝新、玉锦流长。校友天涯同心，感恩母校，凝聚力得到呈现。在2016年校庆期间，短短十五天内，我们汇集海内外的校友力量，共同一起寻找建筑学奠基人伍子昂先生的档案和足迹。在这个过程中，每个建大人都从一个"旁观者"变成"局内人"，变成了学院历史的书写者，将自己在建大的时光雕刻成为这座记忆大厦的一块砖石。

历史无处不在，当亲历者的声音在历史解读中日益重要，当历史的情景在叙述中得以生动再现，当普通人开始发掘那些隐藏的或未曾被讲述的故事，开始关心往昔宏大历史中往往被遗漏成忽略的细节时，史学的方法和技能依然不可替代，本书在口述访谈的基础上，严谨地对信息进行审辩、分析、比较；对历史的深度体验、对历史真实性的求证、对历史环境的解读等从未有过松懈。

在这里，希望能让读者深切地感受到山东建筑大学建筑城规学院专业办学六十年的丰富多彩与内敛厚重，书里记载的是他们的故事，他们的记忆，他们在半个多世纪里的喜怒哀乐。同时，也是我们的！

感谢走进我们口述访谈的老先生们，他们宽容地接纳，慷慨地分享他们的记忆与故事。这是一个关于记忆的抢救修复工程，我们一直在路上。